フードテック革命

世界700兆円の新産業「食」の進化と再定義

田中宏隆
岡田亜希子
瀬川明秀 著
外村仁 監修

日経BP

フードテック革命に「日本不在」という現実

2016年10月。私たちは米国シアトルにいた。スターバックス コーヒー発祥の地であり、マイクロソフトやアマゾン・ドット・コムが本社を構える地であることは知っていたが、ここがフードテックにとって重要な意味を持つことを当時は気づいていなかった。

シアトルを訪れたのは、16年に開催された食×テクノロジーのイベント「スマートキッチン・サミット（SKS）」に参加するためだ。当時、「キッチン領域にどんなテクノロジーが入ってきているのか」というテーマを追いかけていた私たちは、SKSのウェブサイトにたどり着いた。そのプログラムを見てまず驚いたのが、日本では聞いたことがないフレーズの数々だった。

"Kitchen OS" "Kitchen Commerce" "Big Data & Connected Food Platforms"

これは何かが起きている。

リサーチャーとしての直感が働き、即座にシアトル行きを決めた。すると、そこには料理のレシピがプログラム化され、IoT（Internet of Things）技術で調理家電をコントロールする、いわゆる「キッチンOS」の考え方がすでに存在し、実装された世界があった。そして、フード領域のスタートアップのみならず、アマゾンのような巨大IT企業や大手家電メーカー、ネスレのようなメガ食品メーカーまでもが、こぞってSKSに集結していた。

彼らが熱心に議論していたのは、「これから何がキッチンにおけるキラーアプリになるのか」ということだ。「スマートキッチン」とは、キッチンと家電の領域だけではなく、その先にある食品自体の在り方や生活者の行動までを含めた話であり、そこにデジタルテクノロジーを入れることで実現する「食の未来」を語るエコシステムである――。現地でそれに気づいた私たちの脳内には、激しい稲妻が走った。

そして、もっと衝撃的だったのは、SKSの議論の中で登壇者としても事例としても、日本企業の話が一切出てこなかったことだ。そればかりか、日本からの参加者すら見当たらなかった……。

食文化も、調理家電も、日本は「世界最先端」のはずではなかったか。

すぐさま頭をよぎったのは、かつて世界で最もイノベーティブだとされていた日本の携帯電話と、iモード①に代表される通信コンテンツが、米アップルのiPhone登場以降、勢いを失っていった姿だ。もしかすると、キッチン&フード領域でも同じことが起こるのではないか。そんな不安を胸に、私たちはシアトルから帰国の途についた。

帰国後、SKSで確認した世界の動きについて、私たちは必死に食品や家電、テクノロジー業界に伝え始めた。17年8月には、SKSの創設者であり、新興技術に焦点を当てた戦略アドバイザリーおよび調査会社Next Market Insights（ネクスト・マーケット・インサイツ）代表のMichael Wolf（マイケル・ウルフ）氏と組み、東京で「スマートキッチン・サミット・ジャパン（SKSジャパン）」を初開催した。パナソニック、ニチレイ、そしてクックパッドなどの国内プレーヤー、まだ数は少なかったがベースフードなど国内のスタートアップ、そして、海外のスタートアップを含めて約100社を集め、

①
NTTドコモの対応携帯電話（フィーチャーフォン）にてキャリアメールの送受信やウェブページ閲覧ができるサービスのこと

1日かけて最先端のトレンドについて議論した。

初回のテーマは、ずばり「スマートキッチンとは何か」だ。我々は、いち早く日本のメーカーに世界の動きを知ってほしかった。真っ先に反応を示したのは、食品メーカーだった。「自分たちは加工食品を提供しているが、家庭のキッチンの中で一体どういうトレンドが起こっているのか全く分からない」と言う。

これから先、生活者は従来と同じように料理を続けるのか、一体何を食べていくのか。食品メーカーの方々はずっとこの問いに対峙してきたが、答えが分からない。「もしかしたらSKSジャパンに解があるのかもしれない」と、参加を決めたそうだ。

また、とある食品メーカーの方はこう話した。「私たちはいろんな工夫を重ねて、健康にも気を使い、調理時間も短縮できる加工食品を作っています。でも、なぜか生活者は便利な加工食品を使うことに『罪悪感』を持つのです。私たちは、お客様に罪悪感を持たせるような製品を作り続けていいのでしょうか」と……。

こうして第1回目のSKSジャパンで、多様な業界の声を聞いた私たちは食品領域のイノベーションにも目を向け始めた。世界を見渡すと、SKS以外にも食×テクノロジー領域で、新しいカンファレンスが次々と開催され始めていた。17年11月には、YFood（ワイフード、15年に設立されたイギリス発フードイノベーションコミュニティー）が、「London Food Tech Week（ロンドン・フードテック・ウィーク）」を開催。欧州のスタートアップと投資家らを集め、未来の食について1週間かけて議論された。また、フランス中部の都市ディジョンでは「Food Use Tech（フード・ユーズ・テック）」が、イタリアでは「Seeds & Chips（シーズ&チップス）」というフードテックイベントが開催されるといった具合。これまでの食品や家電の展示会、商談会とは違った趣向で、デジタルテックのギークたちと新しい食体験を作りたい起業家が入り交じったものになっていた。いずれも家電か、食品かというカテゴリーを取っ払い、それぞれ食の体験を構成する一要素という位置付けで見せていることが印象的だ。

そんな中、19年には植物性プロテイン（タンパク質）を用いた代替肉スタートアップのImpossible Foods（インポッシブルフーズ）が、世界最大の技術見本市である「CES 2019」に初めて参加した。来場者にふるまった植物肉ハンバーガーの「Impossible Burger2・0（インポッシブルバーガー 2・0）」が、テックギーク②たちから大きな関心を集め、最先端のフードテックが広く世に知られる1つのターニングポイントとなった。実際、これ以降、欧米では植物性プロテインからできた代替肉が一般のファストフード（マクドナルド、ケンタッキーフライドチキンなど）や、食品スーパー（ホールフーズ・マーケットなど）の大手チェーンで販売され出している。インポッシブルバーガー2・0を試食した日本の食品メーカーの感想を聞くと、「この味のつくり方だと日本人には受け入れられない。うちの研究開発力をもってすれば、もっといいものができます」と言う。こんな声が、1社だけでなく数多く聞かれた。

では、なぜ日本発のイノベーションが世界に先駆けて出てこないのだろうか？

日本のフードテックは「iPhone前夜」

iPhoneが日本にやってきたのは、08年のことだ。それまでの日本の携帯電話市場は、パナソニックや富士通、シャープ、ソニー・エリクソン・モバイルコミュニケーションズ（現ソニーモバイルコ

②
「ギーク」は卓越した知識を持つ人のこと。本書では、コンピュータやインターネット技術に詳しい技術者、テクノロジー知識を持つ起業家予備軍を指す

ミュニケーションズ)、京セラなどの日本メーカーがシェアを分け合っていた。日本の通信環境は世界最高速度だったこともあり、絵文字はもちろん、写メールや着メロといったコンテンツサービスも充実。お家芸であるデジタルカメラ技術や高精細ディスプレー技術、おサイフケータイなどの決済機能も端末に総結集し、機能軸で言えば海外のどんな端末にも負けていなかった。

そんな市場にスマートフォンであるiPhoneが投入されたころ、ここでいう「スマート」の部分が一体何を意味するのか、きちんと理解できている人はほとんどいなかったのではないか。物理的に違いがあった(あるように見えた)のは、画面の大きさとタッチパネルを採用していたことぐらいだ。日本の携帯メーカーのエンジニアたちは当時、iPhoneに載っている技術はどれも目新しくないと話していた。

しかし、iPhoneは日本の市場シェアをどんどん奪っていった。iPhoneが実現したのは、ハードウエアの機能進化ではなく、全く新しい体験を生み出したことであった。すでに普及していた数千曲の音楽を持ち運べるというiPodの機能が統合され、App Storeというアプリ1つで何にでもなれる機能、そして今までになかった新たなインターフェース(画面スワイプという動作など)の導入。それらは従来の〝携帯する電話〟というデバイスの進化ではなく、日常生活がまさにスマートになる体験の進化であり、完全にパラダイムシフトを起こしたのだ。その結果、米グーグルのAndroid OSも加わり、市場はスマートフォン一色に切り替わった。

現在、スマートフォンは単に電話としてだけではなく、人々の生活になくてはならないインフラとなった。実はスマートフォンに置き換わっていく過程で、多くのアプリも国産から海外製になっていった。重要なのは、これらの変化は徐々にではなく、いろんな方向から、急速に起こったことだ。

植物性プロテインから成る代替肉を使ったImpossible Burger（出所：Impossible Foods）

翻って日本のフードテックの現状を考えると、我々は「iPhone前夜なのかもしれない」と考えるようになった。今起きている海外の「フードテック」の潮流は、日本人の目にはたいしたことがないようにも映る。「植物性代替肉のハンバーガー？」。そんなものは、たいていの日本人は食べたことも聞いたこともない。スマートフォンからオーブンレンジを操作することも、それほどインパクトがあることのように思えないかもしれない。

しかし、ポイントはそこではない。味や機能が進化している裏には、サイエンスと食の融合、フードビジネスとしてのプラットフォームの勃興、そしてライフスタイルの中での「顧客体験」に価値創造の主軸が移りつつあるという事実がある。この転換についていけなければ、日本の食産業はグローバルで加速するイノベーションの主導権を決して握れない。

これまで食分野に関しては、いわゆるGAFA③（Google・Apple・Facebook・Amazon）もそれ

③
2020年4月、GAFAにマイクロソフトを加えたテクノロジー企業5社（GAFAM）の時価総額は、東証1部上場企業（2169社）の時価総額を初めて上回った

ほど注力してこなかった。アマゾンが高級スーパーのホールフーズを買収するといった動きはあったが、食関連のデータ獲得は複雑かつ手間がかかり過ぎるので、アマゾンが利用者の購買データを持つ程度にとどまっていた。しかし、食関連のビジネスもデジタル化が進んでいくと、GAFAがデータを握るのは時間の問題のようにも思える。

世界各地のフードテックカンファレンスに参加した私たちが強く感じるのは、このグローバルで起きているフードイノベーションを、日本流で「正しい方向」に導くことが必要だということだ。人間が欲望のままに食べ続けると、自身の健康も、地球環境も害する可能性が高い。今こそ、日本人が大切にしてきた食の価値観や考え方（おいしさ、健康、そして環境配慮のバランス、多様性を重視する食風土、「もったいない」という精神、安全・安心なものをつくるマインドなど）で、私たちがこのトレンドをけん引していく存在になるべきではないか。食に関して、日本企業には高度な技術やレシピなどの知見が蓄積されている。それを抱えたまま世界の潮流から外れることだけは避けるべきだ。ファストフードのハンバーガーを植物性代替肉に変えること以上に、心が豊かになる食のイノベーションの在り方を日本から発信することはできるはずだ。

このようなほぼ確信に近い強い動機の下、日本発のフードイノベーションを加速させるため、我々は本書の執筆に乗り出した。

日本発のフードイノベーションを目指して

本書の目的は大きく2つある。1つはフードテックの全体像が起こってきた背景と注目される個別トレンドの徹底解説を通して、フードテックのトレンドを理解することだ。そして、もう1つは事業創造のトレンドを知ることだ。食に関わる、あるいは今後関係し得る企業、研究者、投資家、あらゆる分野の専門家の方々が、どのように新産業を共創していくか、その道筋を示すことである。

第1章では、フードテックが興ってきた。その背景について、まず「社会課題と食」という観点から解説する。実際に現代の食産業が生み出している「負の価値」の分析から、食産業がこの課題に取り組んでいる現状について述べる。また、もう1つの観点として食の価値の再定義について、これからの食産業が生み出していくべき価値として「Food for Well-being（ウェルビーイング）」という観点から考察する。

第2章では、私たちが世界各地のフードテックカンファレンスに参加したり、フードテックコミュニティーと情報交換したりする中で見えてきたトレンドの全体像を紹介する。食はローカル性が強いものだが、世界共通で確実に起こる「ベースとなる潮流」と、国によって受容性はまちまちながらも、いずれ日本にもやってくる「新アプリケーション領域」、そして「事業創造トレンド」の3カテゴリーで紹介する。また、今後のイノベーション領域を理解し、スタートアップや大企業が多くのビジネスチャンスを見いだす羅針盤となる「Food Innovation Map Ver.2.0（フード・イノベーション・マップＶｅｒ２・０）」も本書で初めて公開する。こちらは、19年に勃発し、世界を混乱の渦に巻き込んだ新型コロナウイルスが食領域にもたらす変化を考慮し、アフターコロナ時代に向けた光明を見いだせるよう作成したものだ。

続いて第3章では、今回の新型コロナ禍での生活変容や食産業への影響から、今後どのように産業構造をリセットし、再スタートさせていくべきなのか。ｗｉｔｈ＆アフターコロナ時代のフードテックとの歩みを考える。

そして第4章からは特に業界の関心が高い個別のイノベーション領域を解説していく。まず第4章では、植物性代替肉や培養肉といった代替プロテインの最新トレンドを解説。このトレンドの背景から国内を含む最先端のプレーヤーの動向をつかむとともに、私たちはどのように理解すべきなのか、その論点を提示する。第5章では、料理レシピやそれに応じた調理コマンドなど、幅広くキッチン関連のアプリケーションが動く基盤である「キッチンOS」について、理解すべきポイントと各業界にとっての意味合いを探る。第6章は食分野で進むパーソナライゼーションの動きについて、世界で家電メーカーを巻き込みどのようなサービスが出てきているのか、このトレンドが今後どのような方向性に進んでいくのかを説明する。

第7章では主に外食産業におけるイノベーションの動向を解説。市場の縮小と人手不足が続いてきたこの業界では、徹底的な効率化がトレンドの主軸であったが、ここにきて体験価値創造の動きが出てきている。新型コロナ禍で、ますます問われる外食の役割にも触れながら、今後の飲食店を取り巻くテクノロジー活用の方向性を見通す。そして第8章では、フードテックと食品リテール（小売り）の関わりについて見ていく。飲食店同様、新型コロナ禍でスーパーも厳しい状況に置かれてきたが、「Ａｍａｚｏｎ Ｇｏ（アマゾン・ゴー）」のような無人店舗ソリューションに代表される効率化だけではなく、体験価値向上に向けた動きが進んでいる。フードイノベーターにとっての重要な販売チャネルである流通業が、今後どう変わっていくべきか論じる。

第9章からは、フード領域の事業創造を加速させる仕組みとして、大企業とベンチャーの共創フードラボや、ベンチャー育成のコミュニティー形成、人財育成を担うアカデミアの動き、イノベーションをいち早く実装する新チャネル構築の動きを概説する。また、循環型エコノミーの構築や、閉鎖環境でも安定的な食料供給やＱｏＬ（クオリティ・オブ・ライフ）を維持できる仕組みづくりとして、長野県小布施町における先進的な取り組みと、さらに発展して「宇宙」を舞台に数十の企業が集まって具体的なユースケースづくりに取り組む「ＳＰＡＣＥ ＦＯＯＤＳＰＨＥＲＥ（スペースフードスフィア）」を取り上げる。

最後に、第10章では日本から新しい食産業を構築していくに当たり、目指すべきビジョンを示し、ともにエコシステムを構築していくために、どんなアクションが必要なのか提言する。

本書は、伝統的な食品業界に直接携わる方々はもとより、周辺業界から食と掛け合わせることにより何かしらの事業機会を検討している方々、研究に従事されているテクノロジーやサイエンスの専門家、食や料理に関するベンチャー企業の方々、これから起業を考えている方々、そして将来食に関わる仕事に就きたいと考えている学生や若い方々にとっても、世界で巻き起こるフードイノベーションの全体感、およびフードテックがなぜ今熱いのかをつかむきっかけになるはずだ。そして、本書のインプットから明日からのアクションにつながることを期待している。

２０２０年7月吉日　筆者一同

目次

目次

Chapter 1

今、なぜ「フードテック」なのか

1 急増する食領域のスタートアップ投資

食の技術進化は今に始まったことではない。諸説あるが、今から50万年前には人類が加熱調理をしていたらしいことが分かっている。それ以来、陸でも海でも、食べ物をどう見つけ、どう栽培していくのか。どう加工して、どう保存し、人々にどのように分配するのか。食は常に時々の技術を活用し、進化してきた。科学という学問が確立される前から、人類は食材を調理し、食べてきたのである。

その結果、すでに現代の料理シーンは格段に進化した技術であふれている。お湯さえあればカップラーメンを食べられるし、冷凍食品は日々忙しい私たちの強い味方だ。さらに、炊飯器でもオーブンレンジでも調理家電は高機能なものがそろっている。

そんな充実した現代で、今、なぜ「フードテック」が注目されているのか。

分かりやすいのは、市場規模のポテンシャルだ。米国のフードテックイベント「スマートキッチン・サミット（ＳＫＳ）２０１７」では、創設者の Michael Wolf（マイケル・ウルフ）氏が、世界のフードテックの市場規模が２０２５年までに７００兆円規模に達するという衝撃的な発表をした。スマートホーム市場と比べても、食はとてつもない広がりを持つというメッセージであった。市場規模は諸説あり、７００兆円の内訳を完璧に分解したものは私たちもまだ見たことはない。しかしこの数字は決して空想ではないと考えている。その理由は以下である。

①そもそもの食品、食品流通、外食などの市場規模がとてつもなく大きく、フードテックを活用してこれらのビジネスをアップグレードする可能性を持つこと（既存のパイが切り替わるのではなく、

〝追加〟されるイメージ）

②フードテックを活用した新しいプロダクト&サービスが登場し、すでに萌芽しつつある市場を一気にブーストする可能性があること（スマートキッチン、パーソナライズドフード、スーパーフードなど）

③フードテックを活用することで、様々な理由で存在していた供給問題が解消され、潜在的に存在していた市場へのアクセスが可能となること（食肉市場は200兆円ほどあると言われているが、フードテックの活用で持続可能な工業的畜産業が実現されれば、もう一つ100兆円クラスの市場が生まれる可能性もゼロではない）

④食の価値創造の裏側に潜む隠れたコスト（本章26ページで解説）を抑制することによる市場創造。

そして最も特徴的なことが1食の多様な価値に気付くことにより、人が様々な理由で食にお金を使うようになること。具体的には周辺の産業を引き寄せる（例えば、グローバル・ウェルネス&ヘルス市場や、場合によっては旅行、音楽、エンタメなども食を起点として支出される可能性を持つ）。

最後の4つ目のポイントは、クレイトン・クリステンセン教授が提唱した「ジョブ理論」の考え方とも重なる。本章でも紹介するが、人々が食にお金を払う理由が広がるという話である。ちなみに、現代の食に対して追加でお金を払ってでも解決したい不満を抱えている層は、日本、イタリア、米国で20～30%程度いる（「Food for Well-being 調査 2019」[①]）。80億人弱の地球上の人々が、1年間に食事をする回数は約8兆回あり、その1～2割の回数で仮に追加で100円程度支払うだけで、80兆～160兆円の市場が生まれるのだ。これほど10兆円、100兆円クラスの市場の塊がどんどん出てくるジャンルはそうそうない。これらを考えれば、フードテックがとてつもない可能性を持つことが理解できるだろう。しかし、我々は、それ以上に食の持つ可能性、根源的な背景があると考えている。

①
シグマクシスにて2019年11月に日米伊で実施した生活者サーベイ。人間のWell-beingとは何か、Well-beingと食の関係、生活者の喫食や料理における習慣行動、フードテックの浸透度などについて調査したもの

フードテックとは、狭義では食のシーンにデジタル技術（特にＩｏＴ）やバイオサイエンスなどが融合することで起こるイノベーションのトレンドを総称した言葉だ。近年、特に投資活動も活発で、有望なスタートアップが多く誕生している。本章では、世界で今なぜフードテックに注目が集まるのか、その根源的な背景を解き明かしていく。

マイクロソフト元ＣＴＯが火付け役

日本ではあまり実感が湧かないかもしれないが、世界でフードテックがどれほど盛り上がっているのか、まず確認しよう。米ＰｉｔｃｈＢｏｏｋ（ピッチブック）の調査によれば、２０１４年からフードテック領域でのベンチャーキャピタルによる投資が一気に増えていることが分かる（図１－１）。19年の総投資額は１５０億ドル（約1兆６０５０億円）に達し、14年のおよそ5倍に迫る勢いだ。

投資が活発な領域としては、植物性代替肉のような新食材から食料品デリバリーサービスやロボットレストラン、食のパーソナライゼーションにいたるまで様々（図１－２）。米アマゾン・ドット・コムによるホールフーズ・マーケットの買収は大型案件として話題になったが、それ以外にも、代替プロテインとして植物性代替肉や培養肉といった新食材領域も活発だ（詳細は第4章を参照）。マイクロソフト創業者のビル・ゲイツ氏も培養肉スタートアップなど、「未来のプロテイン」に対して積極投資をしている。一方、欧州家電メーカーのエレクトロラックスが、低温調理器スタートアップの米Ａｎｏｖａ（アノーバ）を買収したり、米グーグルがハンバーガーロボットのＣｒｅａｔｏｒ（クリエーター）に出資したりと、大手企業によるスタートアップ投資も活発になっている。米国では、フードテック分野を扱うベンチャーキャピタルが２００を超えると言われ、最も投資が盛んな植物由来の代替プロテイン分野

図1-1　フードテック領域への投資額の推移

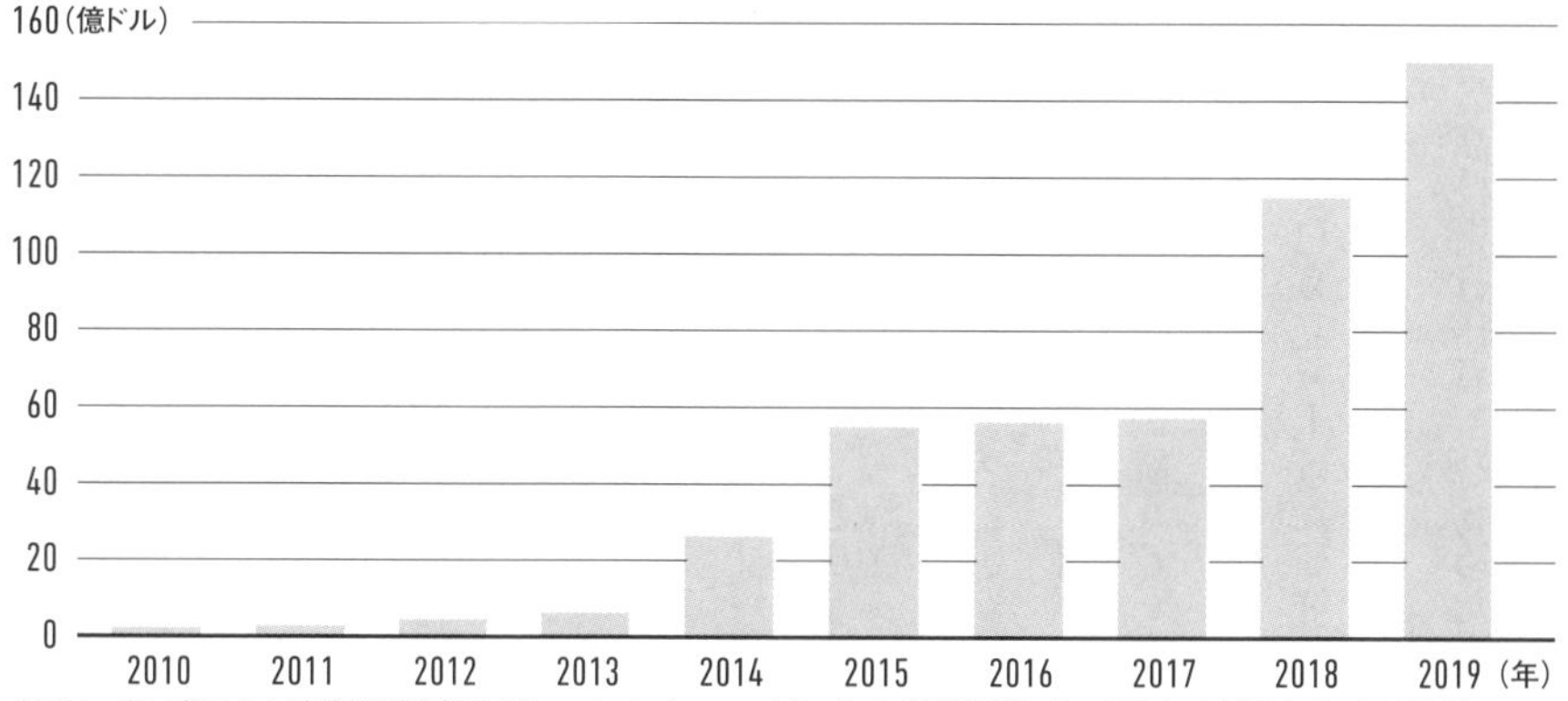

ベンチャーキャピタルによる投資額の推移(出所："Emerging tech research foodtech 2020Q1"(Pitchbook)のデータを基にシグマクシス作成)

図1-2　フードテック領域への主な投資案件事例

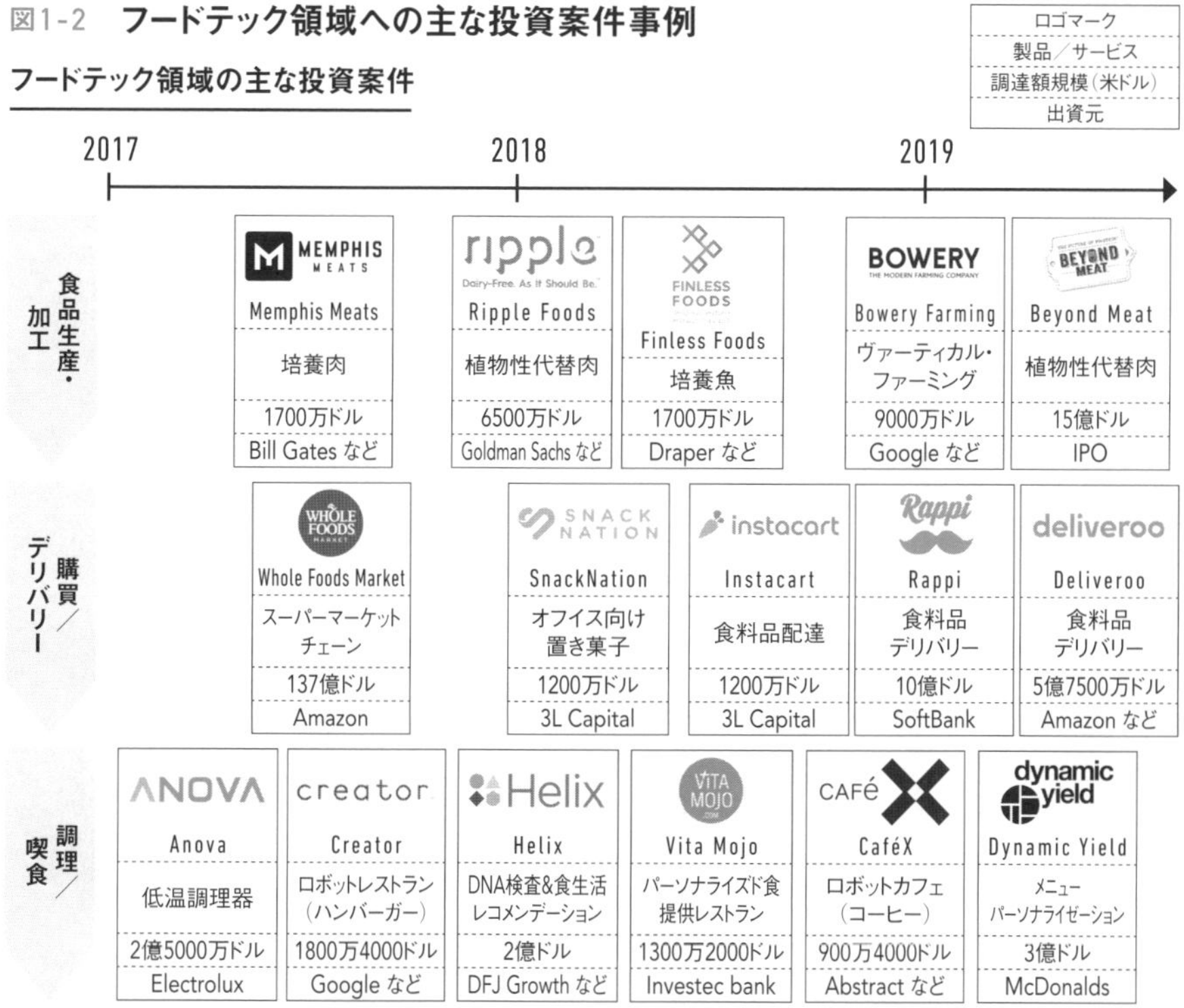

1：食品関連商品、サービスや、ロボットなどの関連エレクトロニクスを含み、バイオサイエンス、ライフサイエンス領域は含まない
出所：Pitchbookのデータを基にシグマクシス作成

を専門とするところもあるほどだ。

フードテック領域への投資は、デバイスや食品、デジタル技術やサイエンスなど、あらゆる専門性とビジネスの特性が入り交じるために、非常に難しい。特許だけで何とかなる世界でもなければ、ネットビジネスのように簡単にスケールできるものでもない。19年の米ＳＫＳで投資家４人のパネルディスカッションが行われたが、その中でフードテック専門のベンチャーキャピタリスト、Brian Frank（ブライアン・フランク）氏が、「難しいからこそ投資をするし、やりがいもある」と述べていたのが印象的だった。

北米西海岸の都市、シアトルはフードテックの発信源の１つだ。市内や近郊にアマゾンやマイクロソフトなどの巨大ＩＴ企業の本社があることでも知られるが、市街地を歩くと、そこかしこに食のサイエンス化やフードテックを育む風土を感じる。アマゾンが運営する無人コンビニ「Ａｍａｚｏｎ Ｇｏ（アマゾン・ゴー）」も、スターバックスの１号店もシアトルにあり、スターバックスはシアトル発の世界的なフードスタートアップとして、市民の誇りにさえなっている。

シアトル出身者といえば、11年に発売されて世界中の料理人にインパクトを与えた科学的調理法のバイブルともなっている『Ｍｏｄｅｒｎｉｓｔ Ｃｕｉｓｉｎｅ（モダニスト・キュイジーヌ）』という書籍を監修したNathan Myhrvold（ネイサン・ミルボルド）氏の存在が欠かせない。同氏はシアトルの出身であり、自ら立ち上げた研究施設「The Cooking Lab（ザ・クッキング・ラボ）」も、シアトルに隣接するベルビューに構えている。理論物理学および材料物理学の博士号を持ち、マイクロソフトのＣＴＯ（最高技術責任者）を務めた人物であり、その後、食の世界に転じたことで、ＩＴ分野のエンジニア、テックギークたちに衝撃を与えた。

『モダニスト・キュイジーヌ』の特徴は、ハードカバー5冊組というボリュームもさることながら、サイエンスと斬新な技術を取り入れていることだ。ザ・クッキング・ラボで実際に調理し、その調理の過程を鍋の断面写真で紹介するという大胆さや、お金のかけ方という点でも革新的な著書である。

筆者らは、17年の米SKSでミルボルド氏の講演を聞く機会があったが、彼が食の世界に入ったきっかけ自体が、フードテックへの関心の高まりを象徴している。彼はCTOからの転身後、たくさんの料理本を読みあさり、フランスに渡って調理学校に通った。しかし、「強火で3分」「塩少々」など、火加減や調理温度、調味料の分量など、調理に関する表現が大ざっぱであり、テック業界の物差しで見ると、非常に時代遅れなものに感じたというのだ。それでも、従来の慣習にとらわれず、新しい技術を柔軟に取り入れて挑戦している革新的なシェフ、いわゆる「モダニスト」たちもいる。そうしたモダニストとともに、サイエンスに基づく調理、革新的な調理方法を『モダニスト・キュイジーヌ』で紹介したというわけだ。

ミルボルド氏の影響はシアトルにとどまらず、シリコンバレーにも及んでいる。同氏の影響を受けたと思われるテックギークたちがフードテック分野で続々と起業しており、それが現在の活気の源泉となっているのだ。

フードテックカンファレンスが世界で急増

こうしたフードテック領域での投資の活発化と、テックギークたちの盛り上りとともに、15年以降、食×テクノロジーという切り口の新しいカンファレンスやコミュニティーが世界中で急増している（図1－3）。米国のSKSは15年が初開催。創設者であるマイケル・ウルフ氏は言う。「私自身はずっとスマートホームのリサーチをしてきたが、15年ごろ、なぜか私の周りで食関連のガジェットやサービスを立ち上げるケースが増えてきた。だったら、その連中で集まってみたら面白いのではと思った」。最初のきっかけは、まさしくこんな感じだったようだ。

一方、イタリアでは、食をテーマにしたミラノ万博が15年に開催されたことをきっかけに、フードイノベーションサミット「Seeds & Chips（シーズ&チップス）」が毎年開催されている。フードテックの展示会としては世界最大規模だ。また、世界中のデザイナーが集結するデザイン博「ミラノサローネ」でも、隔年でキッチンのデザイン展示が行われている。18年には、「FTK：Technology For the Kitchen」というキッチン×テクノロジーの展示会も開催されていた。

ロンドンでも、15年からフードテックコミュニティーのYFood（ワイフード）が「Food Tech Week（フード・テック・ウィーク）」を開催。あまり食文化で有名とは言えないイギリスだが、ワイフードの創業者Nadia El Hadery（ナディア・エル・ハーデリー）氏は、「イギリスは食産業に対する投資が盛んで、生活者も多様かつ先進的であり、ヴィーガン[②]人口が多いなど、実に面白い市場になっている」と話す。日本でも「スマートキッチン・サミット・ジャパン（SKSジャパン）」が17年に初開催された。

これらのカンファレンスの特徴は、特定産業に閉じず、ITも含めて食に関わる産業が一堂に会すること。大企業もスタートアップも集まる他、エンジニア、サイエンティスト、投資家、デザイナーなど、実に多彩な人財が参加している。これらの多様な産業のノウハウと専門知識を結集し、生活者の多様なニーズに応えるサービスを共に構築したり、1社では到底解決できない社会課題をビジネスとして解決するイニシアチブを立ち上げたりと、フードイノベーションの深化が世界中で図られているのだ。

②
ヴィーガンとは、動物性食品を食べない主義を持つ人のこと。完全菜食主義者とも呼ばれる

図1-3　世界中で立ち上がったフードテック関連のカンファレンス

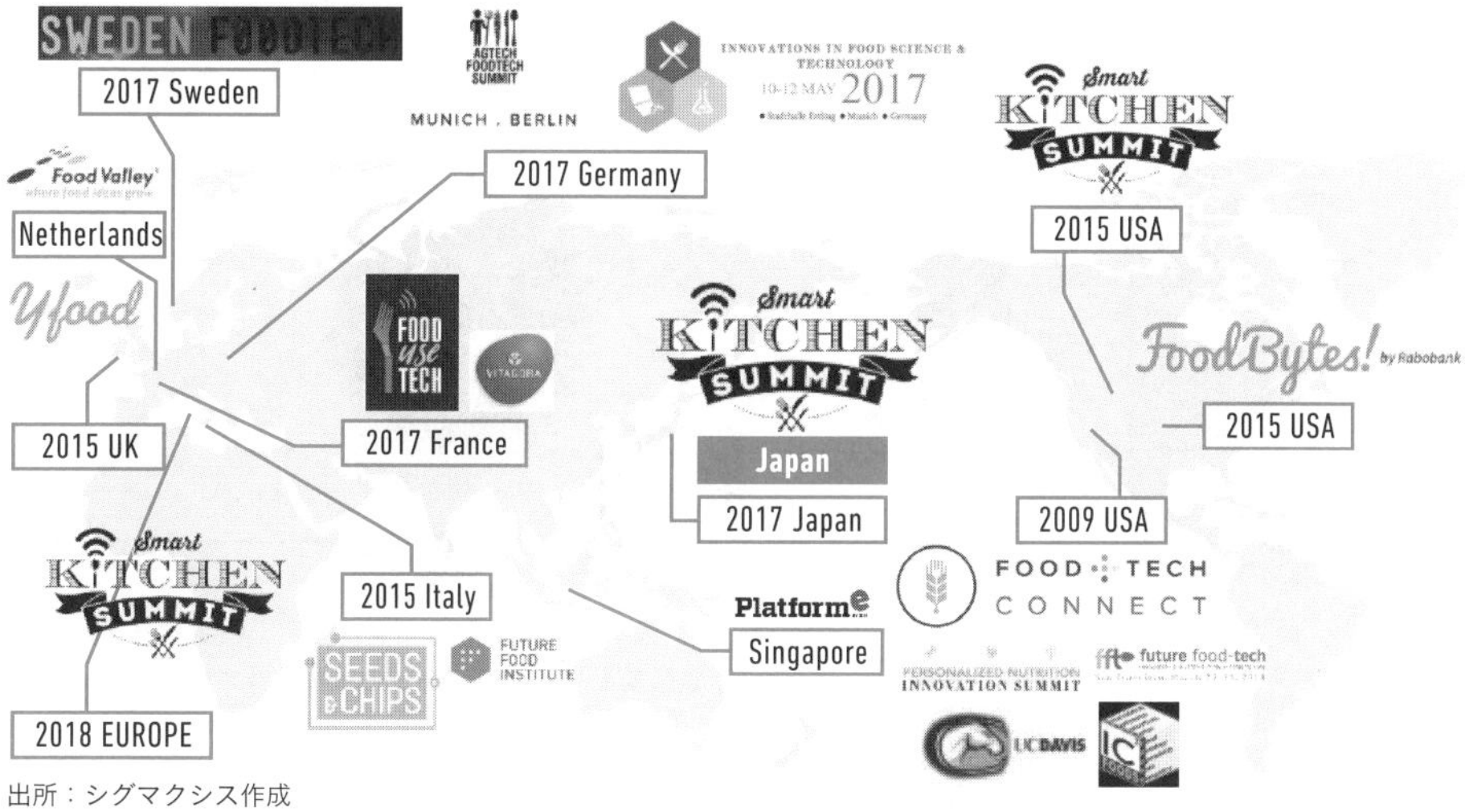

出所：シグマクシス作成

では、こうしたフードテックの盛り上がりが、今なぜ起こっているのか。その根本的な背景にある社会課題や生活者の変化を見ていく。

19年秋、米国で開催された小規模なカンファレンスで、ショッキングな試算結果がプレゼンテーションに映し出された。世界のフードシステムの年間市場価値は、10兆ドル（約1077兆円）。それに対して、フードシステム自体が引き起こしている健康や環境、経済へのマイナスの影響が12兆ドル（約1292兆円）と、生み出す付加価値を大きく上回るというのだ（図1-4）。これは、ざっくり中国のGDP（国内総生産）に迫る規模である。つまり、我々現代の人間は、食べれば食べるほど体の外も内も傷ついていくという状態だ。そのカンファレンスに参加したフードシステムに携わるビジネス関係者たちは、「これは何とかしなければ」と、焦りにも似た心境になった。

この試算を発表したのは、FOLU（The Food and Land Use Coalition）という国際的な食料と土地利用分野のNGO。もし何の対策もし

図1-4　世界のフードシステム市場価値と、健康や環境、経済などに関わる「隠れたコスト」の内訳（兆ドル:2018年物価基準）

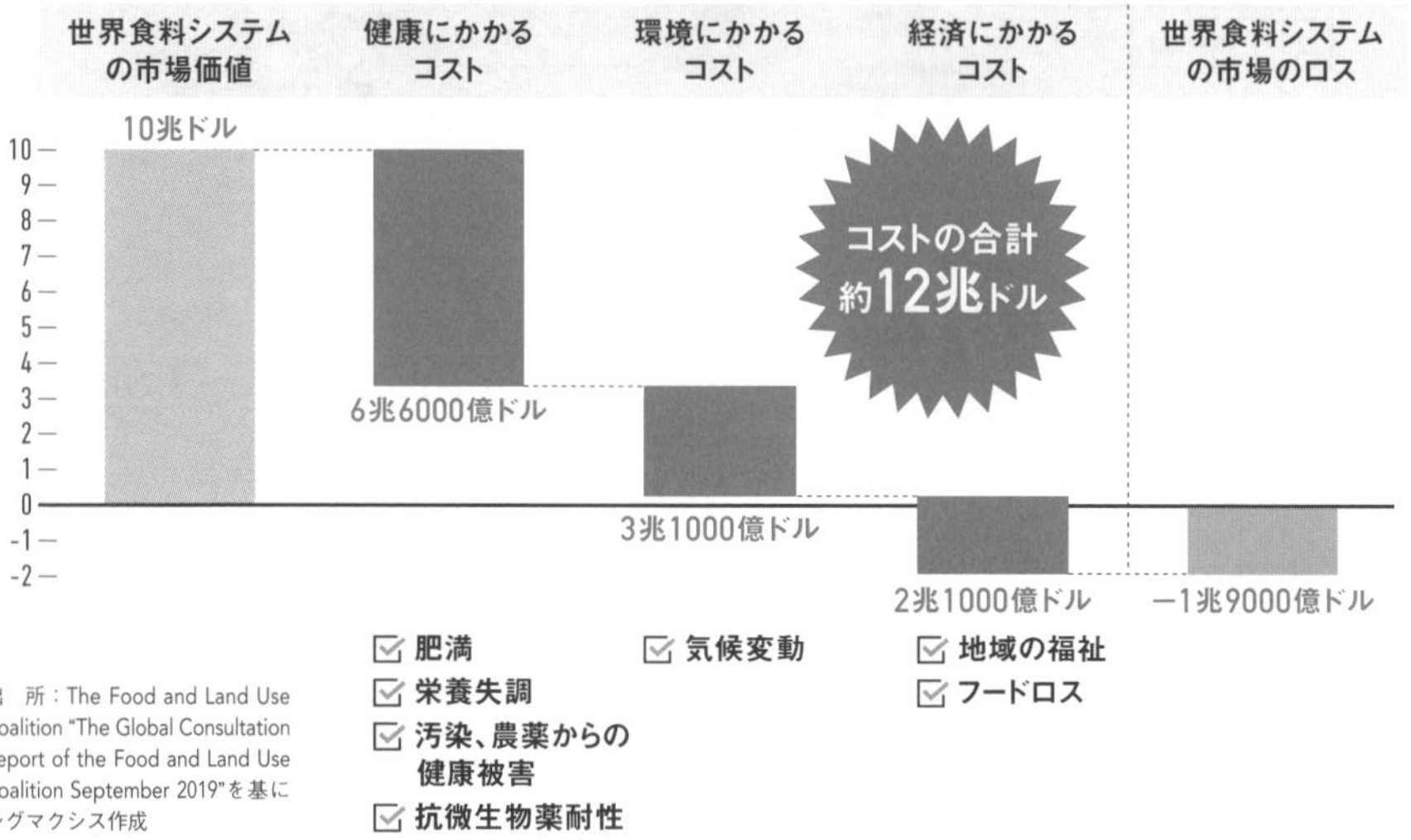

出　所：The Food and Land Use Coalition “The Global Consultation Report of the Food and Land Use Coalition September 2019”を基にシグマクシス作成

なければ、フードシステムがもたらす12兆ドルというマイナスのコストは、2025年までに16兆ドル（約1723兆円）まで膨れ上がると警告している。では、一体どのようなコストが問題視されているのだろうか。

まずは、人間の健康に与える負のコストだ。大きいのが健康にかかるコストで、6兆6000億ドル（約710兆円）。その内訳としては、肥満によるコストが、2兆7000億ドル（約291兆円）と試算されている。肥満は生活習慣病の原因ともなり、糖尿病など治療に時間もコストもかかるものが少なくない。飢餓ではなく、肥満が問題になっているのは、「飽食の時代」である現代の特徴だ。一方の低栄養でもたらされる健康被害は1兆8000億ドル（約194兆円）。健康的な食事はまだまだコストがかかり、所得の低い人ほどカロリーの高い加工食品に頼りがちになる。こうしたことも、低栄養を招く原因の1つとなっている。いわゆる「フードデザート」と呼ばれる現象だ。その他、農薬、抗微生物薬耐性からもたらされる健康被害2兆1000億ドル（約226兆円）がある。

環境に関わるコストとしては、気候変動のコストとして3兆1000億ドル（約333兆円）が想定されている。気候変動によって農作物の生息地が変化したり、栄養価が減ったりするケースもある他、異常気象の被害もある。土壌汚染や生物多様性の破壊も深刻だ。また、経済に関わるコストは2兆1000億ドル（約226兆円）と見積もられており、そのうちフードロスの問題が大きな影を落とす。現在、食べるために世界で生産されている全食品のうち、実に3分の1が廃棄されているという明らかにおかしな現実がある。

17年に開催された展示会「シーズ&チップス」では、米国元大統領のバラク・オバマ氏が講演に立ち、全食品の3分の1が廃棄されているという調査結果を披露しながら、「フードロスは真っ先に取り組まないといけない課題だ」と力強く語っている。翌18年の同じイベントには、オバマ政権時に国務長官を務めたジョン・ケリー氏も登壇。彼は、「（フードロスのような社会課題は）人が作り出した問題だから、人が解決しないといけない」と決意を述べている。欧米では著名人による発信がどんどん行われ、そこで示したビジョンがメインストリームとなり、社会課題の解決に向けた取り組みが一気に広がっている。その具体的な「ツール」として、様々なフードテックが生まれているのであり、現代の新たなテクノロジーによるフードシステムの刷新が世界では急ピッチで進められているのだ。

また、筆者らが参加した米国のクローズドなフードカンファレンスでは、生活者の4分の3が大企業を信頼していないという衝撃的な分析結果が報告されていた。このような状況下、先のオバマ氏、ケリー氏のようなリーダーの発信も重なり、SDGsを戦略の中核に据えることが、企業価値の向上にもつながってくることに、海外の巨大食品メーカーが気づき出している。また、スウェーデンの環境活動家グレタ・トゥーンベリ氏に代表されるように、現代の若者世代の環境問題に対する意識は高い。一方で、巨大食品メーカーはプラスチックゴミの排出源の一因となっていたり、工場建設に当たって環境への影響が懸念されて訴訟を起こされたりと、若者世代からの信頼を勝ち取れない一因となっている。この世代からの支持を集めるためにも、何がなんでも社会課題を解決する企業としてのブランドイメージが必要という事情もありそうだ。

2 今求められる「食の価値の再定義」

フードテックがこれほど注目されるのには、深刻な社会課題の解決手段であるとともにもう1つ大きなドライバーがある。それは、生活者の変化による「食の価値の再定義」だ。

17年に行われた米SKSでは、50年以上続く未来研究のシンクタンクである米Institute for the Future（インスティチュート・フォー・ザ・フューチャー）のRebecca Chesney（レベッカ・チーズニー）氏が、「効率性」「おいしさ」「利便性」という従来の概念を超えて、現代における食の価値として「発見する喜び」「コミュニティーの育み」「個性の表現」「信頼」「協力」など12項目の新しい価値（もしくは生活者が食に求めるニーズ）を提示した。そして、未来のフードテックはこれらの価値を実現させるべきものであると述べた（図1－5）。

図1-5 **SKS2017でRebecca Chesney氏が提案した新たな食の価値**

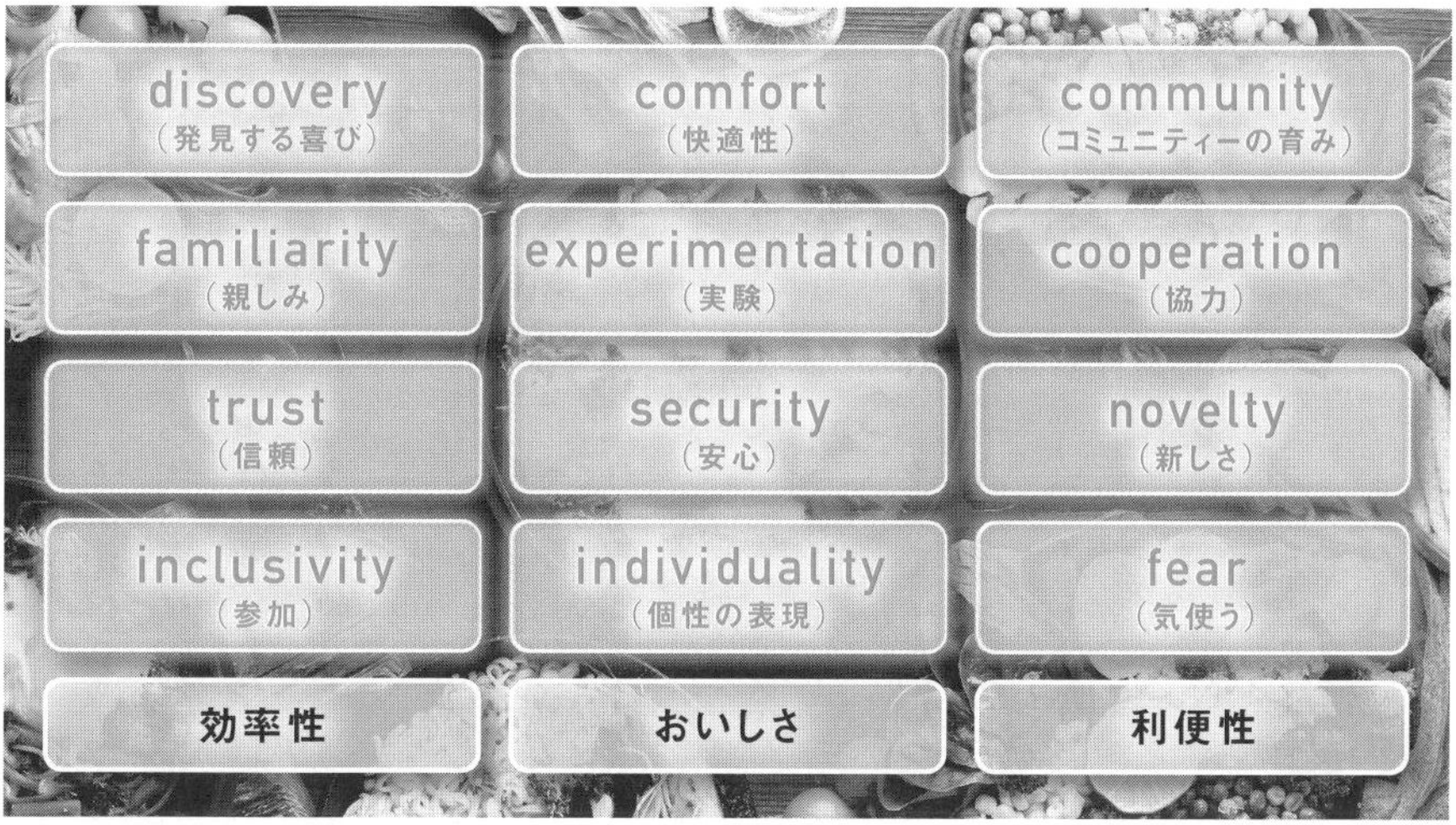

出所：Smart Kitchen Summit 2017, Presentation from Rebecca Chesney (Institute for the Future)

従来の食に関わる市場は、食料の供給が十分でなかった時代、「健康な」食事をできる限り「おいしく」し、あまねく世に広げていくために、各食品メーカーが商品開発に取り組み、流通事業者がそれを生活者に届けるネットワークを構築していった。その中で、「より安く」という価値を磨き込みながらおいしく健康な食事がぜいたくではなく、誰もが食にアクセスしやすくなってきた歴史がある。当時はそれが最大のイノベーションであったことは言うまでもない。

そして、共働きや女性の社会進出などの時代背景もあり、「時短」や「どこでも買える」便利さの追求が始まり、家電の普及や24時間営業しているコンビニエンスストアなどの拡大が始まり、それに伴って、とてつもなく効率的な物流・販売ネットワークが構築された。このようにして構築された大量生産、大量販売のバリューチェーンは、多くの人が共通の価値を求める時代には合っていたし、今の時代にも重要なものだ。チーズニー氏は、そうした従来の価値を「効率性」「おいしさ」

「利便性」という、これまでの価値として捉えている。

しかしながら、生活者にモノが行き渡るようになり、個々人が真に求めるライフスタイルを追求する時代に移り変わり出した現代、人々が食に求める価値は変わってきている。実際は、人々が真に求めるニーズは、一部を除き、実は以前から存在していたものも多い。最近、うたわれるＳＤＧｓも、以前はもっと環境に配慮しようとか、ムダをなくそうとか、そもそも人類に根付いている価値観や行動であった。

モノがない時代のニーズは、今も本当に求められているのだろうか。

例えば、日々の生活を回すためには、時短やとにかく安く買える食事・食材が必要だが、そもそも忙しい生活や、その中で甘んじて享受している食には満足していないというケースが、実はそれなりに存在する。「もっと料理を楽しみたい」「もっと調理に時間をかけたい」「丁寧に暮らしたい」「もっと自分の体調に合った料理を食べたい」「食事において家族とのコミュニケーションを大事にしたい」「食を通じて孤独を解決したい」「フードロスをなくしたい」など、そもそも存在していた潜在ニーズを人々はより強く求めるようになってきているのだ。

また、最近では何を食べるか自体がその人の価値観を示す時代にもなりつつあり、「ヴィーガン」「フレキシタリアン」[3]「ベジタリアン」[4]「ペスカトリアン」[5]など、様々な個食スタイルを追い求める層も一定数出てきている。その新しい食の価値、あるいは生活者が食に求めるニーズの広がりを、チーズニー氏が提示した12項目は言い表している。もちろん、これらだけに絞られるわけではないが、食の価値や生活者ニーズがいかに多様であり得るかを感じられるのではないだろうか。

こうした食に求める生活者ニーズが広がる中、大量生産・大量販売を前提としたマスマーケティング

③ フレキシタリアンとは、日によってどういう主義で食事をとるか変える人を指す。毎週月曜はヴィーガンになる、といった具合に肉食を減らそうとする人に多く見られる

④ ベジタリアンは菜食主義者と呼ばれる。肉を食べない人を指す。ヴィーガンとは違い、乳製品や卵といった肉以外の動物性プロテイン食品は食べても良いとする

⑤ ペスカトリアンとは、タンパク源として肉類は食べないが、魚は食べる人を指す

図1-6　食の価値のロングテールモデル

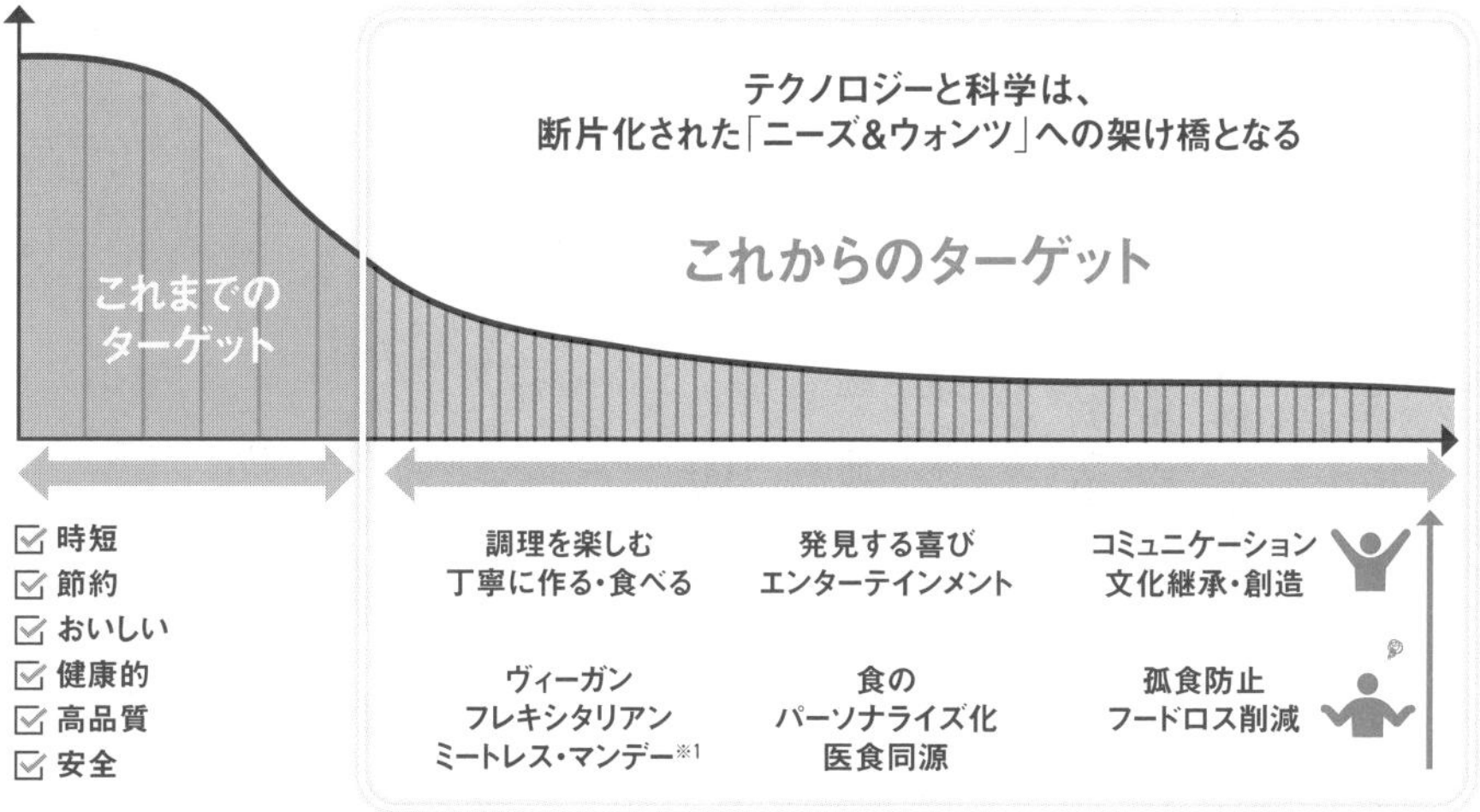

※1：週に1日、肉を食べるのをやめること
出所：シグマクシス

向けのバリューチェーンでは、必ずしも人々が求めるニーズに対応できなくなってきている。それは、こうしたニーズが図1-6にあるようにロングテールであるため、従来のニーズと比べるとニッチなのだ（ここでいうニッチとは、セグメントだけではなく、マスマーケティング上では同一カテゴリーであっても、曜日や時間に応じて求めるニーズが変わるというニッチさも含む）。そのため、従来のマスマーケティングでは捕捉できず、個別にアプローチしようにも複雑かつコストがかかり過ぎていた。

そうした状況を変えるきっかけとなったのが、技術の進化とそれに伴うアクセスコストの下落である。インターネットが人だけではなくモノにまでつながるIoT時代、個人の情報はクラウド上で共有され、また様々なモノにセンサーを付けることで、今までは取れなかった行動情報（調理実績なども含む）、ストレス情報などを把握することができる。また、最近はDNAや腸内細菌検査が圧倒的に安価で実現されている。こうした科学技術へアクセスするハードルが低くなることにより、これまで捕捉できなかった生活者のニーズを理解できるようになりつつある。こうしたスマート化していく社会の中で無限の可能性を感じ、各社が動き出してきているのが、このフードテックの盛り上がりの根底にあると言って過言ではない。

今、このロングテールに位置付けられる価値はどのような広がりがあるのか、それをどのようなテクノロジーで満たすことができるのか、どこまでテクノロジーが担うべきなのか。食品メーカーも、家電メーカーも、キッチンメーカーも、外食も、食品リテール（小売り）も、ベンチャー企業も、アカデミアも、数多くの企業・ステークホルダーがこの無限に広がる海原に商機を感じ、その獲得に目指して動き出している。

「Food for Well-being」という考え方

無限に広がる海原は魅力的である一方、遭難してしまいそうだと感じた読者の方々も多いのではないだろうか。この「生活者の多様なニーズに応える」に当たって理解しておくべき〝こと〟がある」。それは、〝Food for Well-being（ウェルビーイング）〟という考え方だ。

「料理や買い物など、時短や効率を追求した結果、人々はどういう状態に陥ったか。それは肥満である」。予防医学研究者の石川善樹氏は、17年のSKSジャパンにおいて、このように述べた。石川氏は米国の調査から、加工食品が増え調理家電も普及し、料理に時間をかけなくてよくなったぶん、人々が時間をかけるようになったのは「Snacking（おやつを食べること）」であることが分かったという。これによって肥満が増え、生活習慣病も増えていった。これがフードテックの末路だとしたら、これほど本末転倒なことはない。

米国のNPOであるHealthier America（ヘルシアアメリカ）が行った面白い調査がある。06年と18年を比較して料理の準備と後片付けにかける時間は対60%、食事の時間は対5%減ったというものだ。一方、おやつを食べる時間は全く変わっていない。石川氏はこんなエピソードも教えてくれた。その昔、多くの女性にとって洗濯が最も重労働な家事であった1950年代、自動洗濯機を開発した東芝（当時の芝浦製作所）は、55年ごろの新聞広告に「主婦の読書時間はどうしてつくるか」というメッセージを使っていた。つまり、重労働からの解放というマイナスからの価値転換ではなく、プラスの価値を提案したのだ。同じようにフードテックも、一体どのようにして人々の人生を豊かにするのか、という思想があって初めて価値を生むものと考えるべきである。

Food for Well-beingを理解するに当たって思い出されるのは、国連の関連機関SDSN（The United Nations Sustainable Development Solutions Network）が発表する世界幸福度ランキングだ。対象となる156カ国・地域で実施した世論調査を基にしたもので、日本はここ5年間で順位を46位（15年）から62位（20年）に大きく下げている。もはや低すぎてピンとこないが、いずれにせよ日本国民はあまり幸福を感じていなさそうだということが分かる。不景気のせいかと思う方も多いかもしれないが、そんなことはない。1954年から70年の高度経済成長期を経て、1人当たりの実質GDPがうなぎ登りになっても、生活の満足度は全く上がっていないという分析がある（図1－7）。

では、私たちはどのようなことでウェルビーイング、石川善樹氏の言葉を借りれば「よりよく生きている状態」と言えるのだろうか。

その問いに応えるべく、シグマクシスは食とウェルビーイング、そしてテクノロジーの関係を分析すべく、日本、米国、イタリアの3カ国を対象に「Food for Well-being 調査」を19年11月に実施した。

図1-7　日本における1人当たりGDPと生活の満足度の関係

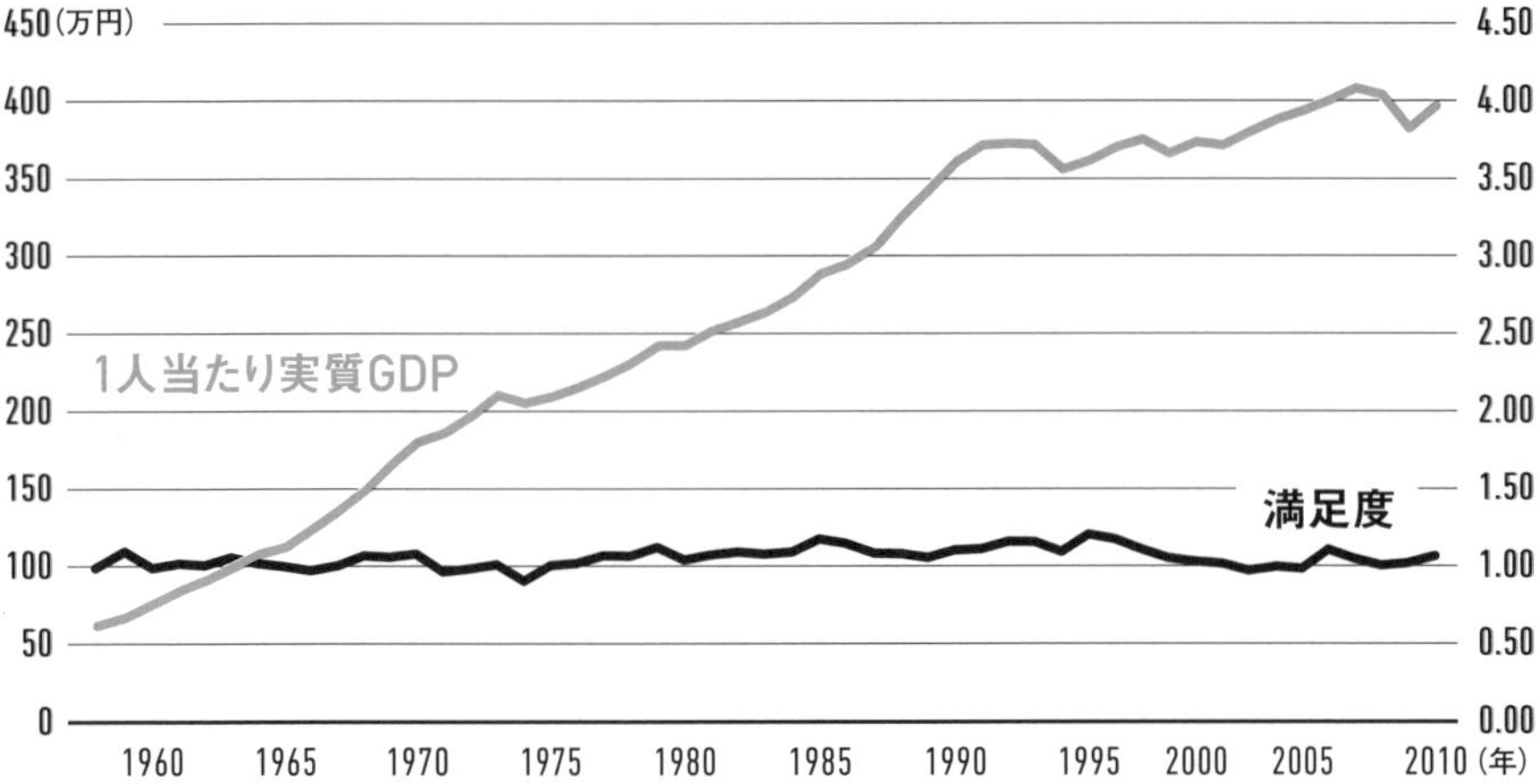

備考：1979年までは68SNAで1990年基準、1980-1993年は93SNAで2000年基準、1994年からは93SNAで2005年基準。生活満足度は1958年の世論調査の結果「満足」と答えたひとの割合を1とする
出所：内閣府

図1-8　重要な価値観(非常に重要、重要、まあまあ重要と回答した人の割合)%

日本　差分

Q. 次の状態について、あなたの人生にとっての重要度合いを教えてください

	日本 N:833	米国 N:806 差分	米国 N:806	イタリア N:814 差分	イタリア N:814
体が健康状態にある	86%	8	94%	9	95%
心が健康状態にある	83%	11	94%	13	96%
自分でいられる時間がある	81%	13	94%	14	95%
楽しんでいる時間がある	83%	11	94%	11	94%
現在と将来に対して安心感がある(不安がない)	78%	14	92%	13	91%
自分が意思決定し、行動ができている	76%	21	97%	20	96%
何でも話せる相手がいる	72%	20	92%	22	94%
他人に対して感謝している	74%	17	91%	9	83%
人間関係に満足している	72%	20	92%	21	93%
持続可能な社会・環境に生きている	64%	21	85%	26	90%
自分が成長している	63%	30	93%	25	88%
コミュニティーの役に立っている	58%	22	80%	31	89%

ウェルビーイングの大切な要素は「体と心の健康」以外にも隠れていた(出所：Food for Well-being調査2019 シグマクシス)

ウェルビーイングという状態を作り出すのに大切な要素として、個人レベルとしては「Learning（学んでいる、能力がある）」「Playing（楽しさに没頭する）」「Relief（将来への不安がない）」「Autonomy（自分で決められる）」「Health（体と心の健康）」、人との関わりとしては「Engagement（自分に存在意義がある）」「Relatedness（人間関係に満足している。感謝している）」、地球との関わりとしては「Sustainable（環境に対して社会としてケアがなされている）」があると定義し、それを表す状態を選択肢として、「何が重要だと感じるか」ということを聞いた。

図1-8にその結果を示す（調査では前述の8つの状態を、もう少しブレークダウンして12の状態について聞いた）。いずれの国においても、体と心の健康が重視されていることに変わりはないが、実は同程度かそれ以上に重視されている項目もある。日本の場合、「自分でいられる時間がある」や「楽しんでいる時間がある」ことも、非常に重要なウェルビーイングの要素であることが分かる。米国やイタリアでは、「自分が意思決定し、行動ができている」ことが、体と心の健康と同等以上の価値を持つ。また、米国では、「自分が成長している」こと、イタリアでは「持続可能な社会・環境に生きている」ことも、他国に比べて重要視されている傾向がある。これらをウェルビーイングの要素と理解し、食が提供する価値に置き換えてみれば新たな切り口が見えてくるはずだ。

では、そうした多様なウェルビーイングに対して、現代の「食」は価値を提供できているのだろうか。人々が食にどんな価値を求めているのか、「食のシチュエーションにおいて共感する言葉」を尋ねた（図1-9）。すると、「リラックスしたい」「健康でありたい」など各国共通で多くの人が選択した項目から、「新しいことを学びたい」「周りとつながりたい」といった〝少数派〟まで、非常に多様な価値が求められていることが分かる。この結果は、先に述べた食の価値のロングテールと通じるものがある。

⑥
Food for Well-being調査では、ウェルビーイングについての数多くの先行研究（ヘドニック理論、ユーダイモニア理論、ポジティブ心理学、日本的ウェルビーイング）を参考に要素を抽出している

図1-9 **食に求める価値**（当てはまるものすべて選択）%

Q. 食のシチュエーションにおいて、次の言葉で共感するものを教えてください

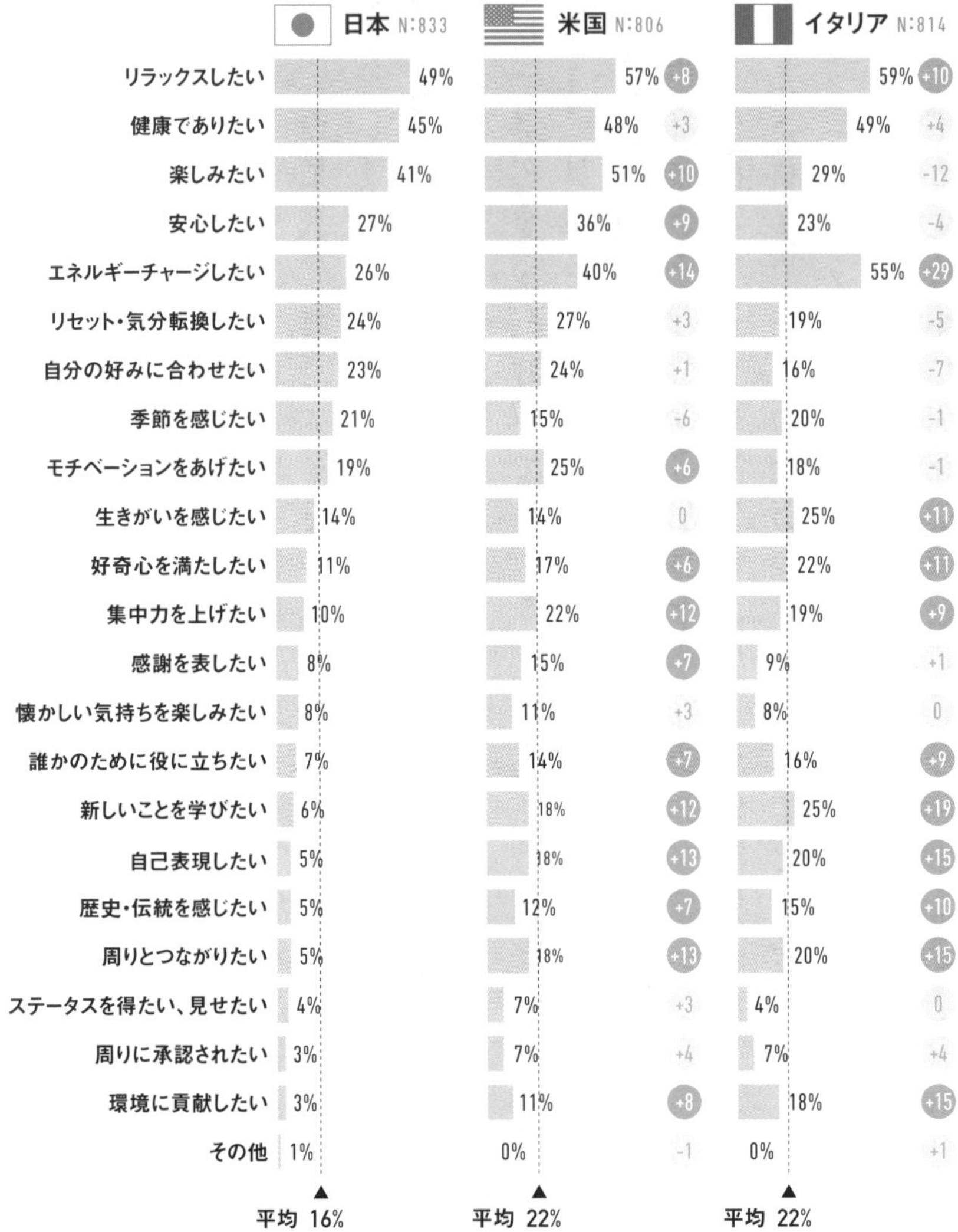

出所：Food for Well-being調査2019 シグマクシス

図1-10 料理から得られる価値(複数回答, 最大5個まで選択可能)%

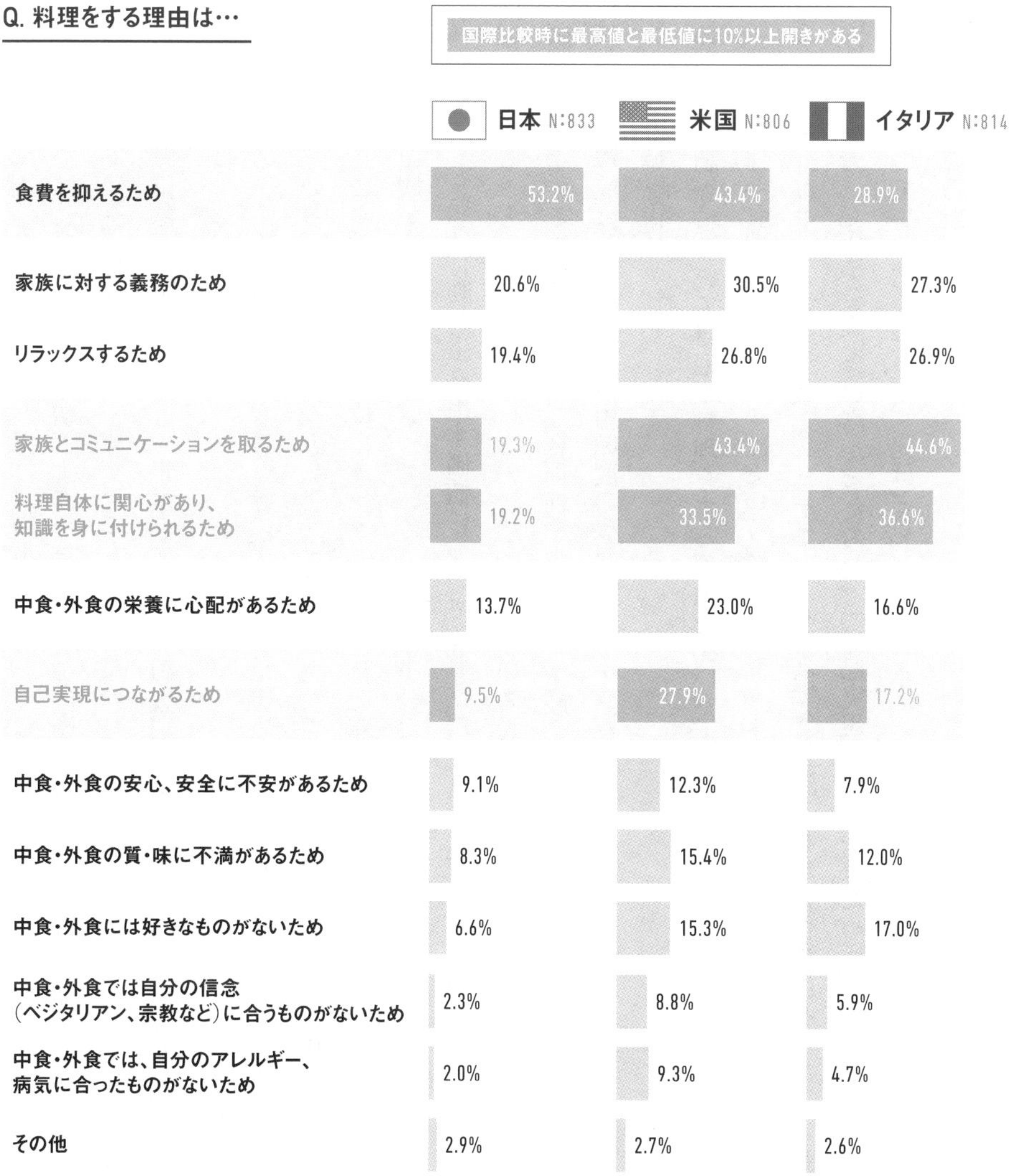

生活者が自宅で料理をする理由は、日本と欧米で明らかな違いが出た(出所:シグマクシス)

ここで驚くべきは、全体として日本よりも米国、イタリアのほうが、ロングテールの「テール」が厚いことだ。日本では共感率が10%を切るような事柄でも、米国やイタリアでは時に20%前後の人々が「共感する」と答えている。目立つのは、「新しいことを学びたい」「自己表現したい」「周りとつながりたい」という項目だ。順位は下位であっても、米国とイタリアの人口の20%が同じように考えていると仮定すると、相当なインパクトだ。

こうした欧米のテールの厚さを見るにつけ、筆者らは日本においても食の価値に対する「隠れた願望」があると推測している。世代や学歴などによって違いはあれども、食に求める価値が国によって大きな差があるとは考えにくい。調査で下位にランクされた項目の真意をひも解くと、日本人にとっても必要とされている価値観がまだまだくすぶっている可能性は十分にありそうだ。

一方、「料理」という行動が生み出す価値についてはどうだろうか。家庭での料理は、特に先進国では時間を捻出することが非常に難しいものになってきている。外食やデリバリー、内食の利便性が高まる中、家で料理をすることが経済的な合理性を生まない事態にもなっている。特に都市部で不動産価格が高騰している環境においては、活用頻度の少ないキッチンを備える必要があるのか、という議論まで出てきているのが現状だ。

そこで、先の調査において自宅で料理をする理由を聞いたところ、こちらも興味深い結果が出た（図1－10）。日本では「食費を抑えるため」という経済的メリットを挙げる割合が突出して高いが、米国、イタリアではそれ以上に「家族とコミュニケーションを取るため」「料理自体に関心があり、知識を身に着けられるため」と答える割合が高かったのだ。「自己実現につながるため」だとする割合も日本よりずっと高くなっている。これらも、先ほど見た「食に求める価値」のロングテール要素と共通点があり、興味深いところだ。

残念ながら日本では、料理という行為自体が欧米ほど〝昇華〟されている感覚はあまりない。子供にお弁当を持たせる、決まった時間に勤務先へ出社する、料理をするのは決まって妻というような負荷のかかる社会的慣習が強く残っているからだろう。しかしながら、料理というものが持つウェルビーイングの要素を日本人も享受しない手はない。これを促進する〝道具〟としても、フードテックの意義があるのではないだろうか。

3 食のウェルビーイングを実現する旗手たち

実際、食の新しい価値を実現しようとするフードテックスタートアップが出てきている。ここでは、その例をいくつか挙げていく。

米Ｈｅｓｔａｎ Ｓｍａｒｔ Ｃｏｏｋｉｎｇ（ヘスタン・スマート・クッキング）の「Ｈｅｓｔａｎ Ｃｕｅ（ヘスタンキュー）」は、フライパンや鍋自体と、ＩＨバーナー双方に温度センサーが搭載されており、常にフライパンや鍋が何度に熱せられているかを正確に把握できるＩｏＴ調理器具だ。セットで、約４００ドル（約４万３１００円）で販売されている。

Ｂｌｕｅｔｏｏｔｈでタブレットのレシピアプリと連動しており、温度センサーの状況を検知しながら加熱時間が自動で調整される。アプリ内にはミシュラン星付きレストランのシェフがヘスタンキュー用に作成したレシピが収録されており、食材の下ごしらえからフライパンでの加熱のプロセス、盛り付け方法に至るまで、プロのシェフの調理プロセスが動画で見られるとともに、フライパンはそのレシピのアルゴリズムに沿って温度の上げ下げを自動制御する仕組みだ。

ユーザーは料理が焦げ付いたり生焼けになったりする失敗から解放される。筆者も体験してみたが、「焦げ付く恐れ」が完全に取り除かれたとき、急に心に余裕が生まれることを実感した。その一方で、自動調理とは違い、自ら食材を準備し、鍋に入れ、かき混ぜたりひっくり返したり――、大部分の調理作業は自分の手で行うので、料理をした充実感はある。料理の失敗に一番結び付きやすい火加減は自動調節なので、かなり高い確率で失敗しない。細かく鍋の温度が変わっていくのをアプリで見ていると、料理とはこれほど科学的で精緻なものなのかと改めて気づく。

ヘスタン・スマート・クッキングのスタッフいわく、子供でも安全に調理できるので、ヘスタンキューを活用して親子で料理を学ぶケースが非常に多いそうだ。同社の技術ディレクターであるJohn Jenkins（ジョン・ジェンキンス）氏は、「1つのメニューを3回程度つくれば、4回目からは通常のフライパンでも上手に料理ができるようになる」と話す。便利なだけではなく、調理スキルの向上にもつながるのがこの製品のポイントであり、Food for Well-beingのあるべき姿をうまく体現している。

一方、日本茶のIoTティーポット「Teplo（テプロ）」を開発しているのは、Load & Road（ロード・アンド・ロード）。同社CEOの河野辺和典氏は、これまで数百年にもわたって「急須」が進化しておらず、日本の茶道や多くのお茶文化が大切にしてきた、お茶をいれる時間そのものの豊かさが失われつつあることに気づき、テプロを開発したという。

テプロは、本体下部のセンサーを指先で触ると、お茶をいれる人の心拍数や体温が計測され、その他、周囲の光や温湿度も検知して、使用する茶葉に合わせて抽出時間や温度を自動で調節する。これは茶道などでお茶をたてるときに、提供する人の体調や気分、季節などを気使うのと同じ要素をテクノロジー

Hestan Cueを使った調理を体験する著者（田中宏隆）　出所：シグマクシス

Teploは予約販売中（319ドル、約3万4400円）　出所：Load & Road

で再現しているともいえる。室温や量によって異なるが、テプロでのお茶の抽出には数分かかる。お茶はコンビニでも自動販売機でも気軽に手に入る時代だが、テプロが実現しているのは、「お茶を急須からいれる時間自体を楽しむ」という体験である。テクノロジーによって生み出されたこの豊かな時間を楽しみ、そして自分の体調を整えてくれるお茶を味わえるのが、ユニークな組み合わせと言えるだろう。

これはまさに、お茶をいれる行為自体を残したまま進化を遂げており、正しく抽出されたお茶が自動で出てくるというたぐいのものとは異なる価値を持つ。このような達成感や落ち着きを実現する様は、よりよい人生を送っていると言えるのではないだろうか。

また、パナソニックの社内アクセラレータープログラムであるゲームチェンジャーカタパルト（GC）は、味噌大手のマルコメと共同開発した味噌造りのためのデリバリーキット「Ferment 2・0（ファーメント2・0）」を開発した。これは、センサーとスマートフォンアプリを活用することにより、味噌の発酵過程を「見える化」するもの。18年に米国テキサス州オースティンで開催された技術と文化を横断したイベント「SXSW（サウス・バイ・サウスウエスト）」で展示され、話題を呼んだ。

効率性重視で考えれば、味噌はできあいのものをスーパーで買えばいい。しかし、味噌を自分で造る楽しさに焦点を当て、味噌造りで失敗しやすい温度コントロールをテクノロジーでサポートし、ユーザーの達成感を演出しているのだ。また、ただ味噌を造るだけではなく、自身の体調に合わせた味噌など、パーソナライゼーションの要素も盛り込もうとしている。さらに味噌を造る工程で、発酵の技を学ぶこともできる。このサービスは、おいしく健康な食事という要素は満たしつつ、さらに「新しいことを学びたい」「好奇心を満たしたい」「伝統を学ぶ」といった体験も実現できるFood for Well-beingを満たすサービスであると言える（20年6月時点ではまだプロトタイプの段階。発表時は非常に話題を集めたため、早く市場導入されることを期待したい）。

キッチンデザインも創造性、よりよく生きることの追求へ

これまで見てきた食の価値自体の変化に伴って、キッチンの在り方もパラダイムシフトの兆しがある。現在、一般に広く定着しているシステムキッチンは、料理の行動そのものをいかに効率よくできるかを追求した設計になっている。コンパクトで収納スペースが多く、掃除もしやすい。そんなキッチンが、これまでは求められてきた。リクシルのキッチンデザイナー・小川裕也氏は、17年のＳＫＳジャパンに登壇し、「キッチンはユーザーの創造性を引き出すものである。次世代のスマートキッチンはそれを目指すべきだ」と述べている。

また、イギリスを拠点とするキッチンデザイナーのJohnny Grey（ジョニー・グレイ）氏は、17年の米ＳＫＳで、「キッチンは料理を作るだけではなく、コミュニケーションの場であり、どう生きるかを反映したものだ」と話した。同氏は、英国の国立バッキンガムシャー・ニュー大学の客員教授も務め、キッチンデザインの学位をイギリスで初めて作ったことでも知られている。

そんなグレイ氏が提唱するのは、「４Ｇキッチン（4 generation kitchen）」という新概念だ。子供から高齢者までどんな世代でも料理を安全に楽しめるためのキッチンデザインを専門としている。そして何より、キッチンが料理だけの場ではなく、コミュニケーションや仕事、勉強、リラックスなど、４世代で集まれる場となるようなデザインを提案している。

特に意識しているのが高齢者だ。高齢者は自分で料理し続けられれば、それだけ自立して健康に自宅で過ごすことができると言われる。グレイ氏はニューキャッスル大学と共同で高齢者の生活習慣などを調査しながら、高齢者が自宅での料理を続けられるキッチンデザインの研究をしている。例えば、高齢者は料理の作り方は忘れないが、何をどこにしまったかを忘れてしまうケースが多く見られる。そこで、

家の真ん中に置かれたキッチン事例。丸みを帯びたデザインであらゆる世代が自然と寄り添い、会話が弾むデザインとなっている（出所：Johnny Grey Studios）

キッチンツールを見せる形で収納できるデザインにする。あるいは、少し歩くことが不自由な方のキッチンの場合は、家具の角に丸みをもたせ、家具をよけて歩くのではなく、家具に体を沿わせて歩けるようにして歩行距離を短くするなど、高齢者の困りごとに応えるキッチンデザインが数多く提案されている。長時間立っていることや、蛇口を閉めること、細かいものを移動させることなど、高齢になると少しずつしんどくなることに耳を傾けている。

グレイ氏は、今後これらの価値を提供するためにはテクノロジーの使い方がカギとなるとしている。特に注目しているのは音声入力だ。グレイ氏の調査によると、高齢者はアプリを登録したりすることは難しく感じるが、声で指示を出すことにはかなりの割合で適応できたという。

日本のフードテックが目指すべきところ

日本は課題先進国とも言われる。課題として、特に深刻なのは高齢化社会の到来だ。高齢になっても豊かな食生活を送れるようにするためにはどうすればよいかが、今後間違いなく問われる。日本では、平均寿命と健康寿命（心身ともに自立し、健康的に生活できる期間）の間に、男性では平均9年、女性では13年もの開きがあるというデータがある。もはや国民病ともいえる生活習慣病が、このギャップを生み出している可能性があり、寿命まで健康ではない長い期間を過ごすことは、本人にとっても介護する側にとっても、多くの負担がかかる。

自分で料理ができることは心身の健康を保つためにも重要なことだが、それが高齢になると難しくなる。また、病気やかむ力の衰えなどによって、家族と同じものが食べられなくなると、「孤食になりがちで、途端に食生活の満足度は下がってしまう」と、先に紹介した英国のキッチンデザイナー、ジョニー・グレイ氏は言う。

実は高齢者に限らず、日本において単身世帯は2030年までに4割に達すると言われる[7]。16年のNHKの調査では、家族と一緒に毎日夕食を食べる人の食生活の満足度がとても高いのに対して、朝・昼・晩のすべてが孤食であるとした人の満足度は著しく低いことが分かっている。特に60代以上の高齢者単身世帯では、全食孤食の割合が67％に上るという。英オックスフォード大学の心理学者、Charles Spence（チャールズ・スペンス）教授の著書『「おいしさ」の錯覚』（角川書店）によれば、孤食は栄養摂取の偏りや不足を招くことも指摘されている。

現代の日本では、かつて「標準家庭」と認識されていた夫婦と子で構成される家族は4世帯に1世帯だけ。夫婦のみ、ひとり親と子という世帯も以前に比べて明らかに増えている。家族がいても、共働き世帯が増えたことなどで、一家そろって食卓を囲める機会は減っている。こうして日本の家庭の姿が変わる中で、食に関連する製品やサービスを提供する人は、マスマーケティングあるいはペルソナを決め

⑦
国立社会保障・人口問題研究所「日本の世帯数の将来推計（全国推計）」（2018）

て大量生産・大量販売という従来のアプローチを見直すときに来ている。本章の前段で述べたように、行動情報や身体情報の可視化を通じて、よりきめ細かなサービスを提供することもできるだろう。今まで見えていなかったものが見えてくる時代、企業の価値創造・価値提供の在り方も変わっていいタイミングに来ている。

ここまで見てきたように、深刻な社会課題の解決や、ウェルビーイングにつながる食の新たな価値を引き出すことに対して、様々な業界が動き始めている。食にまつわる産業はもちろん、ヘルスケアやエンターテインメント、ウェルネス、インフラ系の業種まで、あらゆる産業がフードテックの可能性に関心を寄せている。これまでの家電製品は人の介在をできる限り排除することを目的としていた。冷蔵庫は電源を入れれば、すぐに冷やしたり冷凍したりできる。エアコンも洗濯機もスイッチを押せば動く。誰がそのスイッチを押しても得られる効果は同じだ。しかし、料理はレシピの決定から始まって、食材調達、調理、食事、後片付けまで、実にアナログだらけのプロセスである。影響を与える要素が多すぎて、人によって出来上がりは大きく異なる。

さらに、そんなプロセス自体が楽しいと感じる人がたくさんいて、必ずしも全自動化が望まれているわけでもない。本質的に楽しむ行為であり、効率とは違う。食材を含めて、いろんな思いや価値観が交じる。京都府立大学 京都和食文化研究センターの佐藤洋一郎特別専任教授によれば、料理とは芸術、学術、技術の3種の術を統合して成り立つものであるという。それほど奥の深い活動だ。これをどのように進化させていくべきなのか。テクノロジーの腕の見せどころであり、誰も成し得ていない「未開の地」が膨大に広がっているからこそ、世界中のスタートアップや大企業がフードテックにコミットし始めているのだ。

Chapter 2

世界で巻き起こる
フードイノベーションの全体像

1 そもそもフードテックとは何か

調理は、経験則やセンスに基づくものではなく、サイエンス（科学）に裏付けられ、多くの人が失敗をせずに楽しめるものになる。

第1章で紹介した世界中の料理人にインパクトを与えた書籍『Ｍｏｄｅｒｎｉｓｔ Ｃｕｉｓｉｎｅ（モダニスト・キュイジーヌ）』を監修した元マイクロソフトＣＴＯ、Nathan Myhrvold（ネイサン・ミルボルド）氏のような、科学的な視点、テクノロジーを知るテックギークらが「食の世界」に興味を持ち、新しい製品を開発したりサービスを始めたりする動きが２０１０年代に顕著になってきた。米国では、16年ごろから食関連のスタートアップが急増。大企業との連携・提携事例も増えており、これまでにはなかったユニークな調理家電、サービスが生み出されている。この食分野のイノベーション全体、一大ムーブメントを、私たちは「フードテック」と呼んでいる。

とはいえ、フードテックの全体像は把握しづらい。というのも、もともと「食」に関係している業界が幅広いからだ。食材の開発から出荷、調理加工、パッケージング、販売に至るまで、それぞれの工程に、既存の巨大プレーヤーたちがいる。生活者の手元に届いた食材もどこで食べるのかによって、住宅メーカーやキッチン、インテリア、家電など、多様な産業が関係している。

それに加え、近年のデジタル技術が業界を曖昧にしている。現代社会ではほとんどの人たちが常にスマートフォンを持ち歩いている。業界や企業の枠を超え、個人が巨大ネットワークとつながるようになった。スマホは個人で食材を注文するレジであり、栄養データを推計するデバイスにもなる。ＥＣはも

図2-1 **SKSジャパン2019の参加者プロフィル**

参加者:業界を超えた多様な参加者が集う場として定着

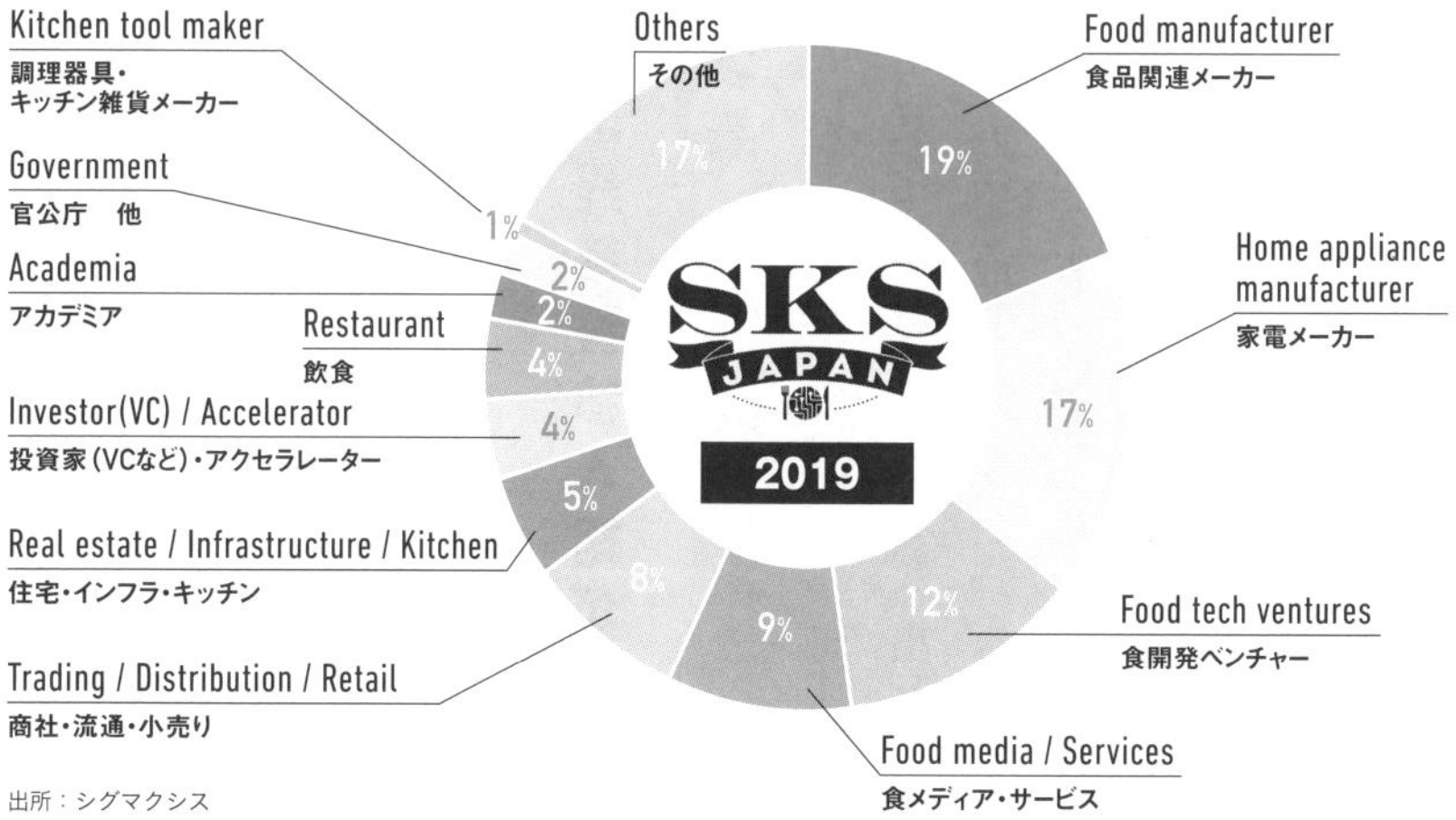

出所：シグマクシス

ちろんのこと、メディア、健康・医療業界のイノベーションとも無関係ではなくなってきた。

さらに、大企業の新規事業の立ち上げやスタートアップたちを支援する起業インフラが整ってきたことで、食への参入障壁が低くなっている。資金と経営的なアドバイスは投資家たちと交渉し、食材調達、流通開拓は商社に託す。調理家電のようにモノづくりが必要となれば、中国のファブレスファクトリーが相談に乗ってくれるし、デジタル技術はGAFA（Google、Apple、Facebook、Amazon）対抗に意欲を燃やすスタートアップたちと連携することで、道が開けるかもしれないのだ。

筆者らは17年から「スマートキッチン・サミット・ジャパン」を開催しているが、登壇者、参加者たちのバックグラウンドが実に様々であることに正直驚いている。19年の参加者プロフィル（図2-1）では、食品関連メーカー（19%）、家電メーカー（17%）に続いて、食関発ベンチャー（12%）が多い。商社・流通・小売り（8%）や住宅・

インフラ・キッチン（5％）、投資家（VCなど）・アクセラレーター（4％）も目立つところだ。

そして興味深いのが、17％の「その他」に分類される参加者たちだ。「これまで食には関係ない業界にいるが、新規事業を検討している」「一緒に取り組んでくれる相手を探している」といった趣旨のコメントが多かった。長年、食に限らず幅広く日本や米国のスタートアップを見ているが、こうした企業連携を前提にしながらサービスを創り上げていくことを当たり前だと思っている感覚は、従来の食産業にはない。どちらかといえばテック業界に近い盛り上がりを感じる。

日本では異業種参入組が元気

今や日本で最も勢いがあるフードテックスタートアップは、ディー・エヌ・エー（DeNA）出身の橋本舜氏率いるベースフードだろう。同社は「主食で健康を当たり前に」をコンセプトに完全栄養の麺類とパンを商品化している。食品会社出身でもないのに、どうやって事業を立ち上げたのか。橋本氏はDeNA流の方法を取り入れていた。DeNAでは新規事業の企画書だけを役員に持って行っても受け付けてもらえず、「手触り感のあるモックを持ってこい」と言われるという。

そこで橋本氏は、まずは自ら完全栄養パスタができるかどうか、手作りで試行錯誤を繰り返し、アイデアの実効性を確認した。そして製麺工場の空きラインなどを利用させてもらったり、アマゾンを活用したりと、外部のインフラをうまく取り込んでいった。実際に作ってみたり販売してみたりしながら次々と発生する問題を解決していく。つまりPDCAではなく、まず「D（Do）」から始める姿勢だ。こういう立ち上げ方は、まるでベータ版でスタートするデジタルサービスのような感覚に近い。

もう1つ、DeNA出身者が立ち上げたスタートアップがある。服部慎太郎氏が率いる健康菓子の定期購入サービスを手掛けるスナックミーだ。同社が販売するのは、人工着色料、香料、保存料、化学調味料、ブドウ糖果糖液糖、精製した白砂糖、マーガリン、ショートニングを使わない菓子。おいしいけれど体にいい、罪悪感を持たずに食べられる菓子を自社製造したり、国内外の菓子生産者から集めたりしてアソートの形で販売している。

服部氏はスナックミーを「コンテンツビジネスと位置付けている」という。スナックミーの特徴は、届いた菓子を食べた後にアプリ上でフィードバックを送る機能があり、嫌いな食材や気に入った菓子を登録しておくと、それに応じた菓子が選別されて届くことにある。これは、さながら菓子業界のネットフリックスのようなものだ。ネットフリックスは、どんなジャンルの映画が好きか嫌いか、映画を見た記録自体からお薦めの映画を提示する。スナックミーでは、そんな要領で菓子が送られてくる。これも、デジタルビジネスに明るいからこその発想だろう。

料理が科学のプロセスだとすると、農業も科学のプロセスだ。光、温度、湿度など、インプットとなるパラメーターを適切に制御すれば、量も質も再現性のあるアウトプットができるはずだ。これに挑んでいるのが、植物工場スタートアップのプランテックスだ。創業者の山田眞次郎氏は、1990年にインクスを創業し、精密な金型づくりで自動車産業などのモノづくりを支えた人物。金型の開発期間を圧倒的に短縮するなど、インプットをプロセス化して求めるアウトプットを出すという製造工程を熟知している。プランテックスでは、これを野菜に応用した。彼の周りには自動車業界や電機業界からエンジニアの精鋭が集まり、その結果、無農薬で、かつ100グラム中のベータカロテンが通常の野菜の16倍、都会の真ん中で収穫し、販売先まで配送時間10分という驚異的なレタスを生み出したのだ。

こうしてIT業界から食へ、非食品製造分野から食へと、この他にも異業種からの参入は続く。こうした異業種からの発想やスキル、人財が今、どんどん食の業界に集まってきているのだ。

異文化との衝突、融合により新しいことが生まれる。これはある意味正しいのだが、その前に「自分たちは何者なのか」という問いに答えられなければならない。少なくとも現在の立ち位置はどこで、何をどうやって実現したいのか。ビジョンがなければ、到底イノベーションは起こせない――。

2 初公開「フード・イノベーション・マップ2.0」

そこでシグマクシスでは、食分野における企業の現在地と、これから狙うべきポジション、組むべき相手の道しるべとなる「Food Innovation Map（フード・イノベーション・マップ）」を19年から作成してきた。欧米、アジア諸国の食のトレンドに詳しい経営者、テクノロジーの専門家、業界アナリスト、大企業の新規事業開発室、スタートアップらにヒアリングを重ね、随時チャートを書き換えてきた。そして今回、新型コロナ禍を受け、Ｗｉｔｈコロナ、アフターコロナ時代に対応したマップの最新版２・０を作成した（図２－２）。

特に大きく変更したのは、技術レイヤーとして「次世代食材生産」内の代替プロテイン技術が広がったこと、生活体験領域の「家の外の食」として、レストランテックが更新されている。「調理の進化」の中では、エンタメ・瞑想というカテゴリーも追加した。特に新型コロナ禍によるロックダウンでエンタメや癒やしとして料理をする現象も出てきている。社会課題との関連において、「防災・非常時の食」という項目ができたのはもちろん、以前までは「文化継承」とだけ記載していたところに「創造」というキーワードも追加した。ここで生まれたフードイノベーションが新たな文化となっていく。次世代食材生産、次世代パッケージ、調理のエンタメ化、レストランの未来といったところでは、特に「Ｗｉｔ hコロナ、アフターコロナ時代」の新たな文化が創造されていくだろう。

フード・イノベーション・マップ2・0を確認することで、本書で出てくる企業、キーテクノロジーの位置付けがイメージできるようになる。経営者や事業担当者であれば、目指す事業領域で関連しそうなテーマを見つけられるはずだ。それでは、具体的な見方を説明しよう。

まず、このマップは大小のカードをテーブルに置いたかのようなイメージで描いている。それぞれのカードの中に書き込まれている内容が、今まさに起きているイノベーションであり、重要なキーワードである。いくつかの分野にまたがるテーマに関しては、さらに上のレイヤーにカードを置いた。

カードを置いている場所、上段、中段、下段には意味がある。一番上の層が「生活者体験」のエリア。私たちが家の中や、街中で体験するイノベーションである。生活者として体験するイノベーションには、モノを購入する場面（購買体験の進化）、実際に料理する場面（調理の進化）があるので、さらにそれぞれを別の枠で分けている。個々のカードの中身については、本書でたっぷり解説していくので、ここでは簡単に触れておくだけにとどめておく。

例えば、「購買体験の進化」にはアマゾン・ゴーのような無人レジレス店舗やショールーム型店舗のような新しい体験のサービスを示す「New Retail EXP（＝新しい小売りサービス体験）」のカードが配置されている。同様に、ウーバーイーツやLINEが出資した出前館などが手掛ける「デリバリーサービス」も含まれる。これは、今回の新型コロナ禍で、その利便性や必要性を再認識する人たちが増えたジャンルだ。日本では、まだ単なる「出前」サービスと思っている人が多いかもしれないが、欧州・米国エリアでは、業態を拡張していっている。例えばデリバリーサービス事業者が、街の中小飲食店向けの集約型キッチン（ゴーストキッチンと呼ばれる）を開設し、そもそも店を持たないデリ

防災・非常時の食
Resilience
- 自然災害
- 感染症
- 極地
- 自給率

文化継承・創造
Inherit and create Culture
- レシピ
- 技
- 道具
- 地域性
- 食材

無理なくロス削減
Reduce Food Loss w /o pain
- サービス系
- 技術系
- コミュニティー

Delivery Service
- 新デリバリーサービス
- ミールキット2.0
- ピックアップサービス

Future Value Chain
- Farm to テーブル
- Farm to レストラン
- 食の安心・安全

家の外の食 ~What you eat outside
Restaurant

Future Restaurant ~ sustainable / connected
- フードロボ / 自販機3.0
- メニュー開発
- コネクテッドシェフ
- シェフのスキルのコンテンツ化
- ゴーストキッチン

Lunch / Snack
- 社　食
- 弁　当
- 置き食
- サブスクリプション

Community
- シェアダイニング
- シェアファーミング
- コミュニティーのための食

Learn & teach
- 食育・食学系
- コミュニケーション系

Entertainment & Mindflness
- ライブコンテンツとしての食
- マインドフルネス・クッキング

新フードデータ構築
New Food Data Creator
- 調理実績・摂取実績
- 生活者の行動・嗜好
- 体内情報(腸内細菌など)
- 栄養データ
- データ収集プレーヤー

未来の物流

食の透明性

AI、センサーなどベース技術

ユニークな素材

※新型コロナウイルス禍を経て、より重要性が増したキーワードは、地色を濃くして強調している

9	10	11	12	13	14	15	16	17
産業と技術革新の基盤をつくろう	人や国の不平等をなくそう	住み続けられるまちづくりを	つくる責任つかう責任	気候変動に具体的な対策を	海の豊かさを守ろう	陸の豊かさも守ろう	平和と公正をすべての人に	パートナーシップで目標を達成しよう

SDGs

図2-2 Food Innovation Map Ver.2.0

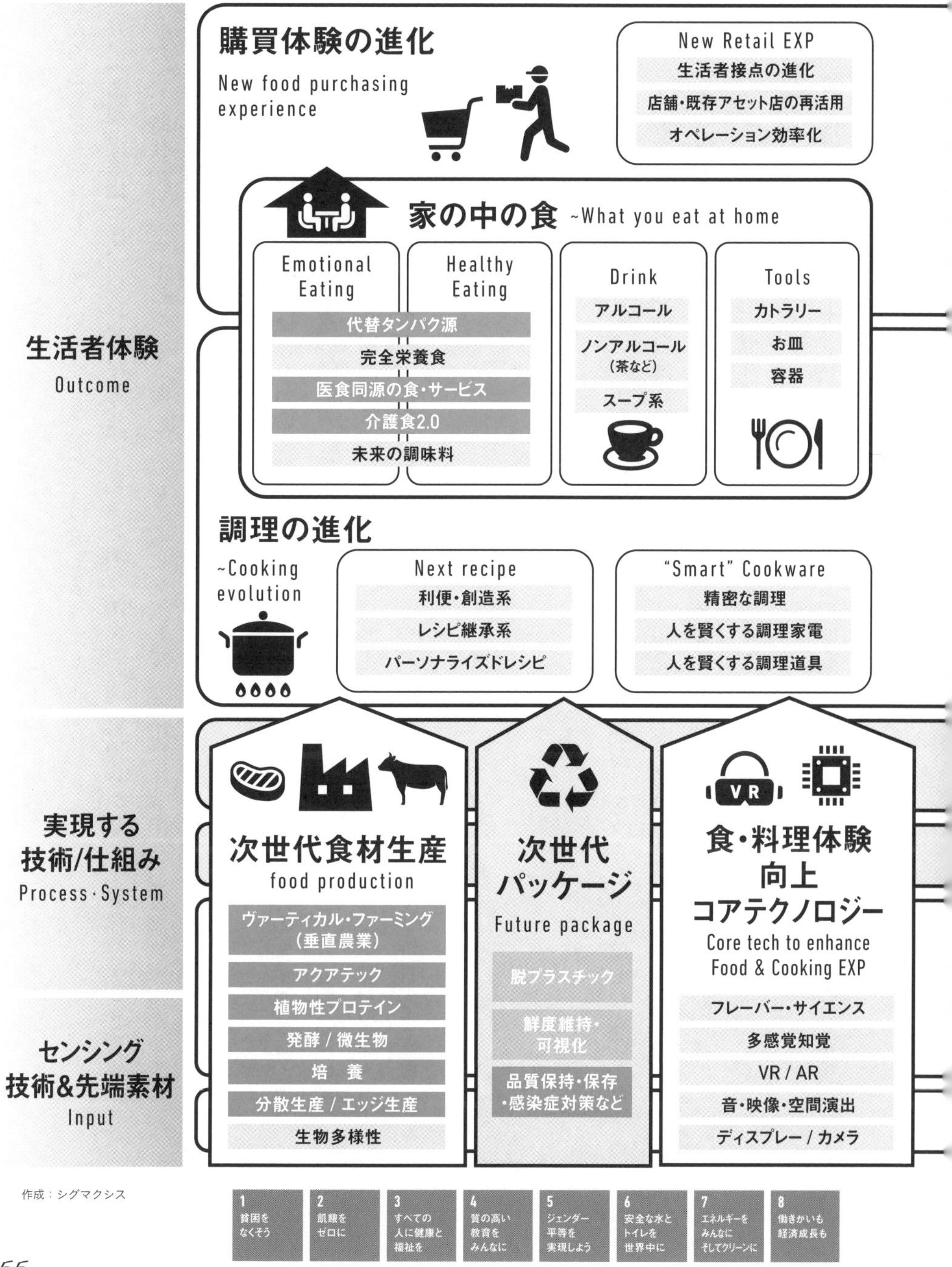
生活者体験
Outcome
実現する
技術/仕組み
Process・System
センシング
技術&先端素材
Input
購買体験の進化
New food purchasing experience
New Retail EXP
生活者接点の進化
店舗・既存アセット店の再活用
オペレーション効率化
家の中の食 ~What you eat at home
Emotional Eating
Healthy Eating
代替タンパク源
完全栄養食
医食同源の食・サービス
介護食2.0
未来の調味料
Drink
アルコール
ノンアルコール
(茶など)
スープ系
Tools
カトラリー
お皿
容器
調理の進化
~Cooking evolution
Next recipe
利便・創造系
レシピ継承系
パーソナライズドレシピ
"Smart" Cookware
精密な調理
人を賢くする調理家電
人を賢くする調理道具
次世代食材生産
food production
ヴァーティカル・ファーミング
(垂直農業)
アクアテック
植物性プロテイン
発酵 / 微生物
培　養
分散生産 / エッジ生産
生物多様性
次世代
パッケージ
Future package
脱プラスチック
鮮度維持・
可視化
品質保持・保存
・感染症対策など
VR
食・料理体験
向上
コアテクノロジー
Core tech to enhance
Food & Cooking EXP
フレーバー・サイエンス
多感覚知覚
VR / AR
音・映像・空間演出
ディスプレー / カメラ
1 貧困を なくそう
2 飢餓を ゼロに
3 すべての 人に健康と 福祉を
4 質の高い 教育を みんなに
5 ジェンダー 平等を 実現しよう
6 安全な水と トイレを 世界中に
7 エネルギーを みんなに そしてクリーンに
8 働きがいも 経済成長も

作成：シグマクシス

バリー専門レストランを支援している。「レストランとはこういうもの」「外食とはこうあるべき」という私たちの常識を解体し、新しいサービスにつくり変えようとしているのだ。

一方、「調理の進化」は、レシピのイノベーションから始まった。料理レシピが紙媒体やテレビ番組が中心だった時代からネットにシフトし、それがさらに発展して、今ではIoT化した調理家電がレシピという〝ソフトウエア〟に制御される「キッチンOS」という世界が広がっている。また、食育や食関連の教育を提供しようというところも増えている。

そして、これら購買、調理という2つの領域にまたがっているのが、「食べ物」自体の変革だ。この食べ物には「家の中の食」と「家の外の食」によって進化のスタイルが違うのだが、どちらも興味深い。植物性代替肉や完全栄養食、医食同源の考えに基づく新しいサービス、そしてレストランをアップデートするフードロボットやシェアダイニングなど、それぞれの枠の中で新しい動きがあり、毎日のように新サービスが登場している。

社会課題とリンクしたイノベーション

こうした生活者体験を変えるイノベーションは、何も日常生活の範囲だけをターゲットにしたものではない。この数年、食に関する社会課題を解決することを「事業領域」に設定しているスタートアップが増えている。マップでいえば、右端にある「無理なくロス削減」「文化継承・創造」「防災・非常時の食」などのテーマだ。私たちの日常生活を支えている社会基盤であることから、マップではより深いレイヤーに位置付けている。

この領域には日本のスタートアップが多い。若い人たちの関心が高い一方で、短期的な収益性を重視する大企業には参入しづらいテーマであり、課題は大きいものの、未着手のものが多い。
「無理なくロス削減」に関して言えば、例えばデイブレイクは急速冷凍のスペシャリストだ。もともとは急速冷凍機のコンサルティングをしていたが、社長の木下昌之氏のパッションは、フードロスを解決することにあった。デイブレイクには、何を何度でどのように冷凍させれば、おいしさを保つことができるかといったノウハウが蓄積されている。これを活用し、農家で余ってしまったフルーツを急速冷凍し、手軽に食べられる小分けのフローズンスイーツとして販売している。適切な温度で冷凍されているため、食べたときも生の新鮮さを感じられる。フードロスを楽しくおいしく解決している好例だ。

また、コークッキングが展開する「TABETE（タベテ）」は、飲食店で余ってしまった料理やパンなどを少し安くてもいいから購入してほしい外食側と、お得に購入したい一般の登録者を結び付けるプラットフォームだ。予約がドタキャンになるなど、やむを得ない理由で料理や食品が余ってしまうのはどのレストランでも起こること。これまでは廃棄せざるを得なかったが、その情報をタベテの登録者に知らせてあげれば、売り上げの足しにはなる。生活者は食材や料理が少し安く手に入るうえ、フードロスにも貢献できる。これをきっかけに新しく知るレストランもあるだろう。デイブレイクと同じくタベテも、フードロスという社会課題だけでなく、楽しさにもつながるサービスになっている。

実はこうしたサービスは、欧州でもフードロス解決の一手として非常に盛り上がっている。代表格がToo Good To Go（トゥー・グッド・トゥー・ゴー）というサービスで、コークッキングもこれを参考にしたという。欧州14カ国で展開されており、ユーザー数は2000万人以上、およそ4万件のレストラン、ホテル、スーパーなどが登録している。

デイブレイクやタベテがフードロスを直接解決するサービスである一方、ユナイテッドピープルは、社会課題をテーマに映画を作り、人々の心にストーリー、ファクトを通じてメッセージを送っている。

20年5月、日本全国を回ってどんな面白いフードロス解消のアイデアがあるかをストーリーに仕立てたドキュメンタリー映画『もったいないキッチン』が先行配信された。フードロスという社会課題の背景に触れながら、日本人の持つ「もったいない」という精神とひもづけて映画化している。社会課題解決は「やらねば」と表面的に思っても、なかなか行動変容にはつながらないものだ。こうした映画を通して心に感じることが効果的なのかもしれない。

もう1つ、文化継承・創造という面で、和食に欠かせないだしの文化を考えてみよう。シグマクシスの調査によると、日本人でだしを自分で素材から作れるのは42％。つまり、半分以上の人が自分ではだしをとれないと答えている。すでに液体や粉末を湯に溶かすだけで簡単にだしがとれる便利な商品が普及していることや、素材からだしをとるのには時間がかかることもその要因だろう。和食の根幹ともいえるだしの文化が失われていくことはさみしいことでもある。

一方で海外では、UMAMIとして日本のだしの文化に注目が集まっている。「SXSW（サウス・バイ・サウスウエスト）」で、だしをユニークな手法で提供して話題になったのが、UMAMI Lab（ウマミラボ）を主宰する望月重太朗氏だ。望月氏は、サイホン式のコーヒーをいれるかのごとく、素材を混ぜ合わせて特殊な器具でだしを作り出す。世界各地を回りその土地の素材を使いながらだしをブレンドしていく。料理する前の面倒くさい工程ではなく、だしをとるプロセスそのものを「モダナイズ」しながら、だしの文化を新たに創り替えて次世代に伝えようとしているのだ。

このように社会課題の解決を楽しみに変換したり、文化に落とし込んだり、消えそうな文化をアップデートするという取り組みは社会へのインパクトが計り知れない。この「ソーシャルインパクト」は金額ではなかなか表現しづらいが、フードイノベーションにとって最も重要な視点である。

イノベーションを支えるデジタルと先端素材領域

次に、フード・イノベーション・マップ2・0の中段「実現する技術／仕組み」と、下段「センシング技術&先端素材」について説明しよう。

生活者が目に触れているイノベーションを下支えするテクノロジーで、一番動きが激しい領域が、デジタルと先端素材の開発である。マップの最下段「センシング技術&先端素材」が農業生産地からモノの物流、調理のプロセスまで、人や食材、料理をセンサーでデータにするための技術で、中段が集めたデータを分析したり、ロボットやクルマの制御、調理機器を動かしたりする社会実装のための技術とと位置付けている。

現代は、世界中の人々が朝から寝るまで常にスマホを持ち歩いていく時代になった。だからこそ使える巨大ネットワークが生まれ、データが大量に蓄積できるようになった。デジタル端末の出荷台数が増えたことでさらに、安価にセンサーを設置できるようになり、人や食材のデータの測定精度がさらに上がっていくというサイクルを生み出している。また、医療や生物、植物のセンシング技術とともにＡＩなどの処理技術を活用することで、新しいイノベーションが生まれている。

そこで、すでに社会実装技術、センシング技術をまたぐ範囲で顕在化しているのが、4つの領域だ。「次世代食材生産」「次世代パッケージ」「食・料理体験向上コアテクノロジー」「新フードデータ構築」である。デジタル、料理、医療と、それぞれ全く違った技術領域なのに、「食」をテーマにした途端、一緒になった研究・開発プロジェクトが動き出している。例えば、人間の味覚、味の好みの研究も、病院ではなく、キッチンだからこそ研究が進んできた。見えてきたデータを使って、どんな新商品を生み出していくのか、サービスにつなげていくのか。取り組むべきテーマは、すでに見えている。

例えば、世界有数のスパイスメーカーMcCormick（マコーミック）のチーフ・サイエンス・オフィサーの（ハムド・ファリディ）氏は、ドライブ中に流れてきたラジオインタビューで、レシピをパターン学習して新感覚の組み合わせを提案してくれるIBMの「シェフワトソン」の話を聞き、「これこそ自社に必要な能力だ」と確信したという。

スパイスメーカーでは、ある製品を開発するために無数の食材の組み合せを試してスパイスを調合する必要があり、すさまじく時間がかかる。そのため、どうしても自身が知っている食材に頼りがちになって冒険しなくなるのだ。そこでファリディ氏は、早速IBMにコンタクト。機械学習を使ったフレーバープラットフォームを構築すべく、5年のパートナーシップを締結した。これはマコーミックが1980年から蓄積してきた実験データを基にしており、機械学習を導入することで商品開発にかかる時間は70％削減され、製品の支持率も高まったという。こうしたAI活用×新フードデータ構築は、今後各産業、領域で広がっていくだろう。

3 食の進化を見通す「16のキートレンド」

次にフードテック起点で見たトレンドにはどういったものがあるか見ていこう（図2－3）。トレンドは大きく3つの視点でまとめている。まずは、世界的に共通する社会変化と、科学分野も巻き込んだ産業構造の変化である「ベースとなる潮流」。そして、新しいビジネスを生み出す最新手法「事

図2-3 フードイノベーション16のトレンド

フードイノベーションのキートレンド
ベースとなる潮流
Base Trend
新アプリケーション領域
New Applications
事業創造トレンド
Business Creation
Redefine value of food
食の価値の再定義
Science Cooking
科学的調理法の普及
Science & Visualization
サイエンスの活用と生活者データの見える化
Kitchen evolution
キッチンの位置付けの進化
Sustainability & food/services
持続可能性と食サービス
Hyper Personalization Personal Data+Food service
超個別化食
Recipe evolution & data Platform
レシピの進化とデータPF
Convergence to Full Stack
事業領域の融合からフルスタックへ
Retail x Foodtech
小売り×フードテックの挑戦
Sharing economy & Food
シェアリングエコノミーと食
Restaurant evolution + Food robot
レストランの進化+フードロボット
CVC to Open Platform
ベンチャー育成プラットフォーム
Ecosystem~ Social deployment
社会実装のエコシステム構築
Retail as Platform for ventures
新たなチャネルの登場
Decentralization of production
食品生産の分散化
Value chain Evolution
新バリューチェーンの構築

出所：シグマクシス

業創造トレンド」、この2つの動きが交わることで誕生する新事業「新アプリケーション領域」で構成される。これら3つの潮流を整理することで、読者の方々のアプローチも振り返ることができるはずだ。本章では、中長期的な潮流であるベーストレンドについて解説しようと思う。

このベーストレンドは私たちの社会全体の変容や、ライフスタイルを取り巻く大きな変化を捉えたものだ。現在、世界が新型コロナによるパンデミックショックに巻き込まれている。この影響がどれだけ広がっていくのか、終息シナリオはまだ分からないものの、ベーストレンドは変わらないとみている。例えば、フードロス、貧困、孤食、健康など様々な食に関する課題は、パンデミックで改めて多くの人たちにその重要性が認識された。アフターコロナ時代が訪れたとしても、「私たちは何のために料理し、食事をするのか」という「食の価値の再定義」、根源的な問いかけは続くと筆者らは分析している（価値の再定義に関しては第1章で取り上げている）。

米国では料理の世界に科学やＩＴのバックボーンを持つ人々が参入したことで、「科学的調理法の普及」が一気に進んだ。科学の裏付けによって調理のプロセスが「見える化」されたおかげで、多くの人が失敗をせずに楽しめるものになっていった。古い業界ゆえ、これまで一部だけで共有していた知識やノウハウを科学的に汎用化する効果は大きい。こうした成果を捨ててまで、わざわざ古い業界に再び戻るような事態も想定しづらい。

さらに、サイエンスやテクノロジーの力により、生活者自身やその行動も見えるようになってきた。「サイエンスの活用と生活者データの見える化」に向け、ユーザーを測定する技術や、測定結果に基づいた介入サービスの開発が盛んになっている。ベーストレンドで大きなインパクトを秘めているのが、この「見える化」だ。その詳細は後述する。

また、生活者が毎日のように立ってきたキッチンは「時代を映す」と言われている。今後、「調理の場」

から、性別や世代を超えた家族や友人が集い、多種多様な目的のために集う場になっていくだろう。核家族、独身生活者が増えていき、家では料理をしない人たちもいる。そうした人たちにとって「料理をする場」は、最初から不要。多様化する食の楽しみを共有する場になっていく。「キッチンの位置付けの進化」とは、家族の生活スタイルの変化と歩調を合わせながら、ゆっくりと変化していくトレンドである。

ベーストレンドの最後は、「持続可能性と食サービス」。世界各地で開催されてきた食に関連するグローバルイベントにおいて、食料の持続的な供給は喫緊の課題として取り上げられることが多い。特に、人口増加が続くアフリカに地理的に近い欧州エリアでのイベントでは熱いテーマだ。なお、実は本書は、この16のキートレンドを順に追って紹介する構成になっている。本章のベーストレンドに続き、「新アプリケーション領域」については第4章、第5章、第6章、第7章、第8章で紹介する。そして、「事業創造トレンド」については第9章で触れる。

食×テクノロジーで生まれた「人間の見える化」

ベーストレンドは中長期的に捉えている傾向なので、ライフスタイルの研究分析と重なるものが多い。その中で、フードテックならではのトレンドと言っていいのが、「生活者データの見える化」だ。今、食関連企業の多くは、生産から小売りに至るサプライチェーンの細分化や、分業が進んだ結果、「ユーザーのニーズが見えなくなってしまった」と口をそろえる。生産者やメーカーと生活者の接点がなくなってしまったため、ユーザーが何を求め、何を購入し、どのような料理をして満足しているのかどうか、詳細に把握できる手段がなくなってしまった。

その一方で、GAFAに代表されるIT企業群は、消費行動の詳細をつかみ、それに応じたサービスを提案、次の購買を促してきた。特に、アマゾンは、米国スーパー大手のホールフーズ・マーケットを買収するなど、オンライン販売だけではなくオフラインの食品事業にも力を入れ始めており、既存の食関連企業には脅威に映っている。アマゾンがユーザーの消費を囲い込めば、「ユーザーのニーズがますます見えなくなる」と危惧する関係者は少なくない。

確かに、生活者がモノを買う段階まではGAFAも見えているかもしれない。だが、その食材を使って何を作ったのか、「家の中」までは、まだ正確には見えてなかった。その意味でキッチンを知ることは、生活者とメーカーたちが再びつながる強力な接点になり得る。キッチンにある調理家電を開発するスタートアップが急増したのは偶然ではなく、論理的な帰着。家電製品でデータを吸い上げることで、生活者の行動がより理解できるようになるのだ。

例えば、ここ数年広まってきた新しい調理家電に低温調理機がある。焼く・煮る・蒸すに次ぐ「第4の調理法」と呼ばれている調理法で、フライパンで焼くとどうしても硬くなりがちな肉料理も、低い温度で加熱し続けることで柔らかく調理できる。これが数年前までプロの調理法にとどまっていたのは、加熱のコントロールが難しかったからだ。それを鍋にセットすれば自動的に温度管理できる製品が登場したことで、料理の苦手な人たちの間でも人気を集めている。

この低温調理器の中でユニークな存在なのが、スマホでコントロールできる真空調理ツールだ。真空といっているのは、食材と調味料を入れた袋から空気を抜いてパッキングするから。真空にした袋を温めることで調理する。スマホでレシピを選べば、食材、分量に応じて、調理時間、温度をコントロールしてくれる。過度な加熱でプロテイン（タンパク質）が破壊されることなく、おいしく食べることができるのだ。

実際に調理したメニュー内容をアプリで逐次収集すれば、食材の栄養素のデータを照らし合わせ、この家庭において栄養素をどれくらい取得されているのかなども推測できる。こうしたリアルなデータこそ生産計画、新製品の開発に影響してくるため、食品メーカー、飲料メーカーが欲しいものだ（どんなデータなのかは第5章で紹介する）。

また、CESやIFA、ミラノサローネなど、家電メーカーが集まる世界の展示会で一大トレンドになっているのが、大型のディスプレーとネット接続機能を備えた冷蔵庫、いわゆる「スマート冷蔵庫」だ。大型ディスプレーにはレシピ表示をしたり、メール機能を備えたり、あるいは冷蔵庫内にある食品を表示するなどし、「冷蔵庫が家庭のハブになる」とアピールしている。

「ディスプレーと冷蔵庫では製品寿命が異なるので、メンテナンスが難しい」「価格が高い割に、それに見合った価値が見いだしにくい」といった厳しい指摘もある。にもかかわらず、海外の大手家電メーカーがこぞってスマート冷蔵庫の開発を続けているのも、冷蔵庫の中身がネットにつながるインパクトを知っているからだ。

面白い事例がドイツの中堅メーカーであるＬｉｅｂｈｅｒｒ（リープヘル）による、冷蔵庫内の食材の可視化からネット販売に至る取り組みだ。多くの家電メーカーが冷蔵庫にディスプレーを組み込んでいるのに対して、同社は扉の開閉のたびに冷蔵庫内の食材を撮影するカメラと、撮像データを送信するための外付けの無線通信装置を備え、ユーザー自身が保有するスマートフォンやタブレットで冷蔵庫内の食材情報を見られるようにしている。画像解析については米マイクロソフトと連携するなど、付加機能については社外の専門家に任せる姿勢を徹底しているところも特徴と言える。

リープヘルのアプリでは、画像解析によって冷蔵庫内にある食材を特定し、それに応じたレシピを提案するだけでなく、足りない食材をオンライン購入できる機能も備えている。食材を提供するのは、ドイツ国内で展開する高級スーパーマーケットのKaufland（カウフランド）である。冷蔵庫にある食材からお薦めのレシピを選び、食材まで提供する。このような一気通貫サービスの実現に向けて、スタートアップも大企業も走り出しているのだ。

こうした「データの見える化」を中心にしたトレンドこそ、これから詳述するフードテックの潮流のメインストリームとなっている。私たちが業界ごとではなく、あくまでも大きなトレンドとして捉えようとしているのは、市場ごとに動きを捉えようとすると、全体像を見失うからだ。これらのトレンドはかなり広範囲、複数の市場の重なりで生まれているものだ。代替肉事業をやっているからといって、代替肉市場だけを見ていても不十分。代替肉が広がったのは、サステナビリティーへの思いや見える化によって、人々が自身の体内データ、行動データに気づき始めたことも大きい。

これらのトレンドを理解すれば、フード・イノベーション・マップ2・0がビジネスの羅針盤に見えてくるはずだ。成長するスタートアップたちは、自社製品がマップ上どこに位置するかを理解している。そして、どのようにアプローチしているのかも、言語化できずとも自覚して取り組んでいる。あなたがやろうとしているビジネスはどこに位置するのか。そのビジネスが実現したい価値は、マップ上にある他のどのパーツと組み合わせれば実現できるのか。巻末にはカラー版を収録しているので、そんなことを思いめぐらすときに活用してもらいたい。

Chapter

3

With＆アフターコロナ時代のフードテック

1 パンデミックで見えてきた食の課題とは

新型コロナウイルスによる世界規模のパンデミックで、人々の健康、生活、産業活動すべての側面でディスラプション（崩壊、混乱）が起こっている。「食」の環境も様々な影響が出ている。いまだ未曾有の危機が続く中、世界のフードテックコミュニティーでは、「新型コロナ禍で私たちが学ぶべきこと」「どんなアクションをとるべきなのか」など議論が活発化している。本章ではフードテック領域でコロナ禍の今の状況と、その変化、意味合いを探る。

新型コロナ感染の拡大で国ごとロックダウン（都市封鎖）を実施し、厳格な外出制限がかかったイタリア①では、ロックダウン開始後、食料品のオンラインデリバリー販売がそれ以前と比べて90％も増加した。ドイツでフードテックスタートアップの起業支援をしているＣｒｏｗｄｆｏｏｄｓ（クラウドフーズ）のMark Leinemann（マーク・レイネマン）氏によると、ドイツでもオンライングローサリーの売り上げは3倍になっているという。

米国の外食業界では業界の70％がレイオフを実施、同44％が一時的なクローズに追い込まれた。グローバルリサーチ会社・ＮＰＤグループによる20年4月25日時点の調査では、では、米国ではパンデミック前と比べ、ウーバーイーツなどの第三者デリバリー業者の利用が2倍に増え、食料品の第三者デリバリーは、3倍弱増えているという②。こうしたデジタルプラットフォームを利用して食を確保することが、家庭での料理の機会が増え、調理家電の売り上げの急増につながっている。米国ではホームベーカリー

①
イタリアでは2020年1月末に「非常事態」を宣言。2月半ばから都市封鎖を順次実施。5月初頭に経済活動を再開するまで、国の社会活動・経済活動は停止していた

②
第7章「フードテックによる外食産業のアップデート」参照

の販売台数は前年同期比で8倍に増えているという。

「食」が抱えてきた社会課題がさらに浮き彫りに

こうした食のディスラプションは、社会課題をも浮き彫りにした。米国では、新型コロナ感染者のうち、黒人の死亡率が高いことが問題視されている。調査会社APM Research Lab（エーピーエム・リサーチ・ラボ）による20年4月16日時点での統計によると、感染者数10万人当たりの死亡率は、白人が4人、ラテン系が4・1人、アジア系が5・1人なのに対し、黒人は14・2人に跳ね上がる。これは黒人に貧困層が多く、安価な加工食品を多用する食生活から肥満・糖尿病の持病を抱えている比率が高いことが要因の一つとして挙げられている。「フードデザート[③]」と呼ばれるこの社会課題は、以前から問題視されていたのだが、今回のパンデミックの被害が集中してしまった格好だ。その後米国では、黒人男性が白人警官に殺害された事件をきっかけに人種差別への不満が爆発し、世界規模での抗議活動に発展した。

一方、食料供給の視点で見てみると、現在の「工業的畜産」の在り方に警鐘を鳴らす専門家もいる。技術進化によって狭い場所でも大量の家畜を育てられるようになったが、動物と人間との距離が縮まったことで、新たなウイルスへの接点も増えたことを危険視しているのだ。これまで、動物愛護の観点から肉食を減らし、植物性代替肉に切り替える動きがあった。だが、今後は「感染症対策」として、食としての動物への依存度を減らすべきという声もある。実際、食肉処理工場での新型コロナ感染者発生もあり、心配になった生活者が植物性代替肉を購入するケースもあると聞く。ニールセンによる米国の購買データによると、20年3月最終週の米国における植物性代替肉は、鮮肉で前年比256％増、加工肉

③
貧困層ほど、生鮮食品や健康的な食事をとることが難しいという社会課題のこと。この結果安価な加工食品などに頼る食生活となり、生活習慣病など、健康を害してしまうことが問題になっている

図3-1　フードシステムが提供すべき機能・価値のピラミッド構造

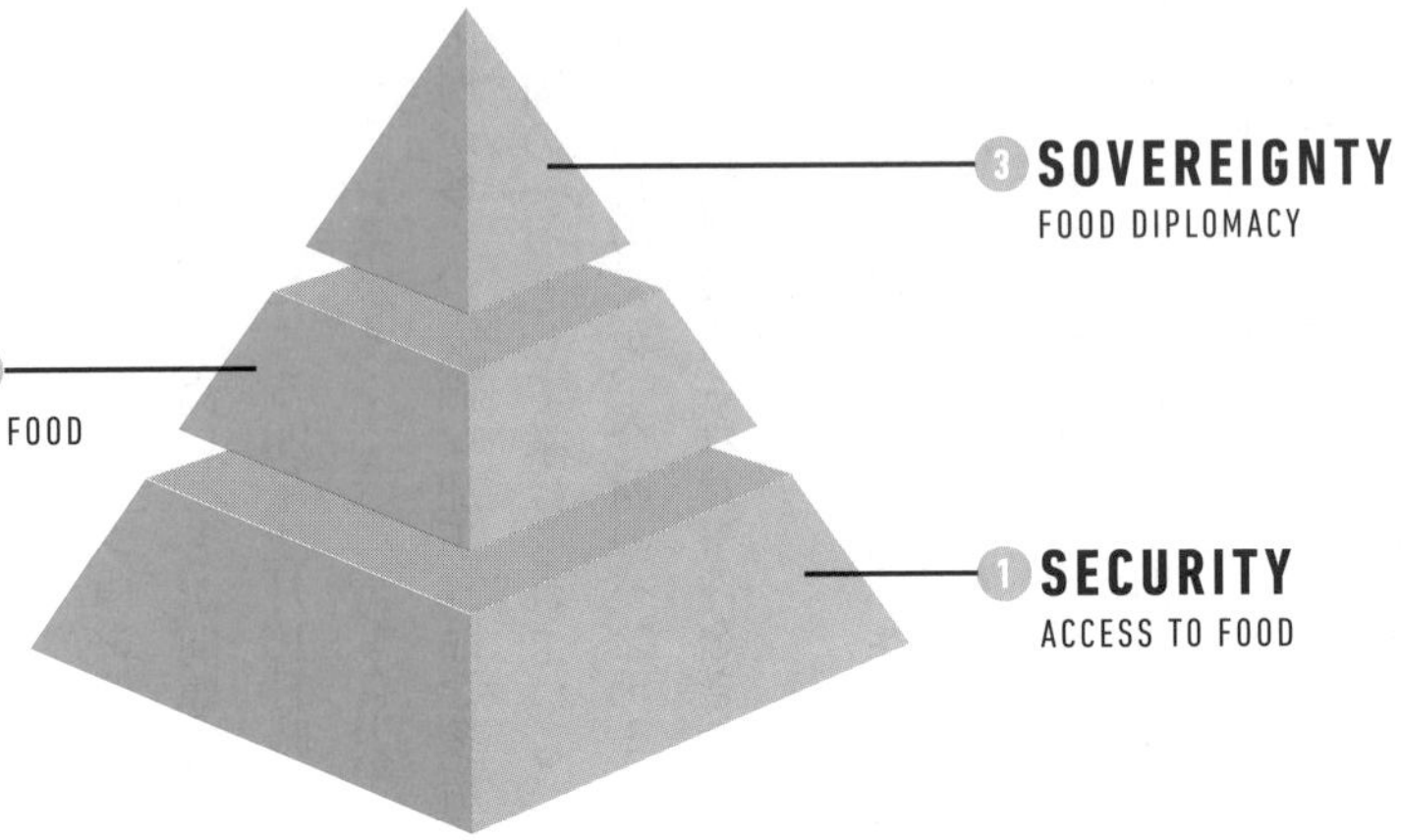

出所：COVID-19 Virtual Summit Day 2- How Do Global Epidemics Affect the Future of Food w/Sara Roversi, Founder of Future Food Institute

製品で同50％増となっている。そして5月には、これまでレストランなどに提供していたインポッシブルフーズが小売店での販売や、D2C（ダイレクト・トゥ・コンシューマー）④での提供も開始している。

既存フードシステムをどうリセットするか

今回の新型コロナ禍を機に、これまでの「食」のシステムをリセット（見直す）する動きも始まった。例えば、都市封鎖されたイタリアで開催されたSingularity University（シンギュラリティ大学）主催の「COVID-19 Virtual Summit（新型コロナウイルス・バーチャル・サミット）」で、The Future Food Institute（FFI、ザ・フューチャー・フード・インスティチュート）の創業者Sara Roversi（サラ・ロバーシ）氏が講演した内容は、今後のフードシステムを考えるうえで役に立つ（図3－1）。

④
D2C（ダイレクト・トゥ・コンシューマー）とは、生産者やメーカーから卸や小売業を通過せずに直接生活者に販売すること

ロバーシ氏は、フードのシステムを3層のピラミッド構造で捉え、ボトム層に「Food Security（食料に安全にアクセスできるかどうか）」、中間層に「Food Safety（安全な食品が提供されているかどうか）」を置く。そして、最上位で達成しなければならないのが「Food Sovereignty（食料主権：人々が健康かつ文化的な食材を環境に配慮した持続可能な形で生産できること、その仕組みを構築できる権利）」と置いたうえで、新型コロナ禍で脅かされたボトム層から改めて食料主権に向かったシステム再構築が必要であると述べた。それを実現するテクノロジーとして、例えば植物工場など都市部でのアーバンファーミングの動きを挙げている。ＦＡＯ（国際連合食糧農業機関）の調査では、２０５０年までに世界の人口の70％が都市に住むとの予測（現在49％）もあり、「都市の食に対する脆弱性」は早急に解決されるべき課題だ。

今回の新型コロナ禍で、リセットを余儀なくされた動きとして「脱プラスチック」の動きもある。米スターバックスコーヒーは顧客が再利用可能なタンブラーを持ち込むことを禁じた。デリバリーの利用が増える中、感染リスクを減らすために使い捨て型のパッケージを採用するケースが増えている。感染防止と環境への負荷を比較すれば、今は感染防止が喫緊の課題とはいえ、海洋プラスチックの生態系に与える悪影響が止まるわけではない。単に「サステナブル（持続可能）」なだけではなく、今後は安全かつサステナブルと両立することがテーマになってきた。

2 新型コロナ禍が変えた食の価値とビジネス

リモートワークの自宅のランチ時。次のビデオ会議までに資料作成を終わらせなければならない。お腹もすいてきたが、料理をするには時間がない。カップ麺を食べるのも気乗りがしない。そこで、フードデリバリーのアプリを立ち上げると、あらゆるジャンルのメニューが並んでいる。すぐさま好みの料理を注文し、決済も完了。後は25分後に届くのを待つだけだ。その間、仕事に戻る――。

こんな行動は、今までならいわゆるデジタルネーティブと呼ばれる若者たちだけの〝特権〟かと思っていたが、新型コロナ禍が変えた。リモートワークや子育てで忙しい世帯、これまでアプリで注文なんて苦手だと思っていた世代をも巻き込み始めた。スマートフォンには、いつの間にか、いくつもフードデリバリーやネットスーパーのアプリが並ぶようになった。アマゾンを使う頻度も増えた。

外食業界にとって、これは何を意味していると捉えればよいのだろうか。新型コロナの感染防止策の一環でレストラン側も店内での提供が難しくなった今、否が応でも店の外に販売機会を求めざるを得なくなった。もともとフードデリバリーは成長領域であり、デリバリー専門レストランも増えてきていた。

新型コロナ禍でフードデリバリーの存在感が高まる中、レストラン業界はフロントではデリバリー対応、バックではシェアキッチンの活用など、フロントもバックも何らかのプラットフォームに接しながら業務を続けていくことになる。そして、こうしたトレンドは、レストラン業界のデジタル化をも加速させていく。自社の店舗が地元だけではなく、スマートフォン上で選ばれる店になっていないといけないのだ。

また、レストランでは、これまで「場」に集約させていた機能をアンバンドル化[5]する傾向が見られる。今まで飲食店は食材、シェフ、レシピ、調理、場所、そして顧客という「機能」が、1カ所に集まり「バンドル」されてはじめて成立していたサービスだった。これが間と間をつなぐプラットフォームができることによって解体されるということだ。フードデリバリーのプラットフォームによっては、それぞれのレストランのメニューを分解し、例えばスープはレストランAから、ハンバーガーはレストランBから、デザートはレストランCから、といった注文方法も可能だ。それこそ、私たちはアマゾンで買い物する際、実はそういう買い方をしている。そんな世界が来たとき、「レストラン」とは何を意味するのか。これと同じことは小売店でも起こってくると考えられる（外食産業については第7章を参照）。食がデリバリープラットフォームとつながったとき、その先で何が起こるのかは、重要な論点だ。

食には多くの価値がある。多くの人々の共感を呼ぶ価値としては、「リラックス」「健康」から「楽しみたい」などがあり（第1章参照）、それゆえに、食の価値を積極的に引き出していくことが、結果的に社会課題の解決になると期待されている。そこでフードテックが役立つと注目されているのだが、今回の新型コロナ禍は、フードシステム全体のリセットや、食の価値の再定義をさらに進めていくと考えられる。

ではどんな動きが今後始まるのか。次から紹介していこう。

[5]
「アンバンドル化」とは、機能を分解し、細分化すること。シェアサービスの進化で、すべての機能を所有する必要がなくなってきた。その結果、食の世界でも1カ所にそろえる必要がなくなってきた。その現象は、第7章で詳しく述べる

3 アフターコロナで求められる注目の5つの領域

ここでは、新型コロナ禍において特に変化が激しい、あるいは関心が高まると思われるテーマを取り上げて解説していく。

① Food as medicine（医食同源）

新型コロナ禍においては、否が応でも「健康」への注目が高まっている。体温検査が求められる機会も増えるなど、自身や家族の体の変調に対して気を使う日々が続いている。日々の健康状態を左右するのは食事である。生活習慣病が新型コロナの感染リスクを高めていることが明らかになっているため、肥満や糖尿病対策に関心が高まると考えられる。これまでにも自身の遺伝子や腸内細菌、バイタルデータ⑥を基に食事を提案するサービスや、完全栄養食などが出てきているが、今後さらに「健康」「未病」という価値に注目が高まると考えられる。

ニューヨークを拠点とするシェフドクターのRobert Graham（ロバート・グラハム）氏は、貧困層の糖尿病患者に対し、料理や食事の指導をする活動をしている。ニューヨークでは貧困層が多く住む地域で感染者数が爆発するなど、困難が続いており、グラハム氏もオンラインで植物性商品を中心とした料理を指導しながら、食事の大切さを訴えるなどの活動をしている。

また、グラハム氏は食と健康について誰もがオンラインで学べるよう、カリキュラムを用意している。

⑥
人体の生命情報。定期的に計測できる血圧や血糖値、心拍や睡眠時間。活動量、体重や体組成などを意味する場合もある

このオンラインコースを全従業員に受けさせようとしているのが、ニューヨークのＰＳＫスーパーマーケットだ。今回の新型コロナ禍でスーパーマーケットは人々のライフラインとなった。そのスーパーで働く人々が、食と健康について知識武装されていたら、これほど心強いことはないだろう。米国のスーパーのKroger（クローガー）も「処方食」というサービスを始めている。医師が薬の代わりにお薦めの食材を提示する仕組みだ。これらは新型コロナ禍で始まったサービスではないが、リテール（小売り）による医食同源への取り組みは、まさに今こそ必要とされている。

② Home Cooking for Reconnect & Relax（エンタメとしての料理）

外食がしづらくなった今、人々が家庭で料理をする機会が増えている。欧米ではパンを焼く人が増えているという報告がある。パン生地をこねて寝かせて焼くというプロセスが、ストレス解消になることや、子供と一緒に楽しみやすいなどの理由がある。パンが焼けることよりも、そのプロセスを楽しむことに関心が高まっている。

また、調理家電も売れている。ホームベーカリーやスロークッカーなど、これまでのような時短目的中心ではない製品が売れていることも注目に値する。この料理の習慣、料理をリラクセーションとして楽しむことがパンデミック終息後も定着するかについては、アナリストの間でも意見がそろってはいない。しかしながら、この状況下で人々が不安やストレスを抱えながらその解消法に限りがあるとき、食がその糸口になることは想像に難くない。

一方で、特に米国では料理経験がほとんどない層も一定数いる。調理家電だけでは解決できない。そこで登場しているのが、ライブストリーム型のオンライン料理教室である。興味深い事例は、シアトル拠点のFanWide（ファンワイド）というスタートアップだ。もともと、オンライン上でファン同士がスポーツ中継を共に楽しむパーティールーム型のスポーツOTTサービス⑦をしていたが、今期はほとんどのプロスポーツが中止になってしまった。

そこで、コンテンツをレストランのシェフの料理のプロセスを中継するものに変更したという。料理をしながら人とつながる時間がつくれるのは、外出制限のかかる生活の中ではうれしいサービスかもしれない。

③ 代替プロテインの拡大

前述したように、米国の小売市場では植物性代替肉の売れ行きがいい。20年3月下旬時点で、肉、乳製品、卵、魚含めた植物性代替プロテイン製品は、前年同期と比べ90％伸びた。新型コロナの感染者が発生し、閉鎖された食肉処理工場などについての不安が高まって食肉を買わなくなった層や、健康への意識の高まりが植物性代替肉の需要ドライバーとされている。

植物性代替肉が本当に健康に良いかどうかは諸説あるため、このドライバーが続くかは分からないが、重要なのは「食べてみよう」という意識が生まれたことだ。食べてみようと人々が思うほど、こうした植物性代替プロテイン製品が小売りの店頭に並び、認知が進んでいる証拠である。一度食べて気に入れば、2回目以降は理由がなんであれ、リピートされるようになる。

米調査会社NPDのフードセクターのアナリストSusan Schwallie（スーザン・シュワリー）氏は、「（植物性プロテインスタートアップにとって）絶好のインキュベーションタイミングだ」と述べている。

⑦
Over The Topサービス。インターネット回線を通じて、メッセージや音声、動画コンテンツなどを提供する、通信事業者以外の事業

食品スーパーは植物性代替プロテイン製品をもっと棚に並べるインセンティブができるうえ、生活者からのフィードバックが得られれば、商品自体をもっと改良することができるというわけだ。

また、大量の家畜の飼育を必要としないという意味では、培養肉開発への期待も高まっている。培養肉はもともと牛を2~3年かけて育てるよりも、(現在の技術では)数週間で肉の塊を培養できるという圧倒的な効率性から、注目されている技術である。放牧場も必要ないため、生産地と消費地を近づけること、需要に応じた生産がしやすくなることが魅力だ。今回のように遠距離輸送が難しい状況を想定すると、生産現場を身近に持てることが重要になってくる(代替プロテインに関しては第4章を参照)。

④ Food waste solution(フードロス対策)

日本でも、外食産業の落ち込みにより、生産農家がタイミングよく出荷できない事態に陥っている。これに対して急速冷凍によって保存性を上げ、冷凍フルーツやスムージーの材料として販売する活動に注目が集まっている。東京を拠点とするデイブレイクは、持ち前の急速冷凍技術を使って、農家で余ったイチゴなどを急速冷凍し、冷凍スイーツとしての販売につなげている。農家からもこれまでとは違う売り方、食べられ方の幅が広がったと好評だ。

また、飲食店の賞味期限が間近なメニューをアプリ上でテークアウトの形で販売するプラットフォーム「TABETE(タベテ)」を立ち上げたのが、コークッキングだ。これまでもフードロスを楽しく解消できるサービスとして多くの飲食店が加盟していたが、新型コロナ禍で一気に加盟店が増加したそうだ。飲食店にとっては、フードロスの解消につながるだけでなく、新規顧客開拓にもなる他、新型コロナが終息したあかつきには、顧客が店に足を運ぶことが期待できるからクロスセルにも寄与する。

コークッキングの共同創業者である川越一磨氏は、レストランにはファンベースの形成が大事だと話している。人間の根本にある、人を応援したくなる、助けたくなる気持ち。そうした気持ちに応えてくれるサービスは、物理的につながることが難しくなった新型コロナ禍の状況で、フードロスだけではなく、多くのものを救ってくれそうだ。

⑤ Frontline solution（最前線ワーカー支援）

今回、医療機関やスーパーマーケット、フードデリバリーに従事する人は、治療や人々の食を確保するという「最前線ワーカー」として働いている。現場では「zero touch shopping」「zero touch delivery」「zero touch payment」といった3つのゼロで、いかにヒトを介さずに活動できるかがカギとなっている。

そんな状況下で活躍しているのがフードロボットだ。ベルギーのパーソナライズスムージーロボットを手掛けるＡｌｂｅｒｔｓ（アルバーツ）は、医療従事者が手軽に安全にビタミンなどの栄養を取れるようにと、Ｓｏｄｅｘｏ（ソデクソ）の協力でアントワープの医療機関にスムージーロボットを設置した。フードロボットの詳細については第7章を参照していただきたいが、いわゆる「自販機３・０」と呼ばれるこのスムージーロボットは、究極の閉鎖環境において多大な威力を発揮することに気づけたことは非常に意義がある。

今回は医療機関であったが、場合によっては災害時の避難所かもしれない、船の中かもしれない。そうした最前線のワーカーが確実にフードと健康にアクセスできる。それを実現させるテクノロジーこそ、先述したフードシステムの3層構造の最上位に位置する「Food Sovereignty（食料主権：人々が健康かつ文化的な食材を環境に配慮した持続可能な形で生産できること、その仕組みを構築できる権利）」が達成できるものということになるだろう。

Withコロナ時代のフードテックとは

ロックダウン下で、これまでにない日常がやってきた。リモートワーク、ソーシャルディスタンス、国境の封鎖、失業率上昇で、かつてないリセッションへの入り口にさしかかっている。これらの要素は、これまでの食事を安全に楽しくとっていた世界を根本から揺るがす。立地や回転率がすべてだと思っていたレストラン、インバウンドに頼っていた観光地など、例を挙げればきりがないほどだ。

今、世界各地で新型コロナのワクチン開発が進んでいる。通常数年かかるワクチン生産を数カ月以内で完成させようとグローバルで動いているのだ。ふと思う。同じことを食でもイノベーションの加速化を進めていくべきではないのか。ワクチンだけあっても人間は生きられない。お金をいくら稼いでも、食べ物が豊かでなければ、身体的にも、精神的にも、社会的にも、どうやってウェルビーイングを保つことができるだろうか。

世界70億人の毎日の食を豊かにするために、食の価値を広げ、社会に定着させていく。世界中でインキュベーションを実践していく。世界にいるフードテックコミュニティーとつながりながら、Food Sovereignty（食料主権）を目指す。パンデミックという日常の大転換が起こった今だからこそ、皆が動き出すべきだ。

Interview

Withコロナ時代「サンマ(三間)」が見直される?
時代はベーシック回帰「食のユニクロ」出現へ

予防医学研究者、博士(医学)

石川善樹氏

1981年、広島県生まれ。東京大学医学部健康科学科卒業、ハーバード大学公衆衛生大学院修了後、自治医科大学で博士(医学)取得。公益財団法人Wellbeing for Planet Earth代表理事。「人がよく生きる(Good Life)とは何か」をテーマとして、企業や大学と学際的研究を行う。近著は、『フルライフ　今日の仕事と10年先の目標と100年の人生をつなぐ時間戦略』(NewsPicksパブリッシング)、『考え続ける力』(ちくま新書)など

予防医学研究者として、「人がよく生きる（Good Life）とは何か」という壮大な問いに対して、Well-being（ウェルビーイング、幸福）の定量化を通して解きほぐすことに挑む石川善樹氏。新型コロナウイルス感染症の影響が拡大する中で、食を通したウェルビーイングの在り方はどう変わっていくのか。また、この先、フード業界でイノベーションを生み出していく方策とは。

（聞き手は、シグマクシス岡田亜希子）

――新型コロナ感染症の影響が食の分野にも大きな影を落としています。Withコロナの新たな時代に入って、従来と世の中の見方が変わりましたか。

石川善樹氏（以下、石川氏） まず、大きな観点から話すと、人間の生きるリズムが激変しています。人類の歴史を3つのフェーズに分けると、フェーズ1は「自然」にリズムを合わせていた時代。七十二候（しちじゅうにこう）というように1年を72の季節に分けて、今は虹が出る季節だ、梅の香りがする季節だなどと、自然のリズムに合わせて生きてきた。そのころは自然と向き合っているから、「人生をコントロールするなんておこがましい」ということが直感的に理解されていました。

そして、フェーズ2に移行すると、今度は「機械」に人間がリズムを合わせることになる。機械は24時間365日動き、ある意味コントロールが可能な存在。だから、1週間単位で5日働いて2日休むといった現代のリズムが生まれた。この機械が主である社会を成立させるには、都市に人口も商業も集積させるのが理にかなっていたから、現代の都市一極集中が起こっているのだと思います。

この流れで、これからスマートシティに移行しようと社会も産業界も動き始めたところで、今回の新型コロナによるパンデミックが発生した。こうなると、もはや都市一極集中のスマートシティをつくっている場合ではなく、分散型を志向せざるを得ないなど、確実に新たなフェーズに突入しています。

壊滅状態のリアルに対して一気にデジタルが主役になったことや、海外で行われているロックダウン（都市封鎖）のような国家によるトップダウンの意思決定、逆に民衆からのボトムアップで物事が動かせるようになったことなど、実に様々な変化があります。現在のフェーズ3は、不確実であることが唯一確実である時代であり、そこにおいて、僕らは自然でも機械でもない、「不確実さ」にリズムをどう合わせるのか、これから試行錯誤が始まる。

もう少し身近な話をしましょう。今回の長期にわたる外出自粛で、テレワークやオンライン飲み会など、突然何もかもがデジタルに置き換わって皆が気づいたことは、実は「意外とオンラインでやれる」という事実だと思います。これは、今までほとんどの人が頭では理解していても実体験したことがなかった世界。

この状況になった今、人々は改めて「時間の使い方」を模索し始めています。これまでは会社に出勤したり、客先に移動したりと、何らかのタイミングで自然と頭の切り替えができました。今はそれがなくなり、朝起きてから寝るまでの時間を自分で設計しなければならない。自然のリズムに従って生きていたころや機械の時代とは全く異なり、手放しの「自由」がある中で、どのように自分なりの規律を持つのかが問われています。

また、自宅で過ごすことが圧倒的に多くなる中で、家庭では時間と空間を巡る問題が勃発しています。突然、長い時間を共にすることになり、夫婦間や子供との関係性が変わり、友人や同僚とのコミュニケーションも、オンラインだと雑談がしにくいなど、従来のようにはいきません。だから、Ｗｉｔｈコロナの時代では、いわゆる「サンマ（＝三間）」という「時間」「空間」「仲間」の在り方が見直されることが大きな変化でしょう。

これらを食ジャンルで考えると、例えば従来のように1人で料理をするのではなく、オンラインでもリアルの家族でも、みんなで集まって料理をする「コレクティブクッキング」がはやるかもしれません。また、これまでフードテックは、例えば調理家電で言えば、効率化をキーワードに調理時間を削り、他のことに使える時間を増やすことに貢献してきました。ですが、これからは「セーブ・ザ・タイム」ではなく、「エンリッチタイム」、調理時間そのものをどう豊かにするかが新たな着眼点になり得る。そのためにフードテックは何ができるのか。達成すべき価値は、単においしいご飯をつくることではなく、料理という行為によってより良い時間をつくれているかが、ものすごく重要になる気がします。

今後はやるのは「ユニクロ的な食」その意図は？

――「時間」「空間」「仲間」の在り方が見直される中で、今後、食分野のビジネスも変化していきますか。

石川氏 例えば、あくまで想像ですが、「冷凍食品」の価値はもっと見直されるかもしれません。冷凍食品は、もともと保存料などの添加物を使う必要がなく、ヘルシーな食べ物。保存も利くからサプライチェーンが不安定な中で、優位性があります。ただし、支持されるのは冷凍食品をそのまま温めて食べるというスタイルではないでしょう。様々な調査データを見ると、人間は家にいる時間が増えると料理をしたくなることが分かっています。

昔の有名な事例ですが、ホットケーキミックスを製造する米国のメーカーが、卵も牛乳も不要で、水だけを入れて焼けば完成する商品を開発したところ、期待ほど売れませんでした。そこで、水と卵を入れて焼くひと手間かかる商品にリメイクすると、大ヒットしたそうです。当時は卵を入れずに作るのは手抜きだと思われ、罪悪感があるからひと手間かかる商品のほうが支持されたという構図です。

それに対して今は、人々が単純に時間を持て余しているから、料理で気分転換をしたいから、冷凍ミールキットのようなあえてひと手間もふた手間も必要な商品を選ぶようになるでしょう。つまり、いかに料理自体を楽しく演出できるか、という方向に商品設計も変えていくというアイデアです。

もう1つ、食品や飲料、飲食店の料理など、様々なデリバリーサービスが発達していきます。そうなると、人々は家を出る理由がなくなるので、人が来ることを前提につくってきた従来の飲食店モデルにとっては大きな転換点となる。これからは、デリバリーを主とした、いわゆるクラウドキッチン型の店舗設計が必要になるかもしれません。そうすると、そこには様々なフードテックが必要とされるはず。そこでは当然、冷凍技術が必要とされ、作った料理をそのままの形で、いかにおいしく冷凍できるか、という方向に技術がぐっと発達する可能性があります。

――フードテックを取り巻く状況としては、有望なスタートアップが続々と登場している半面、大企業からはイノベーションが生まれにくいという課題感があります。

石川氏　イノベーションってそんなに難しいものでしょうか。難しいと考えるから、余計難しくなっている可能性があります。そもそも、「ゼロイチ」という言葉がありますが、そんなことはあり得ない。すべての会社には必ず立ち返るべき原点があり、それに基づくコンセプトは誰も否定のしようがない。重要なのは、まず組織の原点がどこにあるか突き詰めることで、それと目指すべき未来を結ぶものがビジョンとなる。「オリジン（原点）」を知れば、「オリジナル」はつくれるということ。それだけです。

では、自社の原点を認識したうえで、コンセプト自体をどうやってつくるのか。僕の経験では、「経営軸」と「マーケット軸」という、2軸で考えると分かりやすいかもしれません。横軸に「経営軸」を取ると、まず会社の「ビジョン」を出発点にして「コンセプト」→「戦略」→「意思決定」→「オペレーション」という川下への流れがあります（左図参照）。そして、縦軸に「マーケット軸」を取ると、生活者の「インサイト」と、供給側の「バイアス」があります。つまり、コンセプトとは、この縦のマーケット軸と横の経営軸の交差点に位置するもの。良いコンセプトとは、玄人も素人もビックリさせるものであり、投資家・アナリスト、社員、社会という3つのステークホルダーに響くものです。

この時、重要なのが供給側のバイアスで、R&D部門などテクノロジーをつくっている人たちの〝常識〟をまず疑わないと、新しいものはできません。どうしても人は技術だけを見てしまって、それを使うことが目的化してしまいますから。供給側のバイアスを崩し、生活者のインサイトに基づいて、かつ会社のビジョンにも沿ったコンセプトさえつくれれば、あとはイノベーションのし放題です。

――最後に、ウェルビーイングの定量化の取り組みは、食産業においても大きなインパクトをもたらすものです。今後、どのような形で産業と結び付いていきますか。

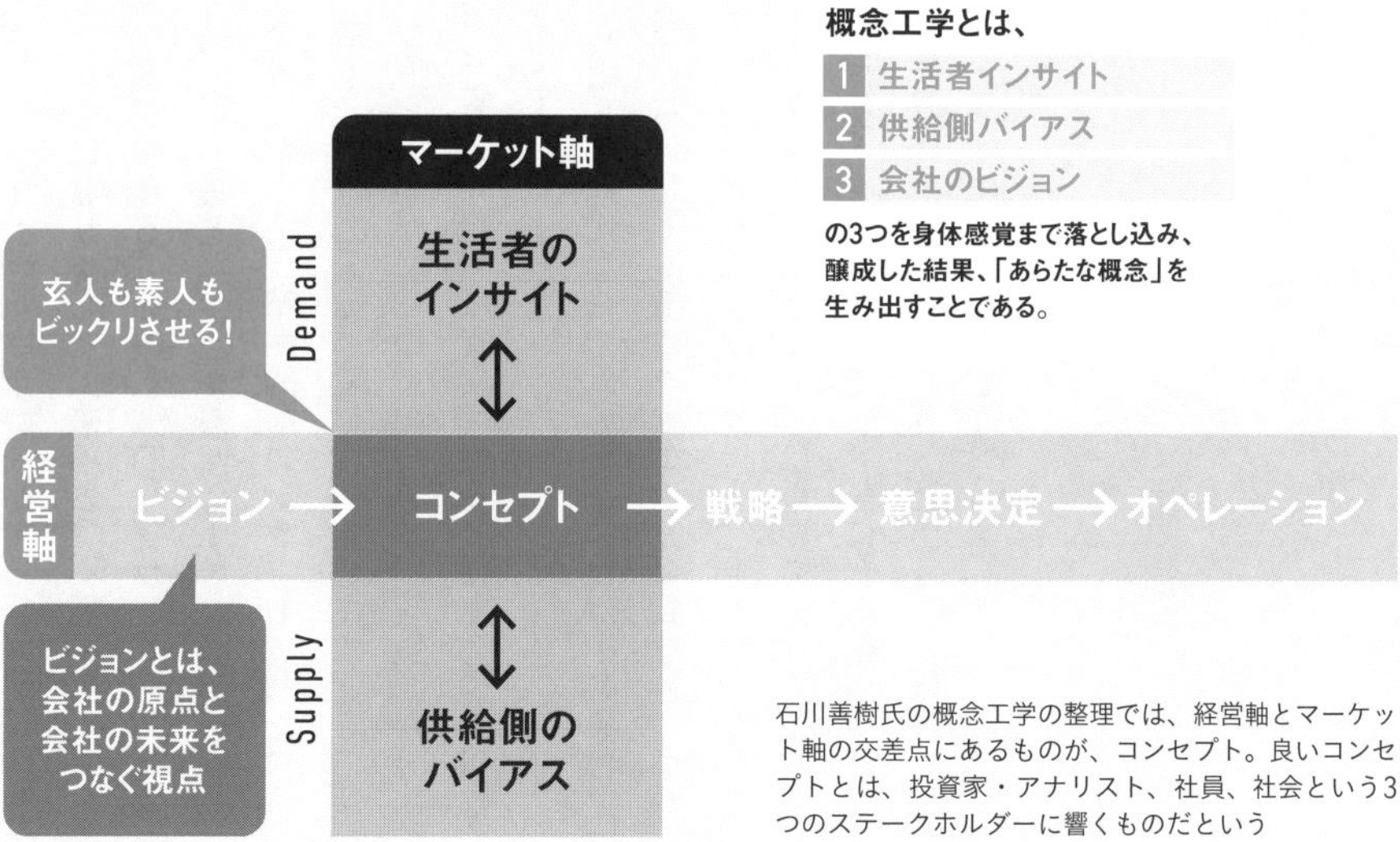
概念工学とは、
1 生活者インサイト
2 供給側バイアス
3 会社のビジョン
の3つを身体感覚まで落とし込み、
醸成した結果、「あらたな概念」を
生み出すことである。
マーケット軸
Demand
生活者のインサイト
玄人も素人もビックリさせる！
経営軸
ビジョン → コンセプト → 戦略 → 意思決定 → オペレーション
Supply
供給側のバイアス
ビジョンとは、会社の原点と会社の未来をつなぐ視点
石川善樹氏の概念工学の整理では、経営軸とマーケット軸の交差点にあるものが、コンセプト。良いコンセプトとは、投資家・アナリスト、社員、社会という3つのステークホルダーに響くものだという

石川氏　食産業にとっては、ウェルビーイングの定量化自体は重要ではなく、それを計測した結果、「人がよく生きるうえで、何が重要なのか」が明らかになることが大きな意味を持つでしょう。例えば、人類は20世紀初頭に人々の「寿命」を計測したことで、「寿命を延ばすには、運動が大事だ」という知見を得ました。それが定着したから、今日の巨大なフィットネス産業が育ったわけです。江崎グリコの栄養菓子「グリコ」の栄養という概念も、寿命が計測されたからこそ出てきた。僕は、こうした「運動」や「栄養」のような新しい概念が、ウェルビーイングの定量化を通して出てくると期待していて、壮大なテーマですが、2030年までに一定の道筋はつけたいと思っています。

また、今後の食ジャンルの変化を見通すには、ファッション業界で何が起きてきたかを考えるとヒントを見つけやすいでしょう。もともと18世紀後半にイギリスから始まった産業革命は、毛織物業などファッション分野から始まりました。1851年に開催された第1回ロンドン万博を契機に、「テーラーメード（注文仕立て）」が主流だったファッションの概念が「スタンダード」に変わったと言われています。

そして、1990年代からファッション分野に「ダイバーシティー」という概念が入ってきた。「みんなが違う」という前提に立つので、実は逆に個性が発揮しづらい状態になりました。すると、不思議なことにダイバーシティーの時代には、スタンダードが価値を持つという反動が起きる。その象徴的なブランドが「ユニクロ」です。コンセプトはLifeWearであり、その意味を簡略化すると「生活を豊かにするための普通の服」。これは個性を発揮することにとらわれていたファッション業界にとって、革命的なコンセプトでした。

同じようなことは、実は食の世界でも起こる可能性があります。例えば、ビール。近年は個性的な味わいのクラフトビールがいくつも出てきて、正直訳が分からない状態です。こうなると、今度はスタンダード回帰が起きる。これからは、闇雲に個性を発揮するのではなくて、ユニクロのような「普通の食」というコンセプトがはやるのかもしれません。

ただし、現代ならではのテクノロジーの裏付けは求められます。ユニクロを考えても、コンセプトを普段着としながら、ヒートテックやエアリズムなど、東レと共同開発した先端的な繊維を使っている。ユニクロは、ことさら「ファッションテック」と主張していないだけで、実はものすごいテックブランド。ここから学べるのは、フードテックというくくりは重要ではなくて、新しいフードコンセプト、ライフコンセプトを実現するためにテクノロジーを使うことです。先ほども提供者バイアスの話をしましたが、テックから物事を考え始めると、それが制約条件になってしまう。ということは、もはや一度フードテックという言葉から離れて、発想を広げたほうがいいのかもしれません。

（構成／勝俣哲生、日経クロストレンド2020年4月27日掲載）

Chapter

4

「代替プロテイン」の衝撃

1 代替プロテイン市場が急成長したワケ

代替プロテイン（タンパク質）市場の盛り上がりを最も端的に表しているのが、ＴｈｅＧＡＦＡｓ（The Global Alternative Food Awards）という団体が発表している代替プロテイン参入企業のカオスマップだ。植物性プロテインでみると、２０１８年1月時点のＶｅｒ１・０で15社だったものから１年後、19年1月のＶｅｒ２・５で参入企業は約１００社にのぼり、一気に増加した（最新の20年6月のＶｅｒ２・９では約２００社掲載）。この領域に市場があることが誰の目にも明らかになった。

代表格の1社は米ＩｍｐｏｓｓｉｂｌｅＦｏｏｄｓ（インポッシブルフーズ）だ。同社は19年1月に開催された世界最大級の展示会「ＣＥＳ ２０１９」で、植物性プロテインを使ったハンバーガー、その名も「ＩｍｐｏｓｓｉｂｌｅＢｕｒｇｅｒ ２・０（インポッシブルバーガー２・０）」を発表。メディア関係者に振る舞われ、これがＣＥＳ会場にいたデジタル技術に関心の高い層の舌を虜《とりこ》にし、そしてネット上で一躍話題となった（食品にはあまり見られないネーミングも受けた）。プロモーション効果が推計４００万ドル（約4億３４００万円）にものぼり、ＣＥＳの歴史に残る大成功事例であったとして公式ホームページで紹介されているほどだ。

インポッシブルフーズの植物性パティは、16年にニューヨーク市内のレストラン「モモフク・ニシ」のメニューに載って以来、20年現在、米国のみならず香港、マカオ、シンガポール含めて1万５０００店以上のレストランで採用されている。調査会社のＰｉｔｃｈＢｏｏｋ（ピッチブック）によると、同社は20年3月時点で総額10億２８００万ドル（約１１２０億円）の資金調達規模となっている。

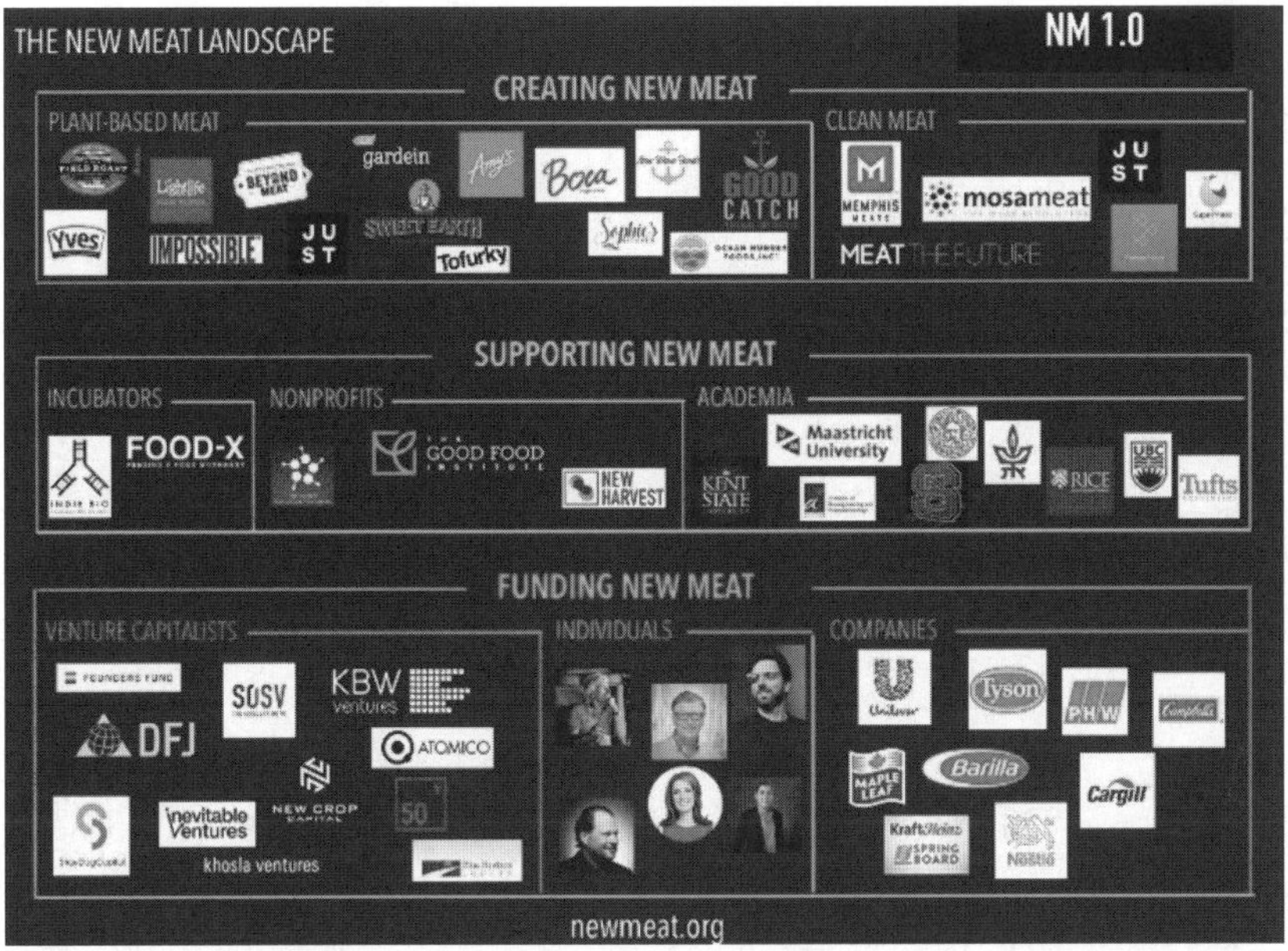

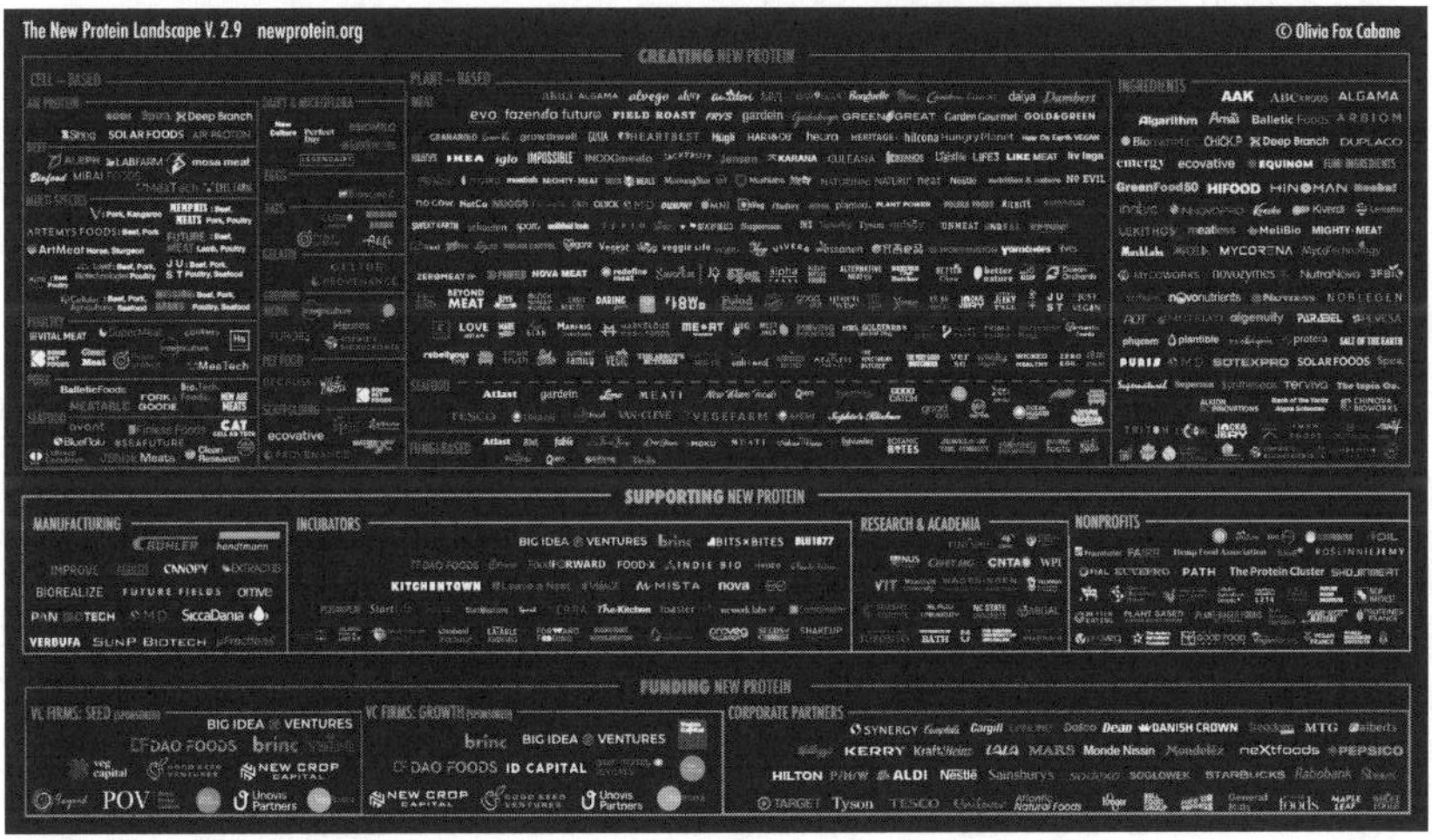

代替プロテイン参入企業のカオスマップ。上が2018年1月時点、下が20年6月時点のもの
（出所：Olivia Fox Cabane,TheGAFAs.com　https://newprotein.org/

同じく植物性プロテインを使ったハンバーガー用パティの製造販売で名をはせているのは、米Ｂｅｙｏｎｄ Ｍｅａｔ（ビヨンドミート）だ。19年5月2日に米国で株式上場し、ＩＰＯ時の株価25ドルから一時期２３５ドルにまで約10倍も高騰し、19年で最も成功したＩＰＯと言われている。米マクドナルドもビヨンドミートの植物性パティを使ったＰＬＴバーガー（Plant,Lettuce,Tomato）を米国で展開。同じく米ケンタッキーフライドチキンも植物性のフライドチキンを提供している他、20年4月には中国のスターバックス コーヒーでもビヨンドミートの植物性代替肉が取り扱われ始めた。この2社の快進撃は続く。

大手食品メーカーも続々と本格参入

一方、この市場に注目しているのはスタートアップだけではない。米食肉加工最大手のタイソンフーズは、コーポレートベンチャーキャピタルのＴｙｓｏｎ Ｖｅｎｔｕｒｅｓ（タイソンベンチャーズ）を通じてビヨンドミートに出資。タイソンフーズからすれば、ビヨンドミートは自身の市場に対して「代替品」を仕掛けてきた敵にも見えるが、同社は植物性代替肉の市場成長性を見越し、スタートアップに投資することで自らの研究開発のスピードアップを図っている。世界最大の食肉加工会社といわれるブラジルのＪＢＳ（ジェイ・ビー・エス）も、20年4月に満を持して植物性代替肉市場に参入している。

欧州ではスイスのネスレが植物ベースの「ｉｎｃｒｅｄｉｂｌｅ Ｂｕｒｇｅｒ（インクレディブル・バーガー）」[①]を出しており、さらに同社は19年9月に米国で植物性バーガーの販売を始めた。これは、ネスレの米国法人が17年に買収した米Ｓｗｅｅｔ Ｅａｒｔｈ（スイートアース）が開発した「Ａｗｅｓｏｍｅ Ｂｕｒｇｅｒ（オーサムバーガー）」という商品だ。このバーガーは牛肉よりもプロテインの

①
「インクレディブル・バーガー」について、米インポッシブルフーズは同社商品と似ているとして商標権をめぐり裁判になっている

含有量が多い。成長する過程で土壌を改善する効果があるとされる黄エンドウ豆を使うことで、サステナビリティーへの配慮と従来の牛肉を上回る高プロテインを実現している。また、オランダと英国に本拠を置くユニリーバも、07年創業の植物性代替肉スタートアップ、The Vegetarian Butcher（ザ・ベジタリアン・ブッチャー）を買収。19年12月からは、欧州のバーガーキングに植物性のワッパーを提供している。

資産家による投資も活発だ。米マイクロソフト創業者のビル・ゲイツ氏および英国の実業家でヴァージン・グループの創設者でもあるリチャード・ブランソン氏は、インポッシブルフーズとビヨンドミートの両社に出資している。他にも、スポーツ界からはテニスプレーヤーのセリーナ・ウィリアムズ、音楽界からはJay-Zやケイティ・ペリーといったセレブリティーもインポッシブルフーズの出資者として名を連ねている。米グーグル共同創業者のセルゲイ・ブリン氏は、オランダの培養肉スタートアップ、Mosa Meat（モサミート）に出資している。ビヨンドミートに投資したTwitter共同創業者のビズ・ストーン氏は、「食はリアルなソーシャルネットワークである。世界中の人々に植物性プロテインを提供し、地球環境を救うというビジョンの壮大さに圧倒され、投資を決めた」と語っている。

代替プロテイン活況の背景にある問い

では、なぜ代替プロテイン市場はここまでの盛り上がりを見せているのか。その出発点にあるのは、このシンプルな問いだ。

「どうやって世界100億人の胃袋を満たすのか？」

2050年、そう遠くない将来に、世界人口は19年の77億人から急増し、97億人に達するという国際連合の予測がある。世界の人口が〝爆発〟していく中で、現状のままの食料、特にプロテイン生産体制では持たないという強い危機感がある。もちろん、世界の人口はこれから減っていくと予測する研究者もいる。しかし、貧困層の割合が減り、中間層が増えれば、肉の消費量はアップする。経済成長していく限り、たとえ人口が減っても肉の消費量は増え続けるということだ。その前提として、欧米と中国では主要なプロテイン供給源は食肉である。そして、現在の食肉供給を支えている畜産の実態は、数多くの問題を抱えている。今後の人口増（肉食が増える中間所得層）に伴う需要の増加に対して、これ以上、供給を増やすことは難しい、ないしはリスクがあるとされているのだ。一体どういうことか。

畜産と聞いて、広大な牧場でのんびりと草を食べる牛を想像する方も多いと思うが、実態はそうではない。世界的に見れば、農地の面積をこれ以上増やせない中、狭い養鶏・養豚場内で鶏や豚たちはひしめき合うような形で育てられている。米国で特に指摘されているのが、できるだけ早く食肉として出荷できるよう、抗生物質やビタミン剤を使って自然界にはありえないスピードで体を大きく育てる、あるいは品種改良されていることだ。牛は本来草食動物であるにもかかわらず、飼料として多く使われているのは穀物のトウモロコシだ。これは安価で入手しやすいからだが、牛の体には負担がかかっていると指摘する声もある。

1957年当時、鶏はふ化から57日目は905グラムだったのに対し、2005年では同じ57日目で4202グラムにまで成長するという。細胞農業の研究機関であるNew Harvest（ニューハーベスト）のCEOであるIsha Datar（イシャ・デイター）氏は、「鶏は5週目で食肉処理されなければならない。

なぜなら、その後自らの足で立てなくなるほど肥大化するからだ。つまり私たちは生物学上の限界まで家畜を品種改良してしまった」と述べている。

こうしたかなり無理のある畜産の在り方は、感染症を発生させるリスクもはらむ。これまでも、豚熱や鳥インフルエンザといった感染症が発生してきた。新型コロナウイルスに関して、畜産との関係は明らかになっていないものの、無理のある家畜の飼育は危険なのではないかと指摘する専門家の声もある。このようなリスクを冒しながら畜産を工業化してきても、今後の人口増に対して十分な食肉を供給できないことが予測されているのだ。こうした家畜の育てられ方は、動物の命を育み、自然に感謝してそれをいただくという倫理に反すると、動物愛護の観点からも批判が集まっている。

さらに、どれほど早く育てようと品種改良をしても、動物である以上、育てるためには飼料、水、空調管理など膨大なエネルギーを必要とし、植物に比べて環境負荷は非常に高い。地球上で暮らす人間全体では、1日に水200億リットル、食料10億トンを消費する。それに対して、地球上にいる家畜としての牛15億頭は、1日に1700億リットルの水、600億トンの食料が必要となる。これだけの食糧と水を生み出すには、広大な土地が必要だ。

ヴィーガン（完全菜食主義者）であれば、一人が生涯を通して生きるための植物を育てるのに必要な農地は4000平方メートルだという。卵や乳製品を食べるベジタリアンであれば、その3倍が必要となる。そして、米国人の平均的な肉食の人の場合、その食生活を支えるにはヴィーガンの実に18倍の農地が必要だという試算がある。[②] 当然のことながら、肉を食するたびに生き物を食肉処理するという行為が必要になる。こうした状況に警告を鳴らしているのは、『サピエンス全史』（河出書房新社）の著者であるユヴァル・ノア・ハラリ氏だ。ポール・シャピロ著『クリーンミート』（日経BP）に寄せた序章の中でこう述べている。

② ネットフリックスのオリジナルドキュメンタリー『食品産業に潜む腐敗～ROTTEN』より

「現在地球上には、家畜化された豚10億頭、牛15億頭、鶏5000億羽が暮らしている。ライオンが全世界で4万頭、象が50万頭であることを見ると、地球上のほとんどの脊椎動物は家畜である。これまでの技術革新が動物を生き物としてではなく、食肉、牛乳、卵を生産する機械として進化させている」

実際、代替プロテインに取り組む多くのスタートアップが、自社のミッションとして「動物に頼らないプロテイン供給」を挙げる。インポッシブルフーズは、特にこのミッションを前面に掲げる企業だ。同社はウェブサイト上にインポッシブルバーガーをどれだけ食べると、どれだけの温暖化ガス排出量を削減できるかといった計算ツールを用意している他、19年の決算資料ならぬ「Ｉｍｐａｃｔ Ｒｅｐｏｒｔ」という環境報告を出している。この報告によれば、19年に販売開始したインポッシブルバーガー2・0は、1個当たりに換算して、一般的な食肉バーガーと比較して水の利用量は87%削減、土地の利用面積は96%削減、温暖化ガスの排出量は89%削減を達成した、としている。

こうした切実な環境問題がメディアやセレブリティー、環境活動家による啓蒙活動によって、特に「Ｚ世代」と呼ばれる若者層（1990年代後半~2000年生まれ）に大きな影響を与えている。例えば、『What the Health』という米国のドキュメンタリー映画では、肉や乳製品の消費による健康への影響に焦点が当てられ、植物由来の食品を摂取するよう呼びかけている。ハリウッドスターのレオナルド・ディカプリオも、『ＣＯＷＳＰＩＲＡＣＹ』というドキュメンタリーをプロデュースしている。これは、畜産が気候変動の大きな要因になっているはずなのに、どの環境系団体も指摘しない矛盾を解き明かしながら、畜産の実態を明らかにするものだ。一見、業界団体からの反発を招きかねない番組が制作できるのは、ネットフリックスなどのオンデマンドメディアの存在が、実は大きい。共感した人が知人などに拡散するため、同様の価値観を持った層の間で一気に広まりやすい。既存メディアでも、Jamie Oliver（ジェイミー・オリバー）氏やAlice Waters（アリス・ウォータース）氏などの著名なシェフが、ゴールデンタイムのテレビ番組に出演したり、食育のイベントを開催したりして、サステナビリティーを啓蒙する活動にも力を注いでいる。

また、特に黒人コミュニティーに強い影響力を持つ歌手のビヨンセやＪａｙ－Ｚは、自らヴィーガンのライフスタイルについてよく発信しており、レシピサービスアプリ「ミールプランナー」も配信するなど積極的だ。米調査会社のPew Research Center（ピュー・リサーチ・センター）による16年の調査[3]で興味深いデータが出ている。16年当時、米国の白人の中でヴィーガンの食習慣を持つ人は３％、ヒスパニックでは1％にすぎなかったが、アフリカ系米国人に限ると８％もいたのだ。また、世論調査を手掛ける米Ｇａｌｌｕｐ（ギャラップ）が実施した20年の世論調査では、過去1年間に白人の間では肉の消費量が10％減っていたが、白人以外の人種では31％も減っていた。米紙ワシントン・ポストによると、特にアフリカ系米国人の間では、自らの親世代が財政的にも貧しく、安い加工食品に頼る生活から糖尿病などの生活習慣病を抱える様子を見て、自らはそうなるまいと健康に気を使う層が出現しているという。

しかし、動物愛護や環境問題は理解できたとしても、肉食・動物性プロテイン中心の食生活から、いきなりヴィーガンやベジタリアンになるのはハードルが高い。そこで出てきたのが、インポッシブルフーズであり、ビヨンドミートなのだ。これまでにもベジタリアン向けのベジバーガーは存在していたが、肉好きの層には全く見向きもされないものだった。ところが、ついに植物性代替肉が本物の肉と同等、あるいはそれを超える価値を提供できる時代が到来し、一気に火が付いたわけだ。

[3] The New Food Fights: U.S. Public Divides Over Food Science

代替肉の進化を「5段階」で分類

では、これまでの代替肉と、今注目を集めている代替肉は一体何が違うのだろうか。筆者らは、代替肉には5段階のレベルがあるとみている。なお、この5段階レベルは、あくまでも「肉らしさに近づける」という軸であり、その食品自体の優劣を示すものではない。また、これは肉の場合で表現したが、魚介類や乳製品や卵にしても同様の段階があると考えられる。乳製品や卵には「調味料」的な役割もあるため、他の食材との整合性も求められるだろう。

【代替肉レベル1：「肉の代用品」】

特徴／豆腐ハンバーグなど、肉を他のもので置き換えており、味わいからして自分が食べているものが肉ではないことが明確なもの。置き換えた食材自体の体験や価値も重視される。

【代替肉レベル2：「肉もどき」】

特徴／肉の食感を中心に再現したもの。素材の持つ栄養素や健康的な要素が価値となる。乾燥大豆ミートやセイタン（小麦のグルテンを主原料とした食品）など。肉っぽさはあるものの、肉の香りなどはせず、乾燥した食材を湯で戻して調理するなど、肉とは異なる体験が残る。

【代替肉レベル3：「肉に近い喫食体験」】

特徴／ベジバーガーなど、肉の食感だけでなく味も再現しようとしたもの。ただし肉の香りはせず、ベジタリアン向け。肉好きの人々を満足させるには至らない。

【代替肉レベル４：「肉と同じ調理～喫食体験」】

特徴／インポッシブルフーズやビヨンドミートに代表される植物性代替肉。〝鮮肉〟としての状態で販売され、調理すると赤身が茶色く変化し、〝肉汁〟とアロマが広がるなど、調理体験まで肉と同じにしているもの。味わいや食感も本物の肉と大きく変わらず、肉好きの人々にとっても満足度が高い。また、調理・喫食いずれにおいても変化は求められない。それでいて環境にいいなど、倫理的な満足感も得られる。低カロリーやゼロコレステロールなど、機能として肉に勝る部分もあるものの、塩分が多いなど、健康的な食品とは言えない面がある。

【代替肉レベル５：「肉以上の機能性」】

特徴／最先端プレーヤーが目指しているレベル。調理・喫食体験が本物の肉と変わらないうえ、肉以上の栄養素や保存性を実現したもの。もちろん、健康的な価値も担保されている状態。

このように現段階の代替肉はレベル4に位置付けられるが、特に理解したいのは、レベル1から3までの進化と、レベル4には大きな飛躍があるということだ。例えるなら、レコードの時代からカセットテープ、ＣＤ、ＭＤへと小型化された段階がレベル3までの進化。それに対してレベル4は、携帯型デジタル音楽プレーヤーの「ｉＰｏｄ」が出てきたときの衝撃に似ている。CDやMDを何枚も持ち歩く手間がなくなり、ｉＰｏｄを携帯すること自体がクールだし、ファッショナブルに見えた。この体験に、通話機能や各種アプリの付加価値が加わった「ｉＰｈｏｎｅ」の存在が、代替肉で示したレベル5に当たる。ｉＰｏｄは音楽好きのツールだが、ｉＰｈｏｎｅはユーザーを選ばないインフラのような存在だ。

このように食材そのものが、違う食材、食体験へと変わっていく感覚が生まれてくるのかもしれない。

つまり、現在、代替肉のレベル4にいる世界のスタートアップや大企業が狙っているのは、18年で22億ドル（約2400億円）[4]とも推計される代替プロテイン市場ではなく、もっと大きな市場だ。少なくとも世界の食肉市場1兆7000億ドル（約184兆8500億円）がターゲットであり、その他にも世界の乳製品市場の7189億ドル（約78兆1440億円）、世界の鶏卵市場の1624億ドル（約17兆6530億円）といった関連市場がある。この総額約2兆6000億ドル（約278兆円）の市場に挑んでいることは間違いないし、レベル5に到達して「肉」以上の機能が備われば、それ以上の市場も存在するかもしれない。

また実は、需要の面からもこれ以上の市場を獲得できる可能性がある。世界では、肉食に制限を設けている宗教があるからだ。宗教の信者に受け入れられるには「摂取可能な食材」として認定される必要があるが、例えばインポッシブルフーズの植物性代替肉は、ユダヤ教の食事規定に従った食品である「コーシャ」の認定を受けている。完全植物性だから問題ないというのが認定された理由だ。宗教的な理由で「肉が食べられない」人たちにとって、代替肉は新しい食材になる可能性を秘めているのだ。

2 代替肉の先端プレーヤーが成功した理由

ここからは、代替プロテインの注目すべきトッププレーヤーの成功のカギを見ていこう。先ほど紹介したように、世界の代替プロテイン市場は22億ドル（約2400億円）といわれ、牛、豚、鶏など、家

[4] マッキンゼー・アンド・カンパニー "Alternative proteins: The race for market share is on" 2019年8月より

畜以外の手段でプロテインを摂取するために開発された食品の市場がこれに該当する。肉以外にも、魚、牛乳を使わないヨーグルトや、卵を使わないマヨネーズなど様々な食品が開発されている。

原料・製造手法の視点から代表的なカテゴリーを見ると、「植物性プロテイン」「マイコプロテイン（糸状菌）」「昆虫食」「培養肉」「微生物・発酵」の5つが挙げられる。他にも最近では、二酸化炭素をプロテインに変える微生物を利用して代替肉を生産する米スタートアップ、Ｋｉｖｅｒｄｉ（キバーディ）による「Ａｉｒ Ｐｒｏｔｅｉｎ（エアープロテイン）」など、新技術の開発が進んでいる。まずは、この代表的なカテゴリーについて説明していく。

① 植物性プロテイン

植物由来の代替肉とは、その名の通り、野菜や果物、豆、ナッツ、種子といった植物性原料から作り出されるもの。原材料になじみがあることから生活者の抵抗感は少ない。原料として多く使われているのは、大豆、小麦、エンドウ豆などだ。代替肉スタートアップの代表格であるインポッシブルフーズやビヨンドミートは、いずれも植物性プロテインを使っている。

近年、より理想的な肉や乳製品、卵の喫食体験に近づけるため、新しい植物素材の発掘も進んでいる。例えば、アフリカ原産の果実であるアキー（ａｃｋｅｅ）や、東南アジアでよく食べられるジャックフルーツを用いるスタートアップもある。また、イスラエルのスタートアップ、Ｒｅｄｅｆｉｎｅ Ｍｅａｔ（リディファインミート）は、３Ｄフードプリンターを使って植物性代替肉を生産する技術を開発中だ。

② マイクロプロテイン

マイコプロテインとは、土壌から得られる糸状菌を培養し、加工したものである。欧州では30年以上前から流通している「QUORN（クォーン）」が、その代表的な商品。「ベジタリアンの肉」としてサラダなどに混ぜて食べる人たちが多い。

③ 昆虫食

代替プロテインとしての昆虫の魅力は、「卵をたくさん産んで、成長に必要な水や飼料の量が少なく、短期間で成長する」という生産の効率性だ。特に商品化が活発なのは欧州で、主に食用コオロギが原料として使われる。例えば、Eat Grub（イートグラブ）によるコオロギパウダーを混ぜたプロテインバー「entomo（エントモ）」など。ただし、昆虫食は文化によってはなじみのない地域も多く、人間が食するのには心理的なハードルが高い。家畜の飼料向けの利用にも期待されている。

④ 培養肉

培養肉は牛や豚、鶏などの細胞を培養して肉を製造する手法。肉以外にも魚やエビなどの培養技術も発達しつつある。環境負荷も倫理面の負担も下げられる。また、肉の生産効率も圧倒的に高く、通常数カ月から数年かけて家畜を育てるところ、数週間で肉の塊を生成できる技術が出てきている。現状は細胞を培養するための培養液や、血清成分、成長因子にコストがかかり、スケールさせるには至っていない。また、工業生産するうえでのエネルギー効率や二酸化炭素排出など、畜産とは違った側面での環境への配慮も求められる。

⑤ 微生物・発酵

微生物を使って発酵を促すことでプロテインを組成する手法。植物性代替肉と培養肉に続く「第3の波」と呼ばれる手法だ。代表例として、米スタートアップのPerfect Day（パーフェクトデー）のアイスクリームがある。バターカップと呼ばれる酵母株に、バイオ3Dプリンターで牛のDNA配列を組み入れて新たな酵母を作り出し、この酵母で砂糖を発酵させることで乳プロテインを組成。乳製品由来のプロテインと同じ栄養、同じ味になるという。

この手法による製造方法であれば、牛乳の生産時に必要な大量の水やエネルギーが不要で、環境負荷をかなり減らせることがメリットだ。インポッシブルフーズも肉らしさを出すために、大豆の根粒に含まれている大豆レグヘモグロビンから「ヘム」を生成する過程で、微生物技術を使っている。ちなみに、ヘムは赤血球の中にある鉄含有プロテインであるヘモグロビンによく似ている成分で、インポッシブルバーガーのパティからしたたる〝肉汁〟を演出している。

植物性プロテインのトップ3社

代替プロテインの中で、商用としてすでに市場によく出回っているのは、①植物性プロテイン、②マイコプロテイン、③昆虫食である。その中でも、先ほど定義した代替肉レベル4に達した植物性プロテインを開発しているスタートアップが市場をけん引している。

インポッシブルフーズは、肉と同じ喫食体験を追求し、レストランクオリティーのハンバーガーを提供している。このスタートアップの根幹にあるのは、「サイエンスの追求」である。創業者のPatrick Brown（パトリック・ブラウン）氏は生化学者。スタンフォード大学の医学部教授でもある。彼のミッションは、家畜の要らない世界をつくること。インポッシブルフーズは、肉の要素を栄養、フレーバー、見た目と調理体験、食べ心地と大きく4つに分け、これらを肉と全く同じ、あるいはそれ以上のことができないかを模索している。

同社の取り組みで興味深いのが、脳科学を用いて「人間は何を見て肉と思うのか？」を解明しようしていることだ。例えば、最初は赤くて加熱とともに茶色になるプロセスを見せる視覚効果や、様々なフレーバーが混じり合った嗅覚情報によって、人間は今見えているものが「肉」であると認知する。この視覚効果や人間が感じるフレーバーを実現させるために重要なのが、「ヘム」という化合物で、これがインポッシブルフーズの植物性代替肉を「肉」たらしめているコア中のコア技術だ。これを大量生産するために遺伝子改変された酵母を使用しており、遺伝子組み換え食品規制をしている国での販売展開が難しいという課題はありながらも、実に肉らしいハンバーガーを作ることに成功している。

同社の戦略で巧みなのは、当初の販売チャネルを高級レストランにしていたことだ。これには2つの利点がある。1つはレストランで食べられる際には、顧客は細かい成分表を見ることがない。メニューで解説されているのは植物性であることだけだ。そのため、厳密にクリーンラベル[5]でなくても顧客はあまり気にすることがない。一度食べてもらえれば、人々はその味に感動するので、クチコミが広まりやすいのだ。

もう1つは、レストランクオリティーとしての高級感だ。米国シアトルのファストフード店では、通

⑤
クリーンラベルは欧米で広がる食の新しい潮流の1つ。「分かりやすい表示やシンプルな原材料」で作る食品を指す

常のハンバーガーが8ドル（約870円）であるところ、インポッシブルバーガーに変更するだけで5ドル（約540円）の追加料金を取っていた。有名シェフを用いたプロモーションも効果的である。

同社は20年1月のCESにて、完全植物性の〝豚肉〟「Impossible Pork（インポッシブルポーク）」を発表した。すでにシンガポールや香港に進出している同社だが、今後はますますアジア市場への展開を加速させていくもようだ。（118ページインタビュー参照）

そんなインポッシブルフーズの対抗馬として知られるのが、ビヨンドミートだ。創業者のEthan Brown（イーサン・ブラウン）氏は、再生可能エネルギー業界から食品業界に転向したという経歴を持つ。ビヨンドミートが強調しているのは、遺伝子組み換え食品、大豆、グルテンは使わないということだ。タンパク源として使っているのは、エンドウ豆と米。ココナツオイルやポテトスターチなどを駆使して肉の食感に近づけている。

ここまでならレベル3の製品と変わらないようにも思えるが、同社は鮮肉として売り出すために、食品スーパーの売り場で本物の肉の隣に商品を置き、肉を購入する動線でアピールする他、赤身の肉が調理とともに茶色く変わっていくという視覚的な面でも本物の肉に近づけている。このカラクリとしては、ビーツの色素を活用しているという。これで、BBQパーティーでもヴィーガンだろうが肉食の人だろうが、同じように〝肉〟を焼きながら楽しめるというわけだ。

同社の場合、早くから米国のオーガニック食品スーパーのホールフーズ・マーケットなど、小売りをチャネルとしてパティやソーセージを展開している。また、米国のケンタッキーフライドチキンやマクドナルドといったファストフードチェーンにも広く商品を供給している。ファストフード店で提供される際にも、通常の肉と同じオペレーションでいいので、導入しやすさにつながっている。

ビヨンドミートは生産パートナーを持ちながら、海外展開にも積極的だ。インポッシブルフーズとは違って遺伝子組み換えの素材は使っておらず、規制に対応しやすい製品に仕上がっていることもスケールしやすい要因となっている。欧州の食肉大手Zandbergen World's Finest Meat（ツァントベルゲン・ワールズ・ファイネスト・ミート）と組み、欧州での生産拠点も拡大。ＩＫＥＡ（イケア）にも導入の方向で話が進んでいる。フランスの原料サプライヤー、Ｒｏｑｕｅｔｔｅ（ロケット）との間では、複数年契約でエンドウ豆の供給も確保。大量生産体制を強みにして市場展開に積極的だ。

一方、ＪＵＳＴ（ジャスト）は、11年にハンプトン・クリークとして設立された。完全植物性のマヨネーズ「ＪＵＳＴ Ｍａｙｏ（ジャストマヨ）」を売り出して話題を呼んだ後、社名を現在のジャストに変更。現在は、18年に発売した緑豆から抽出したプロテインを主原料とする植物性の〝液卵〟と、20年に発売した植物性の〝卵焼き〟の「ＪＵＳＴ Ｅｇｇ（ジャストエッグ）」を主力製品とし、実は鶏肉（チキンナゲット）や和牛を細胞から育てる培養肉の開発にも取り組んでいる。

同社は、豆やトウモロコシなど、数十万種の植物から抽出した植物性プロテインの分子特性や機能（水溶性、粘性など）を解析。それをデータベースに蓄積し、キー素材を探索する自動化システム「ディスカバリープロセス」を保有しているのが強み。それゆえ、乳化しやすい性質を持つ植物性プロテインは〝マヨネーズ〟に、鶏卵と似た性質を持つものは〝卵〟にと、動物原料を植物由来のキー素材で自在に置き換えられる。

主力のジャストエッグは、通常の卵より環境負荷が圧倒的に低いのはもちろんのこと、飽和脂肪酸が66％少なく、コレステロールは１００％カット、逆にプロテインは卵より多く含む。液状のジャストエッグをフライパンで焼くと、自然現象としてみるみる緑豆由来のプロテインが固まっていき、ふわふわとしつつ歯切れのいい、極上の〝スクランブルエッグ〟ができる。事前に卵フリーと聞いていなければ、現状でも本物の卵を使ったスクランブルエッグと見分けがつかないほどの完成度だという。また、20年

小売店で販売されているパッケージ(出所：Beyond Meat)

完全卵フリーの「Just Egg」（出所：JUST）

に発売した植物性〝卵焼き〟は、袋から出して温めるだけで食べることができ、マフィンの上にのせてトースターで焼くなど、さらに利用シーンが広がるものになっている。

1個3500万円のハンバーガー

植物性代替肉の次として期待される培養肉は、まだ商用には達していないものの研究開発が進んでいる。また、この分野では、培養肉完成品メーカーを支えるプレーヤーも出てきている。培養液とその原料メーカー、バイオリアクターなどの製造装置メーカー、成形技術の研究企業など、いわば培養肉完成品メーカーの周辺領域にエコシステムが構築されつつあるのだ。培養肉の課題は、技術もさることながら生産コストの高さにあるため、産業全体としてコスト削減を実現していく必要がある。では、具体的な培養肉スタートアップの事例を見てみよう。

先駆者はオランダのマーストリヒト大学教授のMark Post（マーク・ポスト）氏。13年8月、ポスト氏はロンドンで世界初の牛の幹細胞を使った培養肉ハンバーガーの試食会を開催し、その肉らしい食感が話題を呼んだ。ただし、ハンバーガー1個の価格は3500万円。それでも、この培養という技術が確実に「食べられる」レベルにまで来ていることが明らかになった。ポスト氏は16年にモサミートを設立。同社は20年1月、家畜や水産向けの飼料や家畜向け栄養ソリューション事業のＮｕｔｒｅｃｏ（ニュートレコ）と提携し、栄養価の高い肉の培養に力を入れる方針だ。また、培養が動物を殺さない生産方法と言いながらも、培養のためにウシの胎児の血清が使われることが多いのだが、同社はこれを使わずに培養する方針に切り替えた。現在は、培養プロセス（特にティッシュエンジニアリング）について、いかに自動化できるかということの研究開発を進めている。

3500万円のハンバーガー（出所：Mosa Meat）

モサミートが生産コストの削減に取り組む一方で、そのコスト削減にいち早く成功したのは米Memphis Meats（メンフィスミーツ）。15年に創業し、16年に初の培養ミートボール、17年には培養チキンを細胞ベースからの生産で実現した。いずれも世界初だという。その後は、培養シーフードも手掛けるなど、製品ポートフォリオが充実しており、最も注目される培養肉スタートアップの1つだ。創業者で現在CEOのUma Valeti（ウマ・バレティ）氏はメイヨ・クリニックの心臓外科医。CSO（最高科学責任者）のNicholas Genovese（ニコラス・ジェノベーゼ）氏は肝細胞研究者だった。彼らは15年時点でモサミートのパティと同様の重さのミートボールタイプの培養肉の生産コストを1200ドル（約13万円）にまで下げることに成功していたという。

同社への期待は高く、これまでビル・ゲイツ氏やリチャード・ブランソン氏、数々のVC（ベンチャーキャピタル）、ソフトバンクグループ、シンガポール政府が支援する投資会社Temase k（テマセク）に至るまで、これまで200億円近くの出資を受けている。

出資者の中には米食肉大手のタイソンフーズも含まれている。タイソンフーズは出資を伝えるプレスリリースの中で、「既存事業への投資も継続するが、（培養肉のような）将来、顧客に選択肢を与えられる技術に対しては投資をしたい」としている。こうした既存の食肉大手もスタートアップの成長に寄与しているところは注目に値する。

代替プロテイン界の「インテル」

植物肉から培養肉、そして今、代替プロテイン技術の第3の波として注目されているのが、微生物の代謝プロセスをプログラム化してプロテインを生成する手法だ。従来から存在した技術だが、微生物の遺伝子組み換え技術により、任意のプロテインを生成することができるようになった。このプロセスから、発酵ベースの代替肉ともいわれる。乳プロテイン、卵白プロテイン、鶏プロテインなど、生成できる種類も増えてきている。この生成プロセスで重要なのは、菌種の発掘と発酵のプロセス管理だ。自社はプロテインの生成のみ行い、実際の食品の生産は別のメーカーに委託するケースも出てきている。

その例が、米国のパーフェクトデーだ。先述したように、微生物を利用して牛乳と栄養素が全く同じプロテインを生成しており、同社の乳プロテインを使ったアイスクリームは大きな話題を呼んだ。今後、様々な乳製品に活用できることが期待されている。ココナツや大豆、アーモンドなど、植物から乳製品に似たものは作れるが、牛乳を使ったものとは同じ栄養素にならない。その点でパーフェクトデーのアウトプットは異なるものだ。同社は自社で食品生産することは目指しておらず、発酵設備を持つ他業界の企業の協力を受け、生産を委託している。いわば、ファブレスのビジネスモデルである点も興味深いところだ。

こうした発酵ベースのプロテイン生成技術を使って、植物性代替肉の食感改良に取り組むのは、米Motif FoodWorks（モティフ・フードワークス）。バイオデザイン専門家としてプロテイン設計を専業とする企業で、19年創業ながらこれまでの調達額は約117億円にものぼる。CEOのJonathan McIntyre（ジョナサン・マクインタイアー）氏は、米ペプシコのR&D部門のシニアバイスプレジデントだった。また、同社の販売部門トップも、ネスレ、デュポンなど30年以上も食産業に務めた経験を持つ。そんなモティフは、19年にオーストラリアのクイーンズランド大学と組み、植物性代替肉の食感改良のプロジェクトを立ち上げている。

これまで見てきた代替プロテインのスタートアップ、特に植物性代替肉に関しては、多くが設計から製造、販売まで自社で取り組んでいるが、モティフのような横串で商品設計に寄与する専業プレーヤーの動向にも要注目だろう。パソコン業界で言えば、さながらインテルのような存在だ。培養肉の場合は、まだ研究開発段階ではあるが、その生産プロセスの特徴上、装置産業化していくと推測される。この領域への参入を検討している企業は、自社がどの立ち位置を目指すべきなのか、あるいは誰がコア技術を握っているのかにアンテナを張っておくべきだ。

3 日本にも眠る代替プロテイン技術

実は日本でも、18年に大塚食品が大豆ベースの代替肉ハンバーグ「ZEROMEAT（ゼロミート）」を発売するなど、代替肉市場は動き出している。ゼロミートは、デミグラスソース付きのタイプとソーセージタイプの2種類が市販され、20年3月からは食肉大手のスターゼンとともに業務用の販売も始まった。大塚食品は、以前にも大豆ベースの代替肉商品を手掛けていたが、「リバース・エンジニアリング」によって本物の肉の食感や風味などを改めて科学的に研究している。ゼロミートでは、オレイン酸やリノール酸などの成分も、本物の肉とほぼ同等にしているという。

そして実は、日本には世界に先駆けて代替肉を打ち出してきたメーカーがある。業務用チョコレートなどで世界シェア3位を誇る油脂大手、不二製油だ。1950年代から大豆原料の食品素材を開発、57年には「大豆ミート」製品を発売しており、「粒状大豆タンパク」「粒子状大豆タンパク」など60種類もの大豆ミート素材を食品メーカーなどの業務用素材として提供する。

現在は、分子レベルで本物の肉の組成を分析し、原料の配合や温度設定などを調整しており、代替肉で実現する肉の種類に合わせて食感も変えている。今後の代替肉のおいしさ進化のカギとなる、油脂成分の技術や知見が蓄積されており、こうした技術力がレベル4以上の代替肉を支えていくことになるだろう。健康志向の高まりから大豆ミートが注目され、市場が拡大していることもあって、大阪府泉佐野市の工場がフル稼働状態であるため、２０２０年には千葉県の保有地内に新工場を建設、生産能力を増強するという。

日清食品ホールディングスと東京大学が開発に成功した世界初サイコロ状の“培養ステーキ肉”（出所：日清食品ホールディングス）

日清食品と東京大学が培養肉でタッグ

ピンク色の液体が入ったシャーレの中央にある約1センチメートル角の白い物体。これは、日清食品ホールディングス（ＨＤ）が東京大学生産技術研究所の竹内昌治教授と共同研究を進める、ウシの筋細胞から作製した培養ステーキ肉の現在地だ。両者は２０２５年を目指して、縦横7センチメートル、厚さ2センチメートルの〝肉塊〟を生産する基礎技術を確立する計画。モサミートやメンフィスミーツなど、培養肉の研究が爆速で進む世界を見渡しても、厚みを伴う培養ステーキ肉の技術開発は異例で、日清食品ＨＤと東京大学はトップランナーと言える存在だ。

日清食品の主力商品「カップヌードル」に使われるサイコロ状の具材〝謎肉〟は、大豆由来の素材と豚肉などを掛け合わせた〝大豆ミート〟であることで知られる。開発中の培養ステーキ肉は、まさに人類にとって未知の食材であり、文字通り近未来の〝謎肉〟である。では、なぜ日清食品HDが、植物性代替肉より実現のハードルが高い培養肉の研究を進めているのか。日清食品ホールディングス グローバルイノベーション研究センターの仲村太志課長は、「世界で開発が進む培養肉は『ミンチ肉』ばかりだが、世界の牛肉消費量の90%以上は塊肉だと言われている。そのため、我々は生活者ニーズの高いステーキ肉に近づけることを最初から照準に据えている」と話す[6]。

日清食品HDと東京大学が目指すのは、本物の肉の構造を再現してステーキ肉特有のかみ応えを出すことだ。通常、単にウシの筋細胞を培養液に浸すだけではシート状の培養肉にしかならない。そこで両者は、筋芽細胞を入れた細長いコラーゲンゲルを横に並べ、内部まで培養液が浸透するよう等間隔にスリットを空けた2種類のモジュールを交互に積層していく方法を編み出した。こうすると、筋芽細胞はきれいに向きがそろった繊維状の筋組織（サルコメア）に成長し、本物の筋肉の立体構造に近づけられることが分かった。

こうして培養ステーキ肉が完成した先には、自在な商品設計が可能だ。例えば、機能的な脂を使って和牛の霜降りを再現しながらヘルシーさを出したり、逆に脂肪分を優位に下げてプロテインの含有量を増やしたりといった具合だ。先行して市場投入が進む植物性代替肉では、心血管疾患のリスクを高めると言われる飽和脂肪酸や、塩分が通常の肉より多く含まれる〝不都合な真実〟が指摘されているが、「培養肉は健康上の懸念があるものを加える必要がない」（仲村氏）というメリットもある。また、いずれは牛肉以外でも、培養マグロや培養ウナギなど他の食材にもチャレンジしていけるだろう。

一方、海外のカンファレンスで流ちょうな英語でビジョンと技術を語るのは、培養肉スタートアップ、インテグリカルチャーのCEO、羽生雄毅氏だ。10年、オックスフォード大学博士（化学）、東北大学多元物質科学研究所、東芝研究開発センター・システム技術ラボラトリーを経て、14年に研究者や学生

⑥
日経クロストレンド2020年4月27日掲載「日清食品が放つ近未来の「謎肉」培養ステーキ肉は食卓を変えるか」

数人とともに細胞農業技術の研究開発の有志団体「Shojinmeat Project（ショージンミートプロジェクト）」を設立する。そしてDIYバイオ手法により、個人宅にて培養肉を生産可能な低価格細胞培養液を開発。培養肉の事業化に向けてインテグリカルチャーを15年に設立した。

全自動バイオリアクター⑦や汎用大規模細胞培養システム「CulNet System（カルネットシステム）」の開発を通じ、細胞農業の大規模化と産業化を目指している。現在はすべてが食品で構成された培養液を独自に開発し、食べられる培養フォアグラの生産にも成功している。21年には高級レストランへのテスト提供、23年には一般販売することを目標にしているという。

日本企業は代替肉とどう向き合うべきか

前述の米ジャストには、18年からフードサイエンティストとして働く唯一の日本人がいる。滝野晃将氏は、京都大学大学院農学研究科の修士課程を修了した後、14年に味の素へ入社。同社の食品研究所でキャリアを重ねてきた。ジャストに移り、滝野氏はまず、開発スピードの違いに驚愕《きょうがく》したという。

ジャストでは何万通りにも及ぶ抽出試験が、ロボットアームを使った自動化システムで24時間休みなく続けられる環境が整う。これが、ジャストの保有する膨大な植物データベースのふ化装置でもあるわけだが、その開発スピードは目を見張るものがある。滝野氏は言う。

「研究開発にかける資金は大手企業のほうが多いかもしれないが、その集中度、スピード感はスタートアップならでは。それは物理的なことだけではなく、『イーティングウェル（正しく健康に食べる）』というトップの明快なビジョンの下、地球環境にいいものをできるだけ安く、サステナブルに作るというミッションを全社員が本気で達成しようとしているからこそ。転職して一番驚かされたのが、働く人た

⑦
バイオリアクターは、微生物や酵素などの生体触媒を用い、物質の合成・分解などを進める装置

ちの熱量の高さだった」
現在、ジャストの社員は160人ほど。そのうち滝野氏のようなテクノロジーメンバーが47人おり、博士号・修士号を保有する人は48人、ミシュランの星付きレストランで働いたシェフが3人も参画しているなど、実に多彩なバックグラウンドを持つ人財が集まっている。それも、目指す世界が魅力的かつ野心的だからこそだろう。「日本の大手食品メーカーもCSR（企業の社会的責任）の観点から環境や食料問題に取り組んではいるが、既存のビジネス領域の範囲内にとどまる。そこを抜け出し、より大きな変革を目指せるかどうかがジャストとの決定的な違い」と滝野氏は話す。

これは、日本の大企業が抱えるイノベーションのジレンマの最たる例かもしれないが、であればジャストのようなビジョンを持つスタートアップとパートナーシップを組み、協業する道もあるはずだ。あるいは、自社で抱える優秀な研究者や高度な分析装置など、大手食品メーカーが保有する資源をオープンに生かす。そんな発想と決断がまず、この市場にくみしていくには求められている。

しかし、日本でこの代替プロテインの話をしても、そもそも「日本で代替プロテインは必要なのか」という意見が多いのも事実だ。もちろん、海外に大きな市場があり、日本にも遅かれ早かれこういったプレーヤーが参入してくることが推測される。それでも、代替プロテインと聞いてワクワクしている人にはあまり出会ったことがない。

日本であまり代替プロテインが声高に聞かれない理由の1つに、日本の食生活における食肉の存在感が他国よりも小さいことがある。ユーロモニター社の調査によると、米国、中国、ドイツ、フランス、ブラジル、イタリアなど欧米と中国では、プロテイン摂取源の1位が肉である。続いて乳製品が続く。しかし、日本のプロテインソースの第1位は米・パスタ・麺類となっており、これらが肉を上回る。和食には大豆をベースにしたものが多く、もともと植物性プロテインをいろいろな形で摂取してきた。豆腐しかり、豆腐ハンバーグも非常においしく感じる。わざわざ代替肉のレベル4にまで引き上げる必要があるのかと、疑問に思う人も少なくない。米国で話題の植物性代替肉はコレステロールこそ劇的に減るが、塩分は8倍に跳ね上がるという。これが本当に健康な食材と言えるのか、疑問視する人も多い。また、日本国内では、まだ残念ながら環境問題への関心は低く、肉食と環境問題を結び付けて考えている人は極めて少ない。

一方で、米国がここまで躍起になって代替肉にこだわるのは、米国にとってハンバーガーは国民食であり、肉は絶対に欠かすことができないものだからではないか。だとすると、日本人にとっては何が国民食だろうか。

主食のアップデートに挑むベースフード

日本のスタートアップ、ベースフードは16年創業。世界初の完全栄養パスタから事業は始まった。ラーメンやパンなど、主食のアップデートをテーマにしており、「健康を当たり前にする」のがミッションだ。いずれも雑穀の全粒粉をベースにしながら、チアシード（オメガ3）や真昆布粉末（葉酸）、ビタミンなどの栄養素材が計算ずくで練り込まれている。厚生労働省の「栄養素等表示基準値」に基づいて、過剰摂取が懸念される炭水化物（糖質）や塩分を抑えながら、現代人に必要な1食分の29種類の栄養素が過不足なく含まれている。

ベースフードの商品思想としては、世の中で最も食べられているものを使い、健康を気にしなくていい生活にしようというもの。完全栄養食というと、米Ｓｏｙｌｅｎｔ（ソイレント）などのドリンク形態が先行したが、ベースフードＣＥＯの橋本舜氏がこだわっているのは、「通常の食事シーンはそのま

ベースフードの完全栄養パスタとパン（出所：ベースフード）

ま続けたい」ということだ。飲んで終わりという食事は明らかにつまらないし、続かない。日本人が肉よりも、米やパン、麺類で植物性プロテインを取っている食文化であることを考えれば、この食材に挑むベースフードは日本流のインポッシブルフーズであり、ビヨンドミートであるとも言える。ベースフードは、全く別の原料からパスタやパンを作っているわけではないが、味や食感をオリジナルに近づけようとしているところは同じだ。

実際、橋本氏もインポッシブルフーズやビヨンドミートを意識している。彼らの成功の要因を見て、自社にも取り入れようとしている。橋本氏が見ているのは完全栄養食市場ではなく、より大きな主食市場であり、さらにはその先の「健康が当たり前」になった世界だ。橋本氏はこう話す。「とにかくおいしくしたいので、ここに力を入れている。大企業の力も借りたい。世界のどこでも絶対売れるものを目指したい」。

そのために商品は継続的にアップデートしており現在、パスタはバージョン6・0だそうだ。20

年春には外食チェーンのプロントのパスタメニューにベースフードの製品が組み込まれた。日本の食事情の中では、ハンバーガーが代替されるよりも、こうした主食を健康目的でアップデートするほうが身近に感じられるのかもしれない。

Interview

「ミートラバー」を虜《とりこ》にするおいしさで差別化 科学的に肉のリバース・エンジニアリングを進める

Impossible Foods　SVP International

Nick Halla（ニック・ハラ）氏

Impossible Foodsの国際担当上級副社長。前職のゼネラル・ミルズでは、食品の商品化の専門家として、新製品ラインを開発、立ち上げ、大規模な食品製造システムを設計。ミネソタ大学で化学工学の学士号を取得し、スタンフォード大学ビジネススクールでMBAを取得

多くのスタートアップ、大企業が参入する「植物性代替肉」市場で注目ブランドの1つがインポッシブルフーズだ。日本には上陸していないにもかかわらず、同社の動向には関心が集まっている。「代替肉」ではなく「本物の肉」に近づけることで、新しい「肉の市場」を開拓している同社の製品戦略、市場展開を創業メンバーに聞いた。

（聞き手はシグマクシス岡田亜希子）

――インポッシブルフーズは、今の代替肉市場を代表するブランドとして、日本でも知られています。私たちは米国で「インポッシブルバーガー2・0」を食べましたが、とてもおいしいと思いました。インポッシブルフーズと他の製品の違う点は何だと思いますか。

ニック・ハラ氏（以下、ハラ氏） 今おっしゃっていただいた「おいしさ」が大事なのです。おいしくなければ、ブランドにはなり得ません。認知度も高まらなかったと思います。

私はインポッシブルフーズの創業時からの従業員ですが、起業するまで「植物ベースの食事」とは無縁の生活をしてきました。酪農場で育ち、大手の食品会社でしばらく働いていましたが、ヴィーガンのように肉を食べない食事を試したことはありません。同じ創業者であるPatrick Brown（パトリック・ブラウン、CEO）と出会うまで「肉食が地球に及ぼす悪影響」について考えたこともなかったのです。

しかし、牛一頭を育てるのに必要な水（年間4万1600リットル）、穀物の量、牛が排出するメタンガス（温暖化ガスの10％相当）などなど、地球環境への負荷、食料問題に与える影響を知るにつれ代替肉の重要性が分かりました。

そこで、創業初期のころ、当時市場に出回っていた「植物性代替肉」「代替乳製品」をいろいろ試食したのです。ところが、正直、「あ、これはもう二度と食べることはない」と思いました。プロテイン（タンパク質）としては貴重ですが、肉好きな人たちが好む味ではなかったからです。環境のためとはいえ、我慢を強いる食品は広まは広まりません。肉が好きな人たちが普通に「おいしい」と評価し、積極的に購入してもらう食品でなければ、肉の消費を抑えることにならないのです。

ですから、インポッシブルフーズの何が違うのかという最初の質問に戻れば、私たちは〝筋金入りの肉好きの生活者〟を一番のお客様と考えていることです。肉好きの生活者たちを惹きつけることで、最終的なミッションをかなえようとしています。この点が他のプレーヤーと違います。

――なるほど。他にも違いはありますか。

ハラ氏　製品づくりのアプローチが違います。私たちはいわゆる加工レベルで肉に似せていくというアプローチはとっていません。従業員の最初の50人は、食品業界出身が数人だけで、あとは基礎科学、生化学、分子生物学、物質科学などの研究者だ。肉や魚、乳製品の「何」を人はおいしいと感じているのか、生化学的な視点で研究をしています。プロテインの構造なのか、味なのか、香りなのか――。それは何の構造から生まれているのか、素材を切る、焼く、煮るすべてのプロセスで研究を続けています。

こうして「おいしさ」を生化学的な視点で探っていくと発見があります。例えば、ステーキやバーガーなど動物性の肉をグリルすると、何百種類もの香りが生成されます。その成分の一つひとつの香りは化学分析できますが、すべての香りを科学的に再現して、そろえるのは現実的ではありませんでした。

しかし、私たちが研究を続けた結果、食肉の本質は、「ヘム」という化合物にあることを突き止めました。ヘムは筋肉に含まれるミオグロビンや血液中のヘモグロビンに含まれています。このヘムを触媒に、あらゆる物質が化学反応した時に発せられる「香り」などが、我々が「お肉を食べた」と実感できる要因なのです。実際、米国で製品の生活者に対するブラインドテスト（目隠しでの試食）で、牛肉から作られたバーガーとほぼ同等、5対5の割合でインポッシブルバーガーが好まれる結果が出たのも、こうした科学的なアプローチがあったからです。

米バーガーキングは、19年から「Impossible Whopper（インポッシブル・ワッパー）」を全米で展開（出所：Impossible Foods）

米国のスーパーマーケットでもパティが販売されている（出所：Impossible Foods）

――赤い生肉のような状態から、焼くと焦げ目がつき茶色になるプロセスまで、生肉と似ています。

ハラ氏　それもヘムによるものですが、目的は、「肉に近づけること」ではありません。おいしいと感じる食感、味、香り、成分まですべて分解し、何かを突き止め、そのうえで、さらにおいしい食品をつくることです。現在、大豆やジャガイモのタンパク質、およびその他の植物由来の成分を使用して、肉の食感や特性をつくり出しており、本物の肉以上を目指しています。私たちは、肉のリバース・エンジニアリングをしているのです。

――なるほど。市場の話も聞きたいのですが、新型コロナウイルスの影響でプロテイン市場に変化はありますか。

ハラ氏　長期的な変化について見通すには、まだ時期尚早（インタビューは2020年4月上旬）ですが、ECは伸びています。外出制限により、小売業界の売り上げが上昇している一方で、外食業界は非常に苦しんでいます。今後、どのように変わるかは分かりませんが、数年後の市場の景色は大きく変わっていると思います。

今回のパンデミックで、食料生産システムや食のインフラが極めて危ういバランスの上に成り立っていることを実感した人も少なくないと思います。過去40年間で野生の哺乳類や鳥類の数は半分以上に減少しましたが、これは人間が肉や魚、乳製品を消費することに起因しています。すでに世界の国土の約45％、利用可能な水の25％が畜産に利用している状況です。にもかかわらず、国連は2050年までに肉の消費量が70％増加すると予測しています。今後、どこで育てるのでしょうか。不可能ですよね。今こそ代替肉の役割だと思っています。

――グローバルなパンデミックを経て、人々の消費行動が変わると思いますか。また、米国、アジアなど地域で消費行動に差があると思いますか。

ハラ氏　アジア全般では豚肉の消費が多く、牛肉は米国とブラジル。羊肉はニュージーランドが多いなど、地域、文化圏によって好む肉に違いがあります。私たちが最初の製品としてビーフパティ形状のもの、ひき肉を選んだのは、どんな料理にも使えるからです。世界の肉の44％がアジアで消費されていますが、今回のパンデミックで衛生・安全性がさらに厳しく問われるでしょう。それに応えるだけの生産・配送体制を築いていく必要があると思っています。

すでに私たちは、香港で事業を立ち上げ、アジアの料理や生活者のことを学び始めています。香港には18年に、シンガポールには19年に進出しました。アジア料理は多様で、日本・韓国・中国、そして中国内にもいろんな料理があります。香港とシンガポールは多くの国の料理を一度に試すには最適な場所です。今700店舗のレストランに対して私たちのプロダクトを提供していますが、採用してくれるレストランは増えています。今後、どの市場に向かうかは明らかにしていませんが、より大きな市場に向けて準備をしています。

――20年のCESでインポッシブルポークを試食しました。アジアでは牛肉よりも豚肉が主流になりますか。それとも牛肉と半々でしょうか。中長期のポートフォリオはありますか。

ハラ氏　これまで牛ひき肉、牛肉のパティを商品化してきました。そして20年のCESでは、豚肉のひき肉タイプのサンプルを試食してもらいました。牛ひき肉に続き、豚ひき肉はどこでも大きなマーケットがあると思っていますが、中長期的には50から100もの商品を考えています。1つの市場で商品を2種類だけ出すといったことは考えず、それぞれの市場でカスタマイズ、ローカライズを重ねて開発していきます。そのためにも地元の文化を理解しているサプライチェーン上のパートナーの協力が非常に重要です。

――今後、日本に進出する予定はありますか。

ハラ氏　日本は歴史的に続く食文化があり、食に対する国民の関心も高い。肉や魚の消費量が高い一方で、肉生産者、漁業従事者が減少傾向にあるなど挑戦すべき課題も少なくないと聞いています。その意味で、私たちにとっても意味ある市場だと思っているのですが、日本進出を発表する予定は今のところありません。

——日本進出は法規制がハードルになっていますか。

ハラ氏 それぞれの国に規制があります。シンプルなものもあれば、非常に不透明なものもありますが、それらは正式に市場に参加するためのプロセスの一部だと思っています。参入するためにはサプライチェーンから生産、生活者、政府当局との間でも強力なパートナーシップを結んでいきたいと考えています。

——日本のフードイノベーターや、大企業との協業については考えていますか。ご存じかもしれませんが、面白いフードスタートアップもいますよ。

ハラ氏 私たちが数年で、成長することができたのはパートナーたちのお陰です。米国でのパートナー先に食肉加工業のOSI Group（オーエスアイグループ）があります。OSIは世界に65カ所の製造拠点がありますが、彼らと連携することで、より速くスケールすることができました。システムをより持続可能なものにするためには、今後も多くのプレーヤーの協力が必要です。すでに商品を流通できる大手企業、新たなアイデアを持っているスタートアップとの連携は大事でしょう。

私が「未来はとても明るい」と思っている理由の1つが、こうしたパートナーたちとの協業の可能性があるからです。今世界的な規模での食料問題にぶつかっています。パンデミックの行く末も分かりませんが、良い面もあります。今ほどイノベーティブだったことはないということです。

――日本のフードコミュニティーにも来てお話してください。

ハラ氏　私は香港に来た最大の理由は、2~3週間に1回、米国から行き来するより、香港に滞在していろんな方と会うほうが効率的だからです。状況が落ち着いて移動できるようになったら、日本へも行きます。そのとき、ぜひお会いしましょう。

（構成／シグマクシス瀬川明秀）

Interview

「プラントベースド=肉の代用品」の時代は終わった 植物性油脂技術が「肉の味」をアップグレードする

不二製油グループ本社
代表取締役社長

清水洋史氏

1953年生まれ。77年、同志社大学法学部を卒業し、不二製油に入社。99年、新素材事業部長兼新素材販売部長、2001年、食品機能剤事業部長を経て、06年に不二製油（張家港）有限公司董事長。09年、常務取締役に就任し、12年、専務取締役、13年より現職

植物性代替肉で海外のフードテックスタートアップが脚光を浴びる一方で、本質的なおいしさを追求して植物油脂と大豆プロテイン（タンパク質）の技術を長年蓄積してきたのが、食品素材メーカーの不二製油だ。「代用品の時代は終わった」と語る、その真意とは？

（聞き手はスクラムベンチャーズ外村仁、シグマクシス田中宏隆）

――不二製油は、積極的に大豆加工素材事業を伸ばしてきていますが、改めてどういう経緯でこの事業を手掛けることになったのでしょうか。

清水洋史氏（以下、清水氏） 不二製油は戦後の1950年（昭和25年）に立ち上がった、製油メーカーとしては最後発の会社です。最初はココアバターやバターといった付加価値の高い油脂代替品をパーム油やヤシ油で生産し、油脂の技術力を磨いてきました。これら代用油のいいところは、融点や口溶けを変えるなど、応用が効く点。例えば、油脂を加工した代表的な食品としてチョコレートがありますが、アラスカでもアフリカでもおいしく食べられるようにすることも可能です。

そんな会社が油脂の次に着目したのは、油脂原料として使われていた大豆の絞りかす（脱脂大豆）。実は大豆に含まれる油は2割ほどですが、脱脂後の大豆の中には大豆全体の3割ものプロテインが含まれています。当時は家畜の餌にされていましたが、これを食品として活用しようと、我々が中心となって79年に大豆たん白質栄養研究会（現・不二たん白質研究振興財団）を立ち上げ、研究を進めました。その後、大豆プロテインを使ってがんもどきを作るなどしましたが、あまり売れない時代が続き、潮目が代わったのはインスタントラーメンの普及でした。かやくに揚げを入れるのに、工業的に何百万個というロットで作る必要が出てきて、それを我々の大豆プロテインが担ったわけです。しかし、これを大量に作っても利益は大して上がりません。でも、我々は諦めなかった。

——それはなぜですか。

清水氏 不二製油は、当初から「大豆は地球を救う」と本気で思ってきた会社なんです。というのも、人間に必要な栄養素として大豆を見ると非常に優れていて、例えば家畜と比べて生産に必要な水使用量は格段に少ないし、エネルギー効率は圧倒的に高い。コレステロール値や内臓脂肪、中性脂肪を低減させるなど、様々な機能を持つことも、長年の研究で分かっています。今でこそ、2050年に世界人口が100億人に迫るという予測があるから、従来の家畜を中心としたプロテイン源の見直しをしなければならないといった議論がありますが、我々はそれ以前から、大豆の可能性を信じてきました。

私が課長時代、94年に大豆プロテインを使った商品を世に広めようと、「週に一度はベジタリアン」という動画を作りました。これまでの高脂肪、高カロリーな食生活の反省から、当時、欧米ではすでにベジタリアンの食事が見直され始めていました。そこから日本人の食生活を考え直したときに、「完全にベジタリアンになるわけではないけども、食を楽しみながらたまには野菜中心にしてみませんか」という提案をしたのです。そうした食生活は、現代ではフレキシタリアン（週に1回以上、意識的に動物性食品を減らす食生活）と呼ばれて一般化しつつありますから、時代がやっと追い付いてきたという感覚です。

——そうした歴史を持ちながら、12年10月に発表した大豆事業の中長期事業戦略「大豆ルネサンス」、およびそれを実現する新技術「USS（Ultra Soy Separation）製法」を発表しました。これは大きなターニングポイントになったのでは。

清水氏 その通りです。健康と環境に良い大豆のさらなる浸透のため、もう一度大豆の原点に戻り、これまでにない大豆の新しい価値の創造を通して人と地球に貢献していくために、「大豆ルネサンス」というビジョンを掲げました。特許を取得した「USS製法」は、大豆本来のおいしさを追求した独自の分離分画技術です。これにより、大豆から低脂肪豆乳と豆乳クリームという新たな素材を作り出すことに世界で初めて成功しました。USS製法が生まれたきっかけは、あるとき米国で超臨界の技術を使って物理的に油を搾り出す技術が開発されたのを知ったこと。これまで大豆油は化学系の食品添加物を使って高温抽出していましたから、画期的なことでした。そして物理的に油を絞れるということは、大豆プロテインもオーガニックなものができるということです。非常にワクワクして、この技法で作られた大豆プロテインを日本に持ち帰り、不二製油の研究所に評価を依頼したら、「不純物が多くて機能が劣るから商品にならない」という回答。がっくりきました。重要なのはオーガニックに大豆プロテインを抽出できているという事実なのに、既存のものさしでしか考えることができないんですね。

そうこうしているうちに、実はモンサント（現・バイエル）が新しい大豆を開発した。それは、大豆プロテインの中に非常に高濃度に中性脂肪を落とす成分（β-コングリシニン）を持つもの。それを手に入れて豆乳を作ってみると、若い品種だからか、油分が自然分離するということが起こった。これは面白いと、今度は知り合いの乳業メーカーの技術者を訪ねました。なぜ乳業メーカーかというと、牛乳は遠心分離するだけでバターと脱脂牛乳に分かれる特性を持っていて、大豆ビジネスにおいてもその状態が理想的だったからです。訪ねた技術者は、「大豆の場合はおからも出るから、うちの機械で試しなさい」とアドバイスをくれました。

早速テストしましたが、全く何も起こらない。意気消沈して再び乳業メーカーの技術者を訪ねると、その人は「それは面白い」と言ったんですよ。自然分離した事実があるのだから何か方法があるはずで、まだ見つかってないだけでしょうと。目からうろこが落ちました。技術者の鏡のような人だと思います。

それで勇気をもらって再び自社に持ち帰り、やり方を変えながら試行錯誤した。ノウハウなので詳しくは話せませんが、遠心分離する前にある処理をすることで大豆を低脂肪豆乳と豆乳クリーム、おからに分けることに成功したのです。

―USS製法で作られる製品は、マヨネーズからホイップクリーム、チーズ、ベジ白湯など、多岐にわたりますね。

製造工程の違い

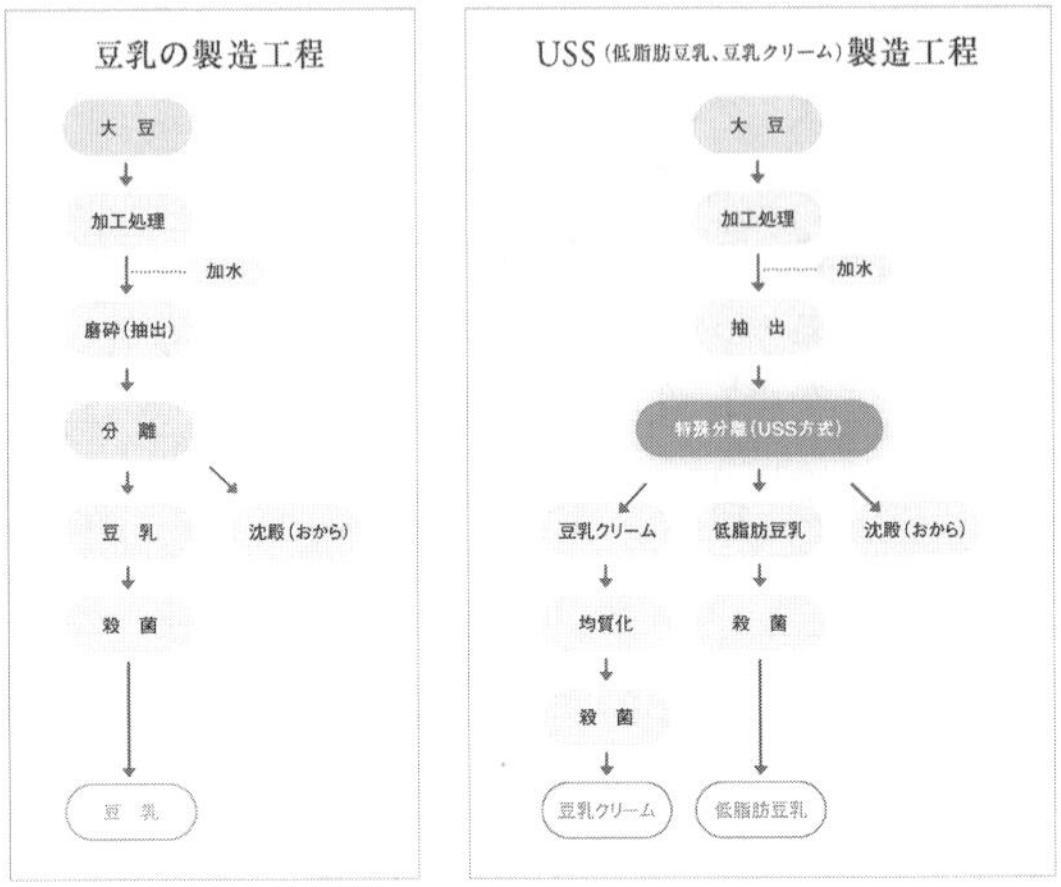

豆乳とUSS製法の製造工程の違い

清水氏　大豆はトマトなどのように、もともとグルタミン酸を多く含む食材。USS製品はそのうま味を生かせる技術です。だから、USS製法でできた低脂肪豆乳、豆乳クリームからは、おいしい植物性マヨネーズやチーズ、ベジ白湯などが作れます。乳業メーカーは牛乳に加えて、より付加価値の高いチーズやアイスクリームに加工して利益を出しているわけで、それと同じ構図を豆乳でつくったということです。

――なるほど。最近は特に米国で植物性の代替肉スタートアップが脚光を浴びていますが、この動きについてはどう思いますか。

清水氏　我々も国内で使用される大豆ミートのかなりの部分を供給していますが、生活者のし好に合わせた変化に対応するスピード感という面ではスタートアップを見習うべきこともあると思っています。彼らは、我々のように大豆の栄養や機能など確固たる技術の積み重ねはないわけですが、集めた資金をいたずらに宣伝などに回すのではなく、現代の特に若い生活者が求めているおいしさをよく研究している。

一方、我々はUSS製法を確立してからソイタリアン（ソイ＝大豆とイタリアンを掛け合わせた造語）の展開や、大豆チーズを使ったティラミス「ティラティス」など、いろんな仕掛けはやってきましたが、まだ爆発的に普及しているわけではありません。しかし、新型コロナウイルス禍を経て、時代は急速にサステナビリティーの追求、我々が一貫して取り組んできているプラントベースド・フード・ソリューションの方向へ一気に進んでいますから、チャンスだと感じています。

それには、技術的な裏付けもある。我々はもともと油脂技術に強みを持つ会社なので、これが大きな差別化につながります。例えば、牛肉も脂のジューシーさがないものはおいしくないですよね。料理にしても、マーボ豆腐で考えると最初に唐辛子や山椒を油でいためて、油に味を付けてから豆腐やひき肉を混ぜるから風味がよくなるわけです。要するに油脂は舌に味を届けるキャリアであり、プロテイン由来のアミノ酸と両方そろうことが、特に植物性のサステナブルフードの味わいを構成するうえでは非常に大きな意味を持ちます。

――もともとの〝油脂のマジシャン〟としての強みが、現代になって再び生きると。植物性プロテインの技術とハイブリッドで進められるのは、世界的に見ても稀有な存在ですね。これから植物性代替肉の味わいは大きくアップグレードされていきますか。

清水氏　これまでは植物素材から牛脂や豚脂といった動物性の油脂の味わいをつくることは難しかったのですが、すでに我々は油脂と掛け合わせる植物素材を工夫することで、植物由来の原料のみを使用しながら、お肉のボディー感・コクを持った素材を製造する基本技術の開発を終え、市場投入が間近です。この技術を応用することで、純植物油ながら豚骨スープやコンソメなど、実に様々な動物性の風味を出せます。

例えば、この技術で構成した新素材を植物性代替肉に入れると、各種の調味料で味をつくるのではなく、キャリアとしての油脂を活用した本質的な味づくりの中で、より深いコクを感じられるおいしいものができます。近い将来、この技術を利用することで、本物の肉同等、あるいはそれを超えるおいしさのものが家庭でも味わえるようになっていきますよ。

――そうすると、もはやそれは「代用品なのか」という存在になりますね。「代替肉」という言葉が何か背徳感のようなものを与えてしまっている懸念を持っていたのですが、世界がサステナブルな方向に行く中で、むしろプラントベースド製品のほうが、より本質的に価値の高い〝本物〟と言えるのではないかと。

清水氏　まさにその通りで、プラントベースドが代用品と言われる時代は終わって、本流になるのだと思います。将来的に食べ物がなくなっていく中で、我々が植物性油脂や大豆プロテインの技術を持っているという事実は、そのままサステナブルフーズにつながります。

ここで重要なのは、単純に肉の代わりが持続可能な形でできましたというだけで終わらせないこと。そこに留まっていては、人類は救えません。やはり未来に価値のある食べ物として、「おいしいもの」をどうやって創造していくのか、生活者のニーズに即したところからフードテックにつなげる必要がある。

その意味で興味深いと思っているのが、現在の植物性代替肉のスタートアップは、ファストフードのハンバーガーとそっくりなものを作っているわけです。でも、若い世代は今後も現在の肉ライクな植物性代替肉を変わらず支持するのかどうか。もう1つの方向性として、例えばパンで挟んでおいしいがんもどきなどのアウトプットもあり得るかもしれません。

――不二製油の持つノウハウと技術が、より機動力のあるスタートアップなどに開放されていけば、プラントベースドの市場が一気に豊かになりそうですね。

清水氏　それは長年考えています。我々の基盤はＢｔｏＢ、かつ日本の食品メーカーにありますが、新型コロナ禍を経てECが一層普及したり、外食ではテークアウトが脚光を浴びたりと、世の中が変化していますから、直接ではないにしてもパートナーと組んで新しいことを仕掛けられる機運は高まっています。

19年には、大丸心斎橋店本館地下2階に「UPGRADE Plant based kitchen」を出店しました。ここでは、U

SS製法でつくられた新豆乳素材や、大豆ミートを使ったハンバーグ、唐揚げ、ラザニアなどを提供しています。これをやっているのは、やはり我々自身でおいしいものにしていく必要があるから。ここでの知見もベースにして、いろんな形の協業があり得るかもしれません。

いずれにしろ、我々の持つ油脂と大豆プロテインの技術は画期的なもので、ビジネス上は立ち上がりが遅いなど紆余曲折はあるかもしれませんが、将来性については全く心配していません。近い将来、必ず地球を、人類を救うことになる。そう確信しています。

（構成／日経クロストレンド勝俣哲生）

Chapter 5

「食領域のGAFA」が生み出す新たな食体験

1 「キッチンOS」とは何か

先日、スーパーへ買い物に出かけると、ふと骨付きラム肉が売られているのが目にとまった。レストランで食べたことはあるけれど、自宅用にラム肉を買うのは初めてだ。しかし、ネットで調べてオーブンレンジで焼けばなんとかなるだろうと、ラム肉2ピースで191グラムを購入して帰宅した。早速調理しようと、インターネットでレシピサイトを検索した。

すると、様々なレシピサイトがヒットする。クックパッドだけで1500種類以上もレシピがある。どれを選んだらいいのか。もしかするとオーブンレンジのレシピにあるかもしれないと探してみたが、さすがにラム肉メニューは見当たらず、近そうなメニューを探す。鶏の照り焼き、トンカツ、グラタン、サバの塩焼き……。オーブンレンジってこんなにメニューがあったのかと驚きつつ、どれが骨付きラム肉の調理に近いのかはよく分からない。

もう一度ネットでレシピを検索してみた。フライパンで焼くレシピ、フライパンで焦げ目をつけてからオーブンで焼くレシピ、オーブンレンジだけで完成させるレシピなど、様々ある。オーブンレンジにしても、何ワットで何分焼くのかは、レシピによってまちまちだ。調理したいのは191グラムのラム肉、ということだけは確かなのだが。

迷ったあげく、結局使ったのは魚焼き用のグリル。火をつけて適当に予熱をし、焼き時間はこれまでの料理経験を基にした「勘」だった——。

このような経験を、誰しも一度はしたことがあるのではないだろうか。このエピソードが示しているのは、料理という行動が「買い物」「レシピ」「調理」とバラバラになっていることだ。それぞれの行為はデジタル化が進んでいるものの、分断されている。そのため、何のレシピを選ぶのか、そのレシピに沿ってどう調理するのかなど、最終的なさじ加減はユーザーに委ねられている部分が多い。ある程度の料理経験があれば、途中で軌道修正したり、そのプロセス自体を楽しんだりすることもできるだろう。しかし、料理に慣れていない、または初めて使う食材を扱う場合などは、「もう少し丁寧なガイドがほしい」と思う場面は少なくない。料理に失敗したときの気分の落ち込みは、意外とダメージが大きいものだ。

こうした不都合を解決するソリューションとして、海外で勢力を増しているのが、本章で解説する「キッチンOS」だ。キッチンOSという言葉自体は、2016年に米国で開催された「スマートキッチン・サミット（SKS）」で使われていた。キッチンOSとは、調理家電がIoT化してくると同時に出てきた概念だ。パソコンの世界に例えるならWindowsやMacOS、モバイルに例えるならiOSやAndroidと同様で、料理レシピやそれに応じた調理コマンドなど、キッチン関連のアプリケーションが幅広く動くデータ基盤を指している。これによって、例えばスマートフォンのアプリにあるレシピを、Wi-FiやBluetoothでつながった調理家電に読み込ませることが可能になる。そして調理家電は、ネットから読み込んだレシピで指示された通りに動き始めるのだ。

このように膨大なレシピデータを基にキッチン家電と連携したり、小売店での買い物体験を変えたりと、これまで分断されてきた「買い物」「レシピ」「調理」という一連の行動をデータでつなぎ、食領域のDX（デジタルトランスフォーメーション）①を進めるプラットフォーマーが欧米で勃興している。すでに膨大なデータを有する彼らは、「食領域のGAFA（Google・Apple・Facebook・Amazon）」と

①
DXとは、ITを利用して製品、サービス、ビジネスモデル、組織体制なども刷新する取り組み

もいえる存在だ。キッチンOSは一体誰がどのように主導してきているのか、それが我々の食体験をどのように変えようとしているのか。まずは前提となるIoT調理家電とレシピの進化から見ていこう。

2 IoT家電で見える化された食卓の姿

料理レシピというと、ジャガイモや牛肉といった「材料」と、その「分量」が記載されていて、切る、炒めるといった「手順」があり、そこに「写真」がついているのが一般的だ。だが、この数年で、そんなレシピのイメージはがらりと変わってきた。レシピがソフトウエア化され、調理家電と連動して使われるようになってきているのだ。

そんなスマート調理家電を開発するスタートアップの1つが、米Hestan Smart Cooking（ヘスタン・スマート・クッキング）だ。同社は、ステンレス製のセンサー付きフライパンとスマートフォンから制御できるIHヒーターの組み合わせによりトップシェフの調理法を再現する製品「Hestan Cue（ヘスタンキュー）」シリーズを展開している。

ヘスタン・スマート・クッキングのエンジニアリングディレクターであるJon Jenkins（ジョン・ジェンキンス）氏は、レシピ進化のプロセスを3段階で表現している（図5－1）。それによると、バージョン1は紙媒体のレシピをデジタル化したものだ。続いてバージョン2は、レシピを動画化したもの。保有している調理家電などの情報を保存しておくといった連携はあるものの、家電自体の制御はしない

図5-1 レシピ進化の3段階

Version 1
デジタル化
紙媒体レシピが
デジタル化
Version 2
動画化
デジタルレシピを動画化。
キッチン家電でのレシピ確認
などはあるが、制御は
行わない
Version 3
ソフトウエア化
レシピを通じてキッチン家電を
制御キッチン家電での
行動とレシピが連動

出所：Jon Jenkins氏の資料より作成

という状態だ。テキストで書かれたレシピを脚本に「動画にしたもの」と考えると分かりやすい。

そして、その次に来るバージョン3が、レシピの「ソフトウエア化」である。この状態まで来ると、通常のレシピであれば5～6ステップで説明されるレシピが、500行にも800行にもわたる詳細なプログラムによる指示コマンドに変わる。ソフトウエア化されたレシピと調理家電が通信機能によって連動すると、スマートフォン上のレシピアプリから調理家電を制御できるようになる。電子レンジにプリセットされたメニューとの違いは、新しいレシピを常に追加することができるうえ、ユーザーが保有する調理家電の種類、食材の量、ユーザーの健康情報などに応じて柔軟にかつ最適なレシピを選択できることだ。

既存のバージョン2までのレシピの問題点は、「表現が曖昧で応用が難しいこと」「再現性がないこと」などがある。例えば、レシピでよく見かける表現として「20～30分かけてミディアムに焼く」といったものがあるが、調理時間に50%ものバラつきがあるうえ、ミディアムという表現が主観的であり、正しく伝達されているかは分からない。また、4人分のレシピを基にしながら3人分を作りたいときなど、個々の状況に応じて簡単にカスタマイズできない不便さがある。さらに、外気温や食材ごとの違いなど、料理の仕上がりに影響する変数が多く、既存のレシピは簡単に再現できない。ユーザーの健康状態や食の好みに応じて、「塩加減を減らす」「カロリー数を増減する」ということも既存レシピが苦手とするところである。

こうした課題を解決するのが、ソフトウエア化されたバージョン3の「未来のレシピ」と、対応する調理家電だ。レシピはパーソナルな嗜好に寄り添うものとなり、利用シーンに応じて柔軟にUI（ユーザーインターフェース）が変化するようになるだろう。現状の日本では、おおむねバージョン2の段階にあり、クックパッドなど一部企業がバージョン3に挑戦し始めている。欧米ではバージョン3に移行する動きが急速に進んでおり、ソフトウエア化したレシピと連動したIoT調理家電が登場し始めている。

ベーコンが焼かれるのは毎週土曜日

17年5月、米国のフードテック専門メディア「The Spoon（ザ・スプーン）」が、「ベーコンが調理されるのは土曜日」というタイトルの記事を掲載した。一体何のことかと思って読み進めると、米ChefSteps（シェフステップス）が発売しているIoT低温調理器「Joule（ジョール）」のアプリ使用状況から、〝Amazing Overnight Bacon!〟というメニューの利用回数が、土曜日だけ突出して多いことが分かったという（図5－2）。ジョールを使うと15～16時間で自家製ベーコンを作れる。鶏のムネ肉や卵など他のメニューも週末使われる傾向にあるが、ベーコンだけは土曜日だけが突出している現象が分かる。

また、もう1つの面白い記事は、米Perfect Company（パーフェクトカンパニー）が提供するIoTスマートスケール（はかり）を使い、カクテルを作るアプリ「Perfect Drink（パーフェクトドリンク）」の利用実績から分析した家庭でのカクテル消費実態だ（図5－3）。これによると、モスコミュールやコスモポリタンなど、どういったカクテルが、どこで、どれだけ消費されたのかが分かる。それだけではなく、ウオッカやラム、その他にどんな種類のアルコールが飲まれたかまで実測できる。この計測データが15年時点のものということにも驚く。

これらのデータは、貴重なマーケティングデータになる。精肉店では、土曜日に豚のブロックが売れるという肌感覚があるかもしれないが、それがベーコンになるのか、他の料理に使われるのかは分からない。また、家庭の料理動向を調査したことがある人なら、土曜日によく作り置きされるメニューについて知識があるかもしれないが、だからといって豚肉がどれほど売れるかを予測することはできない。しかし、シェフステップスのIoT低温調理器は、アプリで肉の種類、重さを入力するうえ（スキャンすれば自動で読み取る方式もある）、それがベーコンになるということまで分かる。論理的には、このメニューからどれほどのプロテイン（タンパク質）を摂取したのかも判明する。このようにデータを常に可視化できると、リアルタイムでユーザーが何を調理し、何を食べたのかが分かるわけだ。

また、パーフェクトカンパニーのデータでも、ある地域でどんなカクテルが自宅で飲まれているかが分かると、周囲の小売店はそれに合わせたおつまみを提案することもできるし、家飲みに人気のカクテルが分かれば、アルコールを扱う飲食店にも有益な情報になるだろう。

これまで、調理家電やキッチンツールのメーカーは、製品を家電量販店などに卸した後、それがどう使われているかを捕捉する術がなかった。不具合があれば苦情の連絡が届くだろうが、日ごろどのよう

図5-2 ChefStepsの低温調理器のアプリ利用実績

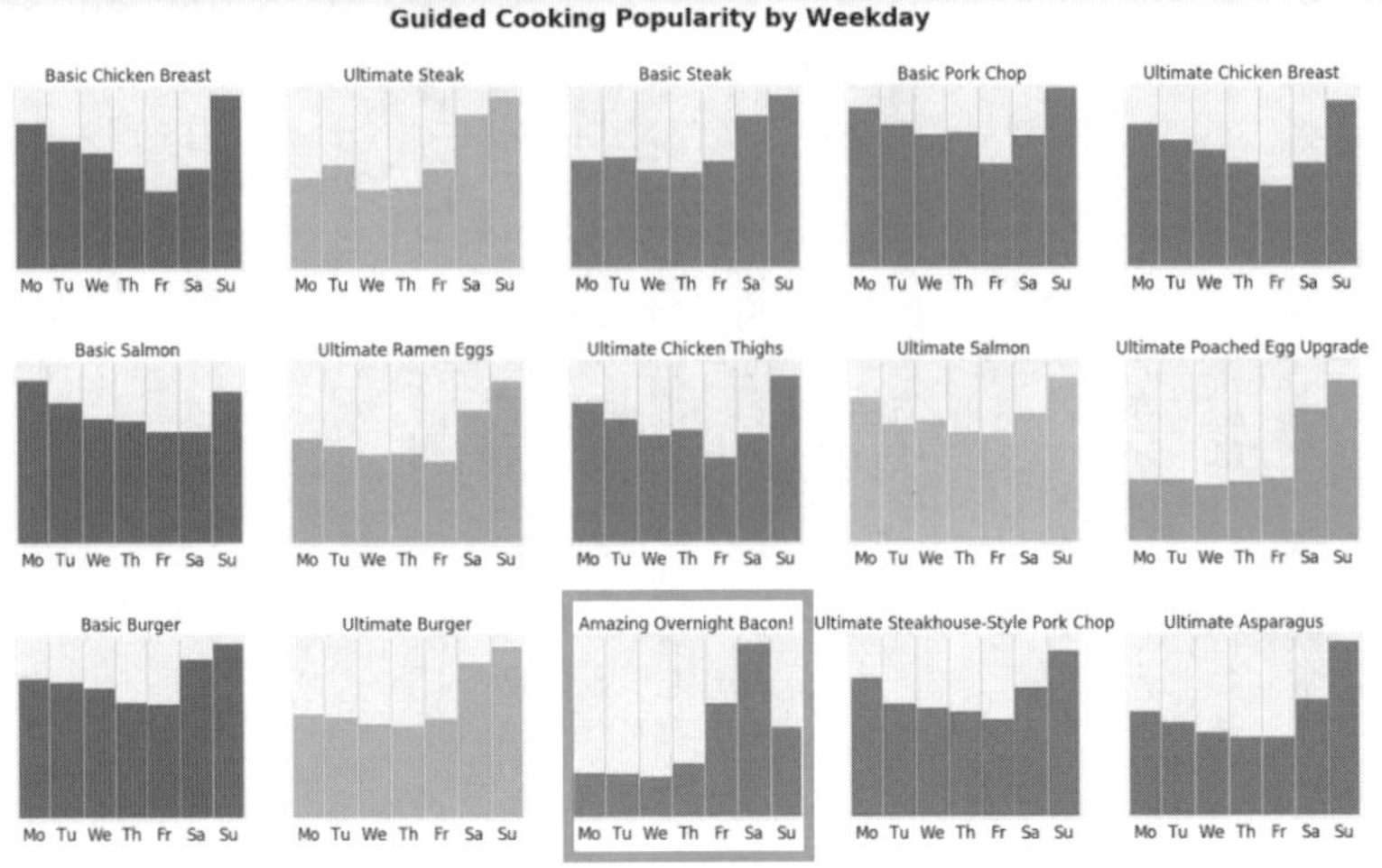

出所：ChefSteps

図5-3 Perfect Companyのスマートスケールを使った家庭のカクテル消費量データ

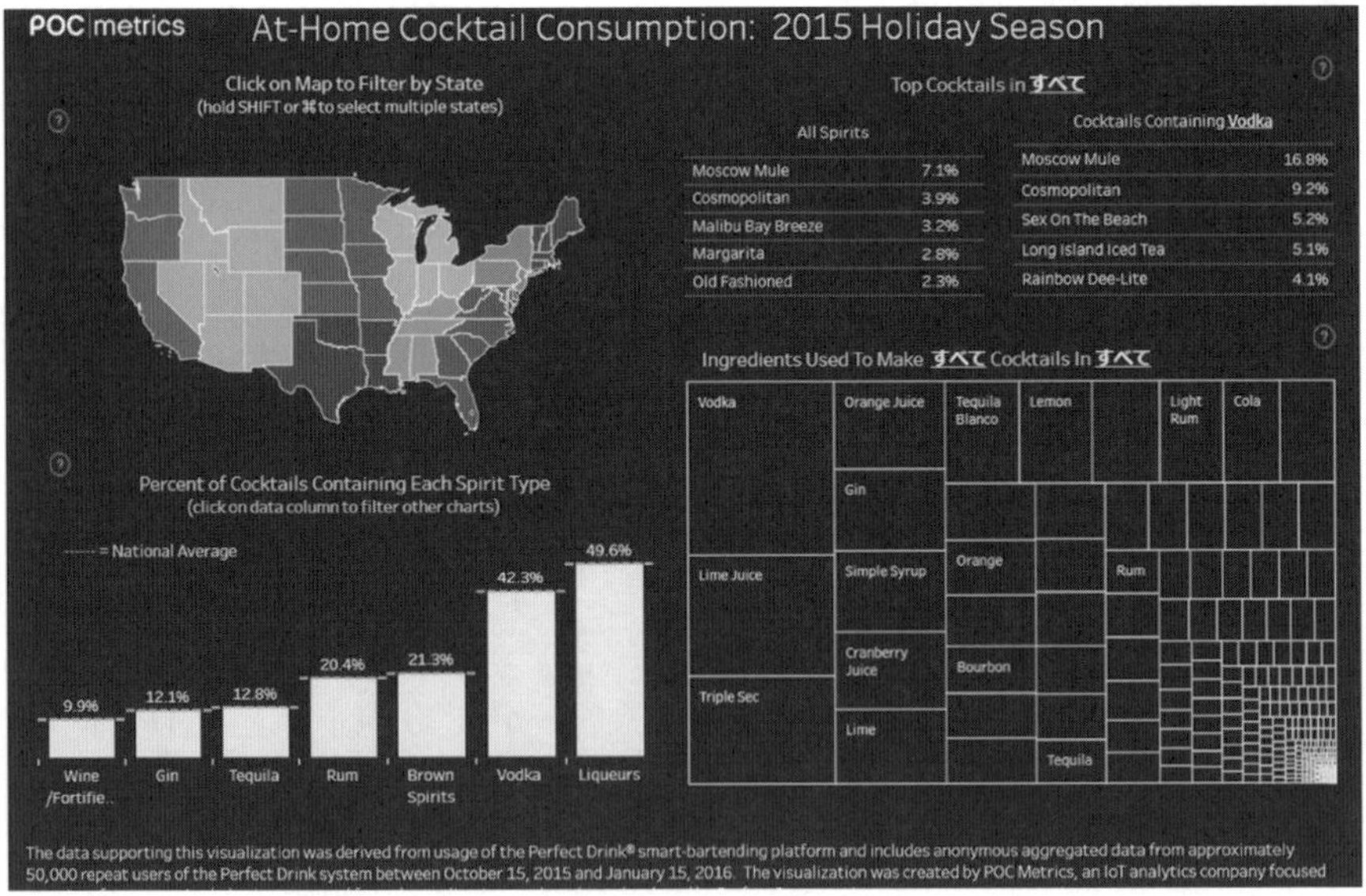

出所：Perfect Company

に使われているかは大規模な生活者調査をしたり、ＳＮＳであがってくる情報を丁寧に観察したりするぐらいしか把握する手段はない。家庭のキッチンは、一体何が起こっているか分からない〝暗黒大陸〟だったのだ。この闇がＩｏＴによってついに切り開かれたといえる。

飲料メーカーがＩｏＴ家電の開発へ

こうしたＩｏＴ化された調理家電から見えてくる食材や飲料の消費動向、調理実績は、食品メーカーや飲料メーカーにとって、喉から手が出るほどほしいデータだ。小売りを通じて販売された自社の食材や飲料は、実際家庭でどのように消費されているのかは全く分からない。そもそも家庭でどんなものがどんなタイミングで飲まれているのかは、モニター調査などをかけるしかない。

ここに一歩踏み込んだ飲料メーカーがある。ベルギーを拠点とした大手酒類メーカーのアンハイザー・ブッシュ・インベブは、コーヒーメーカーを製造するドイツのＫｅｕｒｉｇ（キューリグ）と19年にジョイントベンチャーを設立した。それが、Ｄｒｉｎｋｗｏｒｋｓ（ドリンクワークス）だ。ドリンクワークスは家庭向けのカクテルメーカーを開発。本体に専用ポッドを入れれば簡単にカクテルやビールなどがつくれるもので、ネスプレッソなどと同じ要領だ。このカクテルメーカーの利用実績を見ていくと、実は週末のブランチの時間帯にカクテル消費量が増えることが分かってきた。これは彼らにとっては盲点だった。「カクテルは夜に飲まれるもの」と思い込んできたからだ。同社は早速ブランチ用のカクテルの開発に取り組むことに決めたという。こうして、飲料メーカーまでもがＩｏＴ調理家電をフックとして、生活者の嗜好や行動を自ら理解すべく動き始めているのだ。

3 世界で台頭する「キッチンOS」プレーヤー

これまで見てきたIoT調理家電は専用のレシピを持ち、スマートフォンのアプリからコントロールされる。そこで生まれたのが、レシピをコアにして複数の調理家電や、食材のネットショッピングの機能をシームレスにつなげるキッチンOSのプレーヤーたちだ。言わずもがな、レシピをつかさどるキッチンOSには、ユーザーのプロフィル、調理実績、購買実績がどんどん集約される。これがいわゆる「食のGAFA」とも称されるゆえんだ。そして、このキッチンOSが大手家電メーカーや大手食品メーカーをつなぐハブとなり、業界の垣根を越えた連携が始まっている。

このサービス融合というメガトレンドの中で、キッチンOSの主なプレーヤーとして注目を集めるのが、レシピを開発する企業である。というのは、食材ごとの好みやアレルギー、保有する家電や器具、食材といったパーソナルデータを握るのが、レシピ提供企業だからだ。レシピを提供する欧米のスタートアップ企業は、遺伝子や腸内細菌情報まで扱うところもある。「レシピ」といっても我々が想定している世界よりもかなり幅広い。

このパーソナルデータを欲するのが、調理家電・器具メーカーであり、食材メーカーである。調理家電・器具メーカーはレシピのソフトウエア化を見越し、レシピと調理家電・器具との連動を考えている。また、食材メーカーは、パーソナルデータに基づいた「ミールキット」を提供したり、小売りやECでの買い物体験を刷新したりといったことを意図する。これまでは大手の流通企業による食材の大量流通が主役だったが、これからは、個々人の「好み」「健康状態」「保有する調理家電・器具」に応じて、食がカスタマイズ化される時代に入る。

このとき、食品関連の企業が最も注意を払うべきは、「レシピと食材と家電がシームレスにつながる」というユーザー体験が徐々に浸透することである。これまではレシピの検索、小売店での食材の購入、調理家電・器具を使った料理を包括し、一気通貫で提供するサービスは存在しなかった。それが今後は、レシピを決めたらそこからネット通販につながって食材を購入し、そのレシピに連動して動く調理家電が多数生まれる。その中で、食材の持つ位置付けも大きく変わってくる。レシピサイトにせよ、調理家電にせよ、食材がないことには料理ができないため、食材は重要なマネタイズポイントとなる。食品メーカーには、デジタルサービスやデジタル家電並みに高速でイノベーションに対応していく柔軟性が求められるだろう。各社が戦略を練る時期にあるのだ。

キッチンOSを主導するスタートアップたち

では、本章の主役であるキッチンOSの代表的なプレーヤーを見ていこう。レシピを起点とする米Innit（イニット）、米SideChef（サイドシェフ）、米Chefling（シェフリング）の3社と、調味料や食材を計量するスマートスケールをベースにしている欧州のDrop（ドロップ）が主なところだ。特にイニットとサイドシェフは家電メーカーとの連携にも積極的で、キッチンOSのトップといえる。

イニットが連携する家電の操作には、独自のアプリを活用する。ユーザーはアプリにアカウントを登録し、食の好み、アレルギー、ヴィーガンやベジタリアンなどの傾向、食材、保有する家電などを入力。イニットは、これらのデータを基にパーソナライズしたレシピをダイナミックに提案する。このレシピ情報をコマンドとして、イニットアプリがキッチン家電を制御するのだ。

例えば、あなたが鶏のムネ肉を使ってタイのグリーンカレーを作ることを選択したとしよう。すると、自宅にあるオーブンの予熱は何分にすべきか、どのタイミングで野菜をゆでるべきか、どのタイミングでカレーを作り始めるべきかといった詳細な過程までを表示したうえで、アプリから調理スタートのコマンドを押すと、自動で対応オーブンレンジが連動して予熱を始めるといった具合だ。

イニットは家電メーカーとの提携関係も広げている。家電メーカーではボッシュ、ＧＥアプライアンス、ＬＧエレクトロニクス、フィリップスなどが協力し、イニットアプリでの家電制御を実装している。その他、ＩＴ企業ではグーグルが参加し、音声ＡＩの「Ｇｏｏｇｌｅ Ａｓｓｉｓｔａｎｔ（グーグルアシスタント）」が家電同士の接続をサポートできるようにしている。イニットの仕組みでは、ユーザーが予熱のコマンドを送信した際に「このレシピ、この食材ならば、この予熱時間や加熱方法で行う」と、アプリ側でそのつど判断する柔軟性を持っている。また、イニットではトップシェフらプロフェッショナルが定義したレシピを扱っており、最初に「これが正解」とするレシピを作成したうえで、プログラミングを進めている。

一方、食材に関しても、イニットは小売りとの連携を進めている。同社は食材の栄養素を評価し、ユーザーの好みを理解して提案するＳｈｏｐＷｅｌｌ（ショップウェル）というアプリを買収。このアルゴリズムを使って、イニットのアプリ上でどんな食材を買うべきかを紹介している。また、米小売り大手のウォルマートとも組み、イニットのアプリで店頭の食材をバーコードスキャンすると、それに合わせたレシピが提案される他、イニットで選んだレシピに必要な食材を簡単に買えるようにする「バーチャル・ミールキット[2]」にも取り組んでいる。

そして、ついに食品メーカーとも連携を始めた。米食肉大手タイソンフーズとは、同社の鮮肉製品に

②
あるレシピに必要な材料を必要な量だけ小分けして宅配するミールキットサービスのように、スーパーで必要な食材を必要な量だけ買えるよう用意しておくアイデアのこと

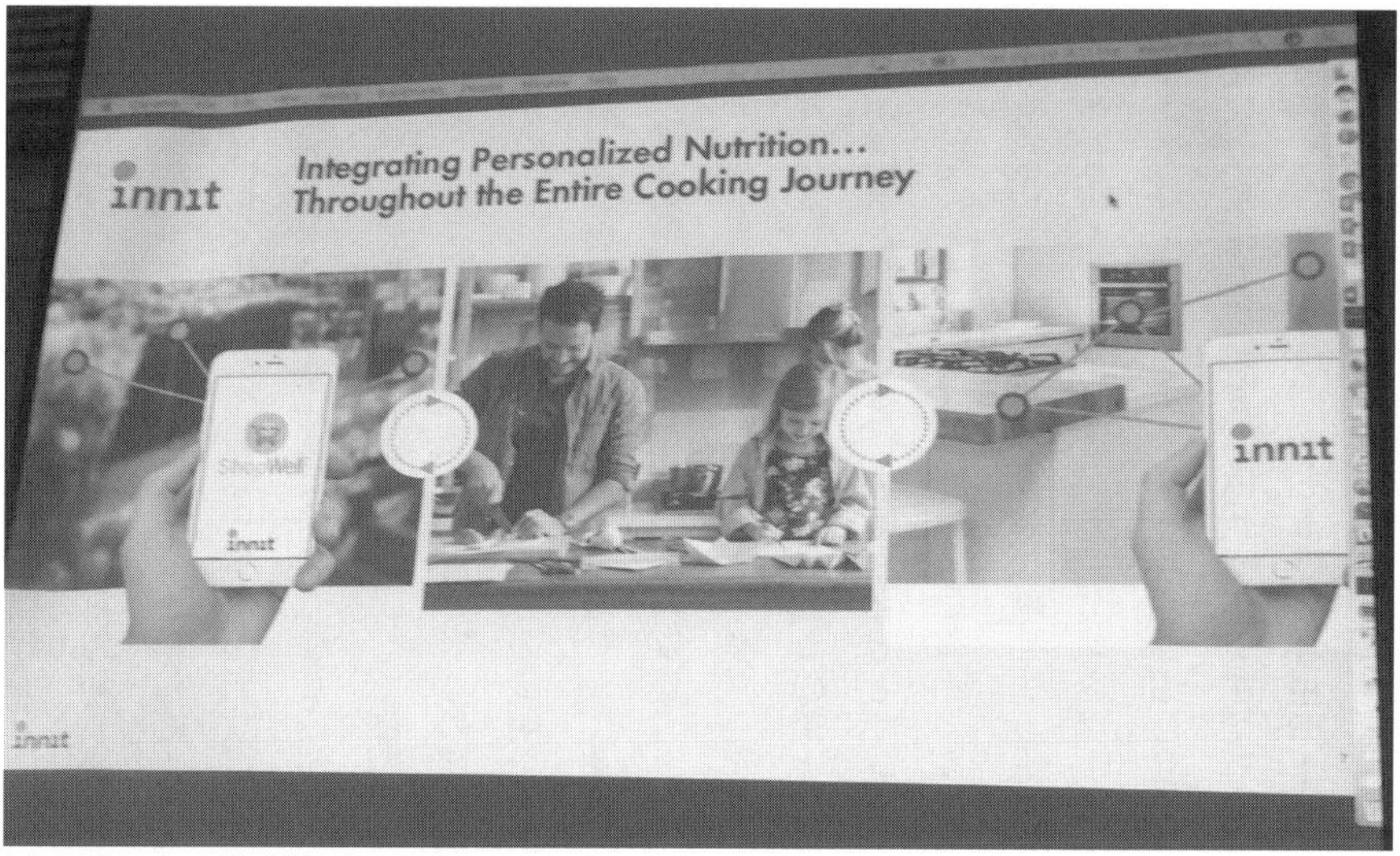

Innit は家電メーカーや小売り連携を進める（出所：シグマクシス）

合わせた調理家電コントロールができるよう、肉のパッケージをイニットアプリでスキャンすれば、アプリからその鮮肉製品に最適な温度調整で調理できるようオーブンレンジに指示を飛ばすことができる。こうして食品メーカーは、ついにイニット経由で自身のプロダクトがどのように調理されたのかを知るすべができたというわけだ。

イニットCEOのKevin Brown（ケビン・ブラウン）氏は、「私たちは料理のGPSになりたい」と公言している。これはカーナビと同じく、ユーザーが料理のどのステップを手掛けているかを客観的に示す道しるべになりたいとの思いから来ている。イニットが苦心して整備する詳細なレシピがあるからこそ、連携しているキッチン家電が円滑に動く。これぞキッチンOSと言える存在だ。

一方、オンライン動画のレシピサービスからスタートした米サイドシェフは、「料理が全くできない、経験したこともない人」を想定した丁寧で分かりやすい食材の説明、料理方法の見せ方で人気を集めている。動画レシピの楽しさや、そのレシピ通りに自宅の対応家電が調理してくれるのが最大の特徴だ。また、サイドシェフのアプリは、食材や調理法のことを全く知らない料理初心者でも理解できるよう工夫されている。例えば、「リンゴとは何か」といった素朴な疑問にも丁寧に応えようとしているのだ。

これは多文化の人々が暮らす米国や欧州ではとても重要なポイントである。ある文化圏では当たり前の食材でも、違う文化圏では全くなじみがない場合もあるからだ。日本語で書かれたサイトで「白米とは何か」「ご飯」とは何かをいちいち説明するものはないが、サイドシェフにはしっかり記載がある。サイドシェフが一定の支持を得ているのは、裏を返せば、「米国では全く料理ができない」「料理をしたことがない」人が一定層いることの証明でもある。その多くはミレニアル世代であると言われ、彼ら彼女らは、食材も料理も詳しくはないが、未体験のエスニック料理、新しいサービスには関心があるという層だ。実生活でも文化を超えた友達のコミュニティーがあるミレニアル世代にとって、親和性が高いのはサイドシェフだという。

料理を楽しんでもらうための数々の工夫は、創業者でありCEOのKevin Yu（ケビン・ユー）氏の理念が反映されている。彼はもともとオンラインゲーム業界出身で、料理が全くできなかったそうだ。そのため、どうすれば料理を楽しめるようになるのかは体験的に知っており、ゲーミフィケーションの演出も活用しながらアプリに反映しようとしている。

現在、サイドシェフは、アマゾンやグーグルアシスタントとの連携に注力している。この他、家電メーカーでは中国ハイアールグループのGEアプライアンス、韓国のLG、欧州のエレクトロラックスまで幅広く提携しており、欧州、アジアで存在感を放っている。

そしてドロップは、もともと料理用のIoT計量器を手掛けていたが、現在取り組んでいるのは、ウエブ上に存在する無数のレシピを取り込み、ドロップ対応の調理家電が読み込めるようにすることだ。

ドロップはオーブンレンジだけではなく、アマゾンで毎年ベストセラーになり、今や全米の家庭の2割が持つと言われる「Ｉｎｓｔａｎｔ Ｐｏｔ（インスタントポット）」など、家庭用の小型調理家電への対応も進めている。これによって、今後はジューサーやベーカリーなどの小型調理家電も、キッチンＯＳにつながって、一気にウェブ上のレシピを取り込める可能性が出てきている。

なぜ大手は、キッチンＯＳに注目するのか

かつて、欧米や韓国、中国の巨大家電メーカー群は、家にある家電製品同士をつなぐスマートホーム構想を目標にしてきた。ＬＧエレクトロニクスであれば「ＬＧ ＴｈｉｎＱ（ＬＧシンキュー）」、独ボッシュ、シーメンスであれば「Ｈｏｍｅ Ｃｏｎｎｅｃｔ（ホームコネクト）」という名のプラットフォーム上で、自社製品をＩｏＴ化する。ボッシュのデジタル戦略部門トップを務めるAnne Rucker（アン・ルッカー）氏によれば、「17年ごろから、この市場で一部実験的な製品も投入し、マス層に向けて具体的な製品を発売する準備もしてきた」という。ボッシュがレシピサイトのスタートアップ、Ｋｉｔｃｈｅｎ Ｓｔｏｒｙ（キッチンストーリー）を買収したのは17年11月のこと。ボッシュは単にモノを売るだけの立場から脱し、顧客からのフィードバックを収集できるネットワークを作りたいと考えていたのだ。

家電メーカーにとって、このスマートホームは一大領域だった。18年ごろまではセキュリティーカメラやエネルギー利用効率化のためのアプリケーションなどが注目を集め、それらを束ねるインテグレーターとして家電メーカーの存在は大きかったのだ。ところが、このころから音声ＡＩ「Ａｍａｚｏｎ Ａｌｅｘａ（アマゾン アレクサ）」の存在感が急速に増し、音声による家電制御が一気に進んだ。19年

図5-4　キッチンOSプレーヤーと、大手家電メーカーの提携関係

スタートアップ事業領域	スタートアップ	主な家電メーカー協業パートナー
レシピ	Yummly	Whirlpool CORPORATION
レシピ	SIDECHEF	GE APPLIANCES, Electrolux, LG, AEG, SHARP, BOSCH, SAMSUNG, Panasonic
レシピ	innit	GE APPLIANCES, Electrolux, B/S/H/, AEG, LG, beko, GRUNDIG, PHILIPS
レシピ&計量器	drop	GE APPLIANCES, Electrolux, LG, thermomix, BOSCH, Instant Brands, KENWOOD, Panasonic
計量器	Perfect Company	Vitamix
食材在庫管理	Chefling	GE APPLIANCES, BOSCH
料理手順支援	HESTAN CUE	GE APPLIANCES, thermomix

出所：シグマクシス作成

ごろにはグーグルアシスタントも広まり、新しい連携プラットフォームとして一気に拡大した。つまり、わざわざ家電同士をつながなくても、音声AIを搭載したスマートスピーカーが制御のハブとして台頭してきたのだ。

この音声による家電制御が最も威力を発揮しそうな場所がキッチンだ。調理で手がふさがっていても、声でちょっとした家電操作が可能になるのは、生活者にとって魅力がある。キッチンに君臨していたのは家電だったはずなのに、いつのまにか生活者データがアマゾンやグーグルのスマートスピーカーに蓄積していく状態にもなってきた。家電メーカーとしては少しでも生活者との接点を増やそうと、ソフトウエア化されたレシピというキラーコンテンツを持つキッチンOSのスタートアップのスピード感を借り、家電のIoT化を加速化させたいというわけだ。

こうして現在、キッチンOSのスタートアップと大手家電メーカーは蜜月関係にある。図5-4には、その主な提携関係を示した。

これを見て分かるように、現段階ではこの提携図に日本勢が非常に少ない。日系メーカーの海外拠点は一部提携への動きを進めているところもあるが、多くの日系メーカーが自社製品を制御する根幹の仕組みをオープン化し、他社のデータと連動することに抵抗を感じる企業が少なくない。「他社に頼らずとも自社だけでできる」との自信と「単なるハードを提供するだけの下請け的な立場になってしまう」との慎重な見方で、揺れ動いているようだ。

それに対して、海外の家電メーカーは、前述した通り、キッチン家電単体の機能だけではもはや差別化は図れないと判断し、「新しい価値」を求めて提携の道を選んでいる企業が多い。米イニットの幹部に「なぜ欧米の大手家電メーカーは、イニットにオープンレンジ機能を公開すると決断できたのか」と尋ねたところ、「オープン機能の単体では差別化が図れないと経営層が理解していたからだ」と即答した。

この調理家電とキッチンOSの関係は、スマートフォンとアプリの関係に似ている。スマートフォンは購入後、様々なアプリをダウンロードできるのが普通。キッチン家電でも、いろんなレシピデータや調理法という〝アプリ〟に類するものを利用できたほうが、生活者にとっては魅力ある製品になるという発想だ。そのため、家電メーカーは1社のみならず、複数の会社のキッチンOSを使えるように全方位外交を取り始めているのだ。

4 「食のデータ」がサービス連携の要に

では、今後、キッチンOSや家電製品はどうなっていくのか――。現在のGAFAとの対抗・提携軸を考えながら、日本の関連プレーヤーが生き残るための方向性について説明していきたい。

キッチンOSのスタートアップ、巨大家電メーカー双方にとって、気になるのがGAFAの存在だ。「いずれ、アマゾンやグーグルと競合するのではないか」との見方は根強くある。特に脅威なのはアマゾンだ。日用品、食料品の配送サービスとして「アマゾンフレッシュ」があり、傘下にはホールフーズ・マーケットもある。小売りからデリバリーまで持っており、家の中にある音声AI、アレクサを通じて足りないものは注文できる。しかも、18年には電子レンジなどの自社ブランドの家電製品も売り始めた。次第にカバーする領域を広げていくプラットフォーマーに対してどう対抗するのか、「勝ち目がないのでは……」とのシナリオの説得力も増している。

ところが、だ。現段階ではキッチンOSを手掛けるスタートアップたちにとって、GAFAは直接競合する相手にはなっていない。逆に、GAFA側がキッチンOSスタートアップと連携するように動き始めている。前述のように米サイドシェフはアマゾンやグーグルアシスタントと、イニットはグーグルアシスタントと連携しており、さらに直近では、サイドシェフが20年4月23日にフェイスブックのスマートホームデバイス「Portal（ポータル）」との連携を発表した。ポータルからサイドシェフのレシピを参照できるようになる。サイドシェフCEOのケビン・ユー氏は、「自分たちはこれまでに数多くの家電メーカーと連携しており、ビジネスモデルを確立してきている。アマゾンともグーグルとも戦略的に組むことは全く怖くない」と述べている。

そもそも、アマゾン側がキッチン領域に本格的にまだ動かないのは、アマゾン独自の「注文を受けて配送する」サービスでは対応できない部分が食市場には多すぎるからと言われている。家電やアパレルなど、メーカーから卸し、小売りという流通網がある分野では、アマゾンのシステムを横展開すればいい。だが、食市場の場合は、食材や家電製品などモノは提供できても、新しい料理レシピの提案といったソフト分野となると時間がかかる。であれば、この分野に特化するスタートアップとの連携が得策との判断であろう。

一方、イニットやサイドシェフとしては、食材選びから調理方法、食の楽しみ方といった「川上から川下まであらゆるソフトサービス」を提供できる体制をいち早く構築したいはず。そうなればアマゾン、家電メーカーとも共存するプレーヤーになり得る。家電メーカーとて思惑は同じだ。あらゆるプレーヤーと全方位外交をしながらも、単なるベンダーに陥らない道を探っていくことになるだろう。

フルスタックでサービス連携

こうした中、フードテック業界では今、「フルスタック」が1つのキーワードになっている。経営者へのインタビューをしても、この言葉をよく聞く。先ほどの〝川上から川下まで〟ミールキットなどの食材からレシピの提供、健康・医療サービスまで含めた「統合サービス」をフルスタックといい、すべてを提供する体制をつくろうというわけだ。

図5-5には、フルスタックでのサービス展開を狙うプレーヤーたちの立ち位置を図解した。下向きに延びている矢印（↓）が長いほど、生活者の行動を途切れることなく提供していることを意味してい

図5-5　フルスタック構築例

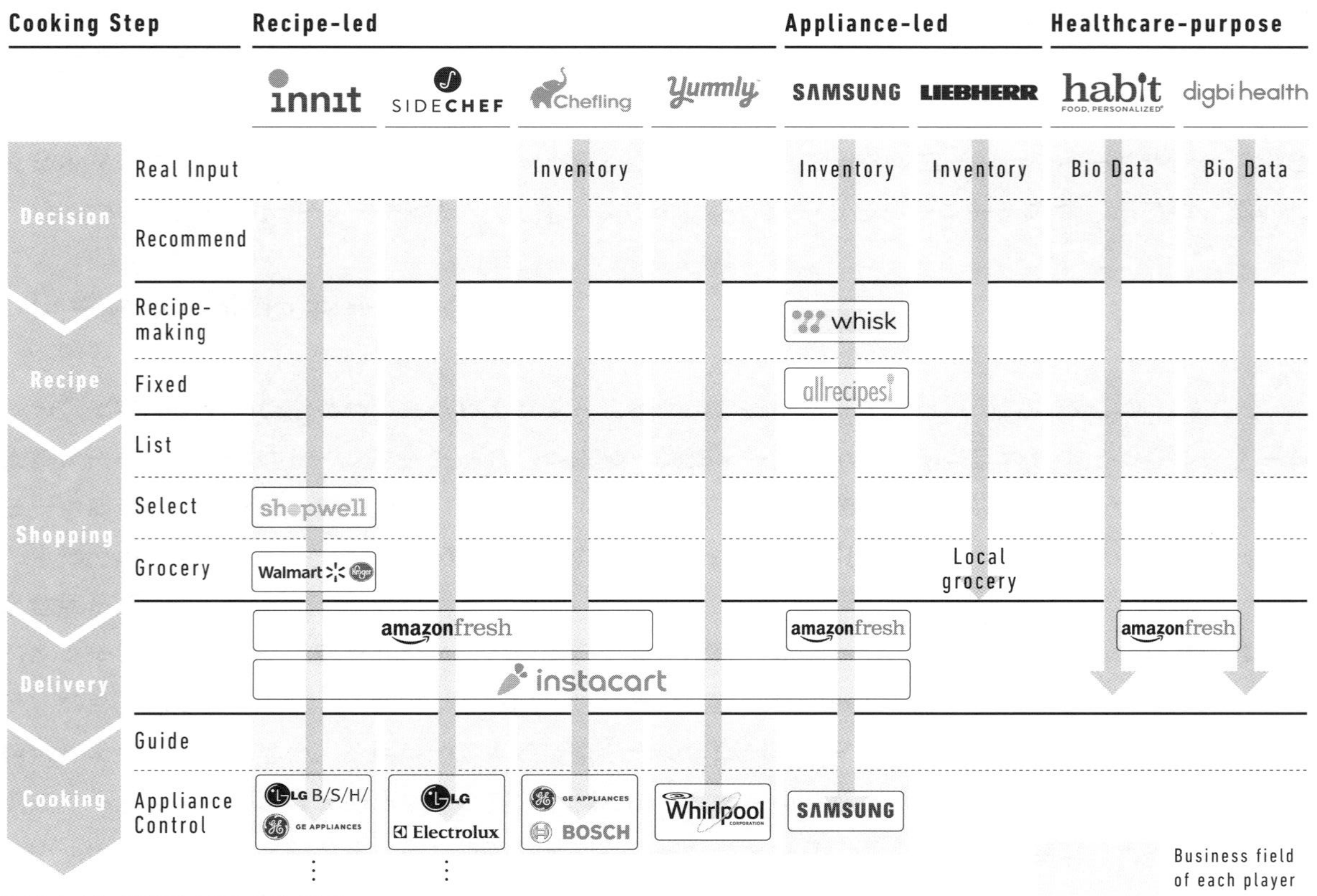
Cooking Step
Recipe-led
Appliance-led
Healthcare-purpose
innit
SIDECHEF
Chefling
Yummly
SAMSUNG
LIEBHERR
habit
FOOD, PERSONALIZED
digbi health
Decision
Real Input
Inventory
Inventory
Inventory
Bio Data
Bio Data
Recommend
Recipe
Recipe-making
whisk
Fixed
allrecipes
Shopping
List
Select
shopwell
Grocery
Walmart
Local grocery
Delivery
amazonfresh
amazonfresh
amazonfresh
instacart
Cooking
Guide
Appliance Control
LG B/S/H/
GE APPLIANCES
LG
Electrolux
GE APPLIANCES
BOSCH
Whirlpool
SAMSUNG
Business field of each player

注)主なパートナー企業を示した(出所：シグマクシス)

る。例えば、イニットやサイドシェフ、シェフリングといったキッチンOSは、川上のレシピ生成から最後の調理までを様々な企業と提携しながら体験を作り上げている。家電メーカーのサムソンは冷蔵庫の中にある食材をセンシングして「今日のお薦めレシピ」を提案するため、Whisk（ウィスク）というレシピ自動生成アプリのスタートアップを買収。その結果、今ではレシピ選びから調理までのフルスタック体制が整いつつある。

また、糖尿病治療や減量に取り組む人向けのHabit（ハビット）やDigbi Health（ディグビヘルス）は、パーソナルデータから闘病もしくは減量のためのレシピをレコメンドするサービスをしているが、「食材が買える」サービスまでできるよう他社との連携を始めている。自分が得意とするサービス、欠けているサービスを鑑みながら領域を広げているのだ。逆に、つながりを持たない単独のサービスは、サービス単体では抜きんでていたとしても「使い勝手が悪い」と評価される時代になりつつある。こうした価値観の変化は日本でもやってくる可能性がある。

日本が目指すべき「キッチンOS」とは

これまで見てきたように、家電のIoT化によって生活者のデータ取得が進み、家電があなたの行動を学習し、キッチンOSによって料理の工程がアプリによって分かりやすくガイドされ、好みや体調に合わせた提案をしてくれるようになったらどう思うだろうか。それはどんな体験になるだろうか。

いちいち「今日何を作ろうか」と考える手間が減り、買い忘れがなくなったり、料理中の失敗がなくなったりなど、非常に便利な世界になるとワクワクする読者もいると思う。その一方で、そこまでがんじがらめになってアプリに指示されたくない、自分で創意工夫したいと思う方々もいるだろう。これが料理の面白いところで、テクノロジーに頼りすぎたくない思いもあるものだ。ボタン1つですべてを終わらせたいと思う行為でもない。冷凍食品や電子レンジはすさまじいイノベーションだが、逆に、利用することにいまだに罪悪感を覚えるという人もいる。料理とは、「自分で考える」「自分の手をかける」ということが感情的にも非常に大事な要素なのである。

実際、キッチンOSのドロップCEO、Ben Harris（ベン・ハリス）氏は、米国で19年に開催されたSKSで、「キッチンOSの役割は、ユーザーの料理の知識を最大限高めることだ」と述べている。これは非常に大事な視点で、家電やアプリだけが賢くなるのではなく、自分自身が食の知識、何が自身の健康にいいのかといった知恵を持つことが重要だ。サイドシェフCEOのケビン・ユー氏も、「キッチンOSはユーザーとengage（深い結び付き）をつくれなければ意味がない」と話している。すべて自動にするのでも、一方的なレシピの押し付けでもないところが大切だ。

つまり、キッチンOSと連携する調理家電がこれから追求すべきテクノロジーは、ユーザー自身がいかに料理という行為に価値を感じるかという観点が重要になってくる。例えば、「手作業でゆっくり料理をする体験」「パンを作る新しいスキルを習得する体験」など、料理をより価値ある経験になるよう演出できることも、これからのキッチンOSと連携家電には重要な要素なのではないだろうか。

その意味で、クックパッドの取り組みは新鮮だ。同社はレシピ連動調味料サーバー「OiCy Taste（オイシーテイスト）」を開発している。通常、料理中に大さじや小さじで量って調味料を用意するところ、このサーバーはクックパッドのレシピを読み込み、しょうゆ、みりん、酒など、自動で計量して合わせ調味料にしてくれる。18年のSKSジャパンで、クックパッドのスマートキッチングループのグループ長（当時）、金子晃久氏が開発に至った経緯を語った。金子氏いわく、「料理工程の中でも、楽しいと思うところと面倒くさいと思うことがあり、誰しも楽しいところは自分でやりたい。そこで、調理工程の中で面倒だと思われがちな合わせ調味料作りに着目した」のだと言う。この考え方に基づいたレシピ連携の調理家電というのは非常にユニークで面白い。

企業同士をつないで、多様な価値を紡ぐ

キッチンOSが生活者側で料理の工程をつなぎ、食の体験を豊かにするものであるとすると、各企業が構築する〝食の価値〟を最大化する〝事業をつなぐ〟ことで、食の未来を楽しいものにできないかと考えているのが、味の素の生活者解析・事業創造部に所属する佐藤賢氏だ。

佐藤氏は、これまでの調理の進化をその達成したい価値で捉えたとき、現代は図5‐6で図解したように調理3・0から調理4・0への変化点だと見ている。調理3・0のフォーカスが「楽に作る」「うまく作る」であったとき、調理4・0では、これまで食に強く求められなかった価値である「情緒的価値」「個別化された価値」も考える必要が出てくる。これまで大事とも思われていなかったことが浮上することもあるかもしれない。

佐藤氏は、世の中が多様性、多様化と叫ばれる割には、価値の置きどころが固定化されてしまっているのではないかと指摘する。その一例として、佐藤氏は「時間」を挙げた。これまで時間は効率的に使うものであるとされてきたが、特に新型コロナウイルス禍を経た今は、「時間は意味のあることに使うもの」という方向に変わり始めている。であるなら、時間をかけることは良いことであるはずだ。「こうした価値観の軸の変化にいくつ気づくことができるかが重要。食に限らず様々な領域の各企業での気づきをつなぎ合わせれば、〝食〟の未来は一層楽しいものになる」と佐藤氏は言う。

現在、佐藤氏は、味の素が創業以来蓄積してきた栄養素レベルで分析されたレシピの知見などを活用

図5-6　調理1.0→調理4.0へ

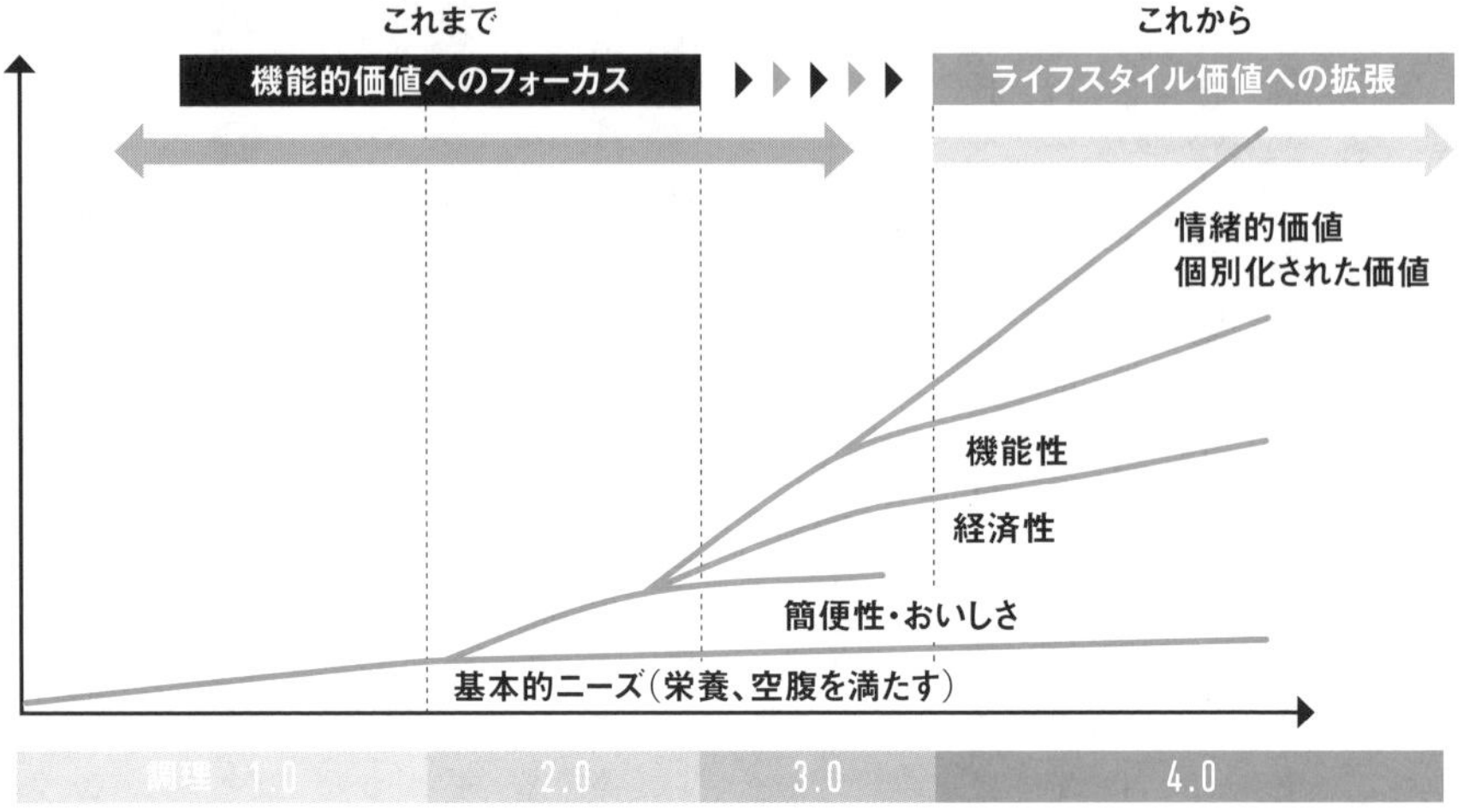

出所：味の素の佐藤賢氏提供

し、様々な分野の企業と共創する形で、食の価値を最大化できるような仕組み構築に挑んでいる。インプットは味の素の保有する精細なレシピや、健康に関する様々なデータなど。これを特殊加工して味の素内の新規事業はもちろんのこと、他社の事業にも使えるようAPI（アプリケーション・プログラミング・インターフェース）を開放するという。つまり、味の素が捕捉しきれない多様な食の価値を実現する事業に対してもデータが行き届くというわけだ。これによって味の素のデータが、例えばエンターテインメントやスポーツ、ファッションや観光など全く違った分野のビジネスにも生かされていく。また、そこからユーザー情報やフィードバックを得ることで、インプットデータが厚みを増していく。

　前述した家電制御を中心としたキッチンOSがユーザー単位で生活者の調理や食行動の理解を深めていくのに対し、この味の素の仕組みは食の価値がユーザーにとってどんな価値として受容されるのかの理解が深まっていく。これは「食の価値

OS」といえるのかもしれない。調理4・0を見据え、日本の食を起点に100年以上にわたって歴史を積み重ねてきた大企業だからこその取り組みは注目に値する。

折しも20年の春は新型コロナ禍により、人々は非日常の暮らしを余儀なくされ、価値観がゆさぶられることとなった。生活、学習、仕事、時間、移動、他者との関わり、そんな「何気なく」回ってきたことが止まり、断絶した。そもそも私たちの生活や社会をつなげてきた〝食〟という存在感に気づかされる契機ともなった。ロックダウン下の欧米では、自宅でパンを焼く人が増えたうえ、スーパーの棚から小麦粉やイーストが何週間も姿を消したという。自らパン生地をこねて焼き上げるという行動に「マインドフルネス」効果があり、リラックスにつながることを求めているという分析は肌感覚にも符合する。

その証拠に調理家電の売り上げも急激に伸びている。米国ではホームベーカリーの販売台数は前年同期比で8倍に増えているという。その他にもロティサリー機や、パスタメーカーも伸びている。調理家電が今後IoT化してアプリ側から操作する、あるいは音声で操作するというトレンドは今後も続いていくだろう。こんな時代だからこそ、利便性だけでも機能性だけでもない、価値観に寄り添う基盤としてのキッチンOS、食の価値OSが求められていくのではないだろうか。

Column

世界の台所が教えてくれること

～台所探検家が見た料理のパワー～

料理を「社会の鏡」のようにして、その価値を捉えている人物がいる。世界の台所探検家の岡根谷実里氏だ。訪れた台所の国籍は30カ国ほどにもなるという。現地では、知り合いをつてに家庭を訪問し、一緒に料理させてもらい、食卓を囲む。農地やスーパーの様子もつぶさに観察。沼に入り込んで食材を収穫したり、アフリカでは虫も捕まえたり。とにかく、現地の一般家庭で「日常的」に行われている食習慣を最初から最後まで体験する。

そんな彼女が近年訪れたのが、ヨーグルトで有名なブルガリア。ブルガリア人が1日に消費するヨーグルトの量は日本人の3倍にもなる。この国の家庭の食卓で岡根谷氏が注目したのは、おばあちゃんが大きなボウルのまま食卓にどんと置いた「タラトール」というヨーグルトがベースのスープ。キュウリ、ディル（ハーブ）、クルミが入っている。暑い夏にピッタリのさっぱりしたスープで、酪農が盛んなブルガリアならではの家庭料理だ。このスープは夏の時期は毎日のように食べるというのだから、ヨーグルト消費量が多いのもうなずける。

しかし、そもそもなぜ酪農が盛んになったのか。岡根谷氏が調べていくと、社会主義時代、ヨーグルトが政府の推進のもと「人民食」として普及していったことが分かる。労働者たちに食料を安定的に供給するにはどうすべきか考えた結果、肉不足もあいまって、もともと盛んだった酪農に行きついたというわけだ。つまり、ブルガリア＝ヨーグルトと言うイメージは、「伝統料理」という文脈に加えて、ソビエト連邦の影響を強く受けた社会主義時代の国の施策によるところが大きいのだ。

1991年にソビエト連邦が崩壊すると、ブルガリアの酪農の現場でも共同農場解体など変

ブルガリアの家庭料理「タラトール」(出所:岡根谷実里氏提供)

化が起こる。その結果農場は小規模化し、ヨーグルト生産の現場にも資本主義が押し寄せ、EU加盟後は近隣国のヨーグルト、ヨーグルト以外のプロテイン食材も入ってくる。そうしたことが、ヨーグルトの質や位置付けにも影響する。日本人にとっては、普段、自分たちが食べているものが資本主義や社会主義といった政治体制に影響されていると感じることは少ないかもしれない。だが、食事情は「ライフスタイル」だけではなく、政治の事情も色濃く反映されるものなのだ。

ちなみに、牛乳にブルガリア菌を入れて発酵させたヨーグルトをベースにし、野菜などを入れたスープであるタラトールは、日本でいうところの味噌汁(大豆に麹菌を入れて発酵させた味噌をベースに、野菜などを入れたスープ)といえる。遠く離れたブルガリアにおいても、食卓には発酵食スープが欠かせない。そう考えると、ブルガリアに対して一気に親近感が増すのではないだろうか。それに気づけば、違う国のこのスープはどうだろうかなどと、また疑問が湧き、意外な接点を見つけることができる。岡根谷氏は、こうした知見をワークショップとして、子供たちや社会人にも教えている。

世界各地の台所を見てきて、岡根谷氏が「料理の本質」として捉えたのは、「どんな国・地域であっても、食材は違えど、実は要素としては同じ構図の家庭料理を囲んで暮らしている。その土地に合ったものを使っているだけ。知らない国も身近に感じ、人種を超えてつながれるのが料理」ということである。料理から透けて見える社会の枠組みの変化と重ね合わせれば、「人が料理をして食べる」という行為は、多面的な要素を含むことが分かる。

岡根谷氏は学生時代に土木工学を専攻した。道路や建設物などインフラ開発を通して途上国の暮らしを豊かにすることを目指してきたが、大規模な道路開発で人々の暮らしが破壊されていく現場を目の当たりにした。そんな日常の中で人々が幸せそうに食を囲む姿を見て、食事という日々の営みそのものをどれほど豊かにしていけるかが、一人ひとりの豊かさにつながると気づき、クックパッドに入社した。現在も、世界の台所から人間の豊かさの要素を探索している。

Chapter 6

超パーソナライゼーションが創る食の未来

1 「マス」から個別最適化された世界へ

一人ひとりのニーズを満たす商品やサービスが提供される、「超・個別最適化」の時代の到来がいよいよ間近に迫りつつある。ここでは、個別最適化が求められる背景、その具体的な商品やサービス、そして将来の姿を展望しよう。

私たち執筆者の1人は、メタボ検診で毎年引っ掛かり続け、全く改善されないことをきっかけに、血糖値測定を始めた。利用したのは米Ａｂｂｏｔｔ（アボット）の低侵襲のグルコース測定サービス「ＦｒｅｅＳｔｙｌｅ（フリースタイル）リブレ」だ。ディスプレー付きの専用リーダー（読み取り装置）と、腕に装着して2週間継続利用できるパッチがＢｌｕｅｔｏｏｔｈで接続され、測定結果は随時リーダーで見ることができる。測定するのは血糖値（ＧＩ値）の近似値であるグルコースの値だ。リアルタイムで24時間測定することで血糖値スパイクを把握できる。血糖値スパイクとは、食事前後にＧＩ値が急激に上下する現象で、脳梗塞や心筋梗塞、糖尿病との関係性が指摘されており、発生回数は少ないほうがいいとされている。

リブレを装着してからは、四六時中この値を確認せずにはいられなくなる。ランチの時間がなく3分でおにぎり、肉まん、ちくわを食べた直後には数分内に一気に２５０まで急上昇。ＧＩ値は通常１００—１２０前後だったので、生きた心地がしなかった。2週間の装着期間中、取った食事のうち55％の確率で血糖値スパイクが発生。いつの間にか、落ち着いてゆっくり楽しく食事を取ることができなくなってしまっていた——。

これこそ、「介入策なきデータの可視化」がもたらす悲劇である。何かが問題であることが分かるのは有益。こうしたデバイスが、特に治療を受けている状態ではなくても容易に手に入り、自身の体内で何が起こっているのかを把握できるようになるのは画期的なことだ。だが、どうすれば解決できるかが分からないのが悩ましい。本来、「XXXはあなたにとっては血糖値スパイクの原因になるようです。YYYと一緒に食べるようにしましょう」とか、「食後に10分程度ウオーキングしましょう」などと、この血糖値スパイクを緩和するようなアドバイスがある、もっと言えばレストランでお薦めのメニューを提示してくれる、家にお薦めのレシピに合わせた食材が届くといったサービスまで連携していれば安心できる。実際、血糖値スパイクも抑えられるはずだ[①]。

実は私たちがこうした身体データをとる体験をしてみたのには、もう1つ理由がある。海外ではPersonalized Nutrition（個々人に合わせた栄養）を提案するサービスが数多く出現しており、この市場の急速な拡大の気配があったからだ。

2018年10月、米国シアトルで開かれたスマートキッチン・サミットで、米Habit（ハビット）の当時のCEO、Neil Grimmer（ネイル・グリマー）氏が、これまでに聞いたことのないパーソナライゼーションサービスを発表して注目を浴びた。彼は動画を交えながらこう説明した。人によって、運動や食事の内容がどう体に影響するかは異なる。ある人はこれをやればこれぐらい体重を落とせるが、別の人間で同じ効果は出ない。だから、目標達成のためには、一人ひとりの異なる体質に合わせたソリューションを提供しなければならないと。

そして具体的なサービス内容はこうだ。まず、ハビットのアカウントを作ると特殊な飲料が送られてくる。利用者はそれを飲み、血液検査と口腔内の粘膜を一部採取したものをハビットに送る。同社は、それを分析し、ユーザーの体質、消化の特徴を診断、それに基づいて取るべき栄養素や運動などをコー

①
FreeStyleリブレの血糖値測定による効果は、①可視化されることで何を食べるべきかに意識が向き、体重も減らすことができた　②可視化は改善せねばという意識にさせてくれる　③1度でもやると知識がたまる、という3点に集約される

出所：Lify Wellnessホームページより

チングするというものだ。将来はミールデリバリーまでつなげたいという内容だった。結局、ミールデリバリーの事業化は断念し、ハビットはその後バイオテクノロジー企業の米Ｖｉｏｍｅ（バイオーム）に買収された。現在、こうした生体データを基にした食品やサプリメントのアドバイスはバイオームが、ハビットは嗜好アンケートやウエアラブルデバイスのデータを基にしたコーチングのサービスをしている。

確かにハビットが挑戦しようとしたミールデリバリーは難易度が高かったかもしれない。だが、19年に開催されたＣＥＳで、私たちはお茶の領域で茶葉の販売までを含めたパーソナライゼーション事業を立ち上げたスタートアップに出会った。

Ｌｉｆｙ Ｗｅｌｌｎｅｓｓ（ライフィウェルネス）は香港のスタートアップだ。Mazing Lee（メイジン・リー）とConnie Lee（コニー・リー）の姉妹が立ち上げた。もともと香港には、ちょっと体の調子が悪くなったとき中国茶を〝処方〟してもらって飲む習慣がある。ただ、中国茶は正しい温度と時間で抽出しなければ、その効能が得られないといわれる。

そこでライフィウェルネスは、まずアプリを用意した。肌の調子や睡眠の質など、体調についてユーザーがいくつかの質問に答えると、それに合わせたオリジナルのハーブティや中国茶のブレンドが推薦され、専用デバイスでアプリからの指示通りにお茶が抽出される。これは、すでにプリセットされた数種類のお茶から選ぶものであり、まだ完全に一人ずつに合わせたお茶というわけではない。だが、同社はスポーツジムやスパなど、体への意識が高まる場所に設置しながら、データ取得を進めている。

このように、パーソナライズドフードおよびドリンクという領域では、すでに体のデータ取得から診断・評価、それに合わせた飲料なりを提供するという、フルスタックのサービスが見えてきている。これまでマスプロダクションで食品・飲料を提供してきた企業からすると、これはユーザーにサブスクリプションサービスとして定期購入してもらう形につなげられる一方、相当な少量多品種型ビジネスとなり、参入には高いハードルがある。こうしたパーソナライゼーションという動きについて、私たちは今、何を理解しておかなければならないのだろうか。

2 パーソナライズに必要な3つのデータ

現代は「ほしいモノがない時代」とよくいわれる。すでに生活必需品と呼ばれるものは身の回りに整っており、新たに購入するものは既存の製品の置き換え、あるいは趣味・嗜好品ということが多い。そうなると、供給側としては、ユーザーがどんなライフスタイルを実現したいのかを考え、その細分化されたニーズに応えていく「マス・カスタマイゼーション」が必要となる。この時代に、かつての大量生産とバリューチェーンは通用しない。新しい供給モデルが必要なのだ。

さらにその先に来るのが「超・個別最適化」、パーソナライゼーションとも呼ばれることが多い。カスタマイゼーションは基本、顧客が直接仕様などを指示するものだが、パーソナライゼーションは顧客による直接のインプットがなくても、行動パターンや好みなどのデータの意味合いをとることで、供給側が顧客に対し、おそらくこれが一番いいと提案して成り立つものである。顧客がほしいものがよく分かっている場合には、顧客からのオーダーを待てばいい。しかし、顧客は自分では本当に何がほしいか分からない時代、顧客を理解し、先回りしてその顧客が求めていることを実現できるようなソリューションを提案できることが必須となってくる。

「食のパーソナライゼーション」に関心が高まってきた背景の1つとして、食の多様なロングテール型ニーズが様々なテクノロジーの発達と普及によって、顕在化してきたことがある。

1週間のうちでも1日単位でも、食へのニーズは一人ひとり時々刻々と変化する。2019年のFood for Well-being調査によると、日本での朝食へのニーズは、平日・休日ともに「リラックスする、心地よい気分になりたい」がトップであった。一方で夕食に対しては、平日・休日ともに「栄養バランスを取りたい」「好きなものを食べたい」が上位を占める。昼食に関しては、平日では「1人で食べやすい量のものを食べたい」が上昇してくるのだが、休日は、夕食ニーズと近くなる。

ネットフリックスがユーザーの視聴動向を探るとき、時間帯を分析の切り口としているのは、「同じ人であっても時間帯によって見たいコンテンツが違うからだ」という。同じように食も、1日3回、間食や飲み物の摂取まで含めると、1日に5回以上も食の選択を繰り返していることになり、さらにはそ

図6-1　**食のパーソナライゼーションの要素**

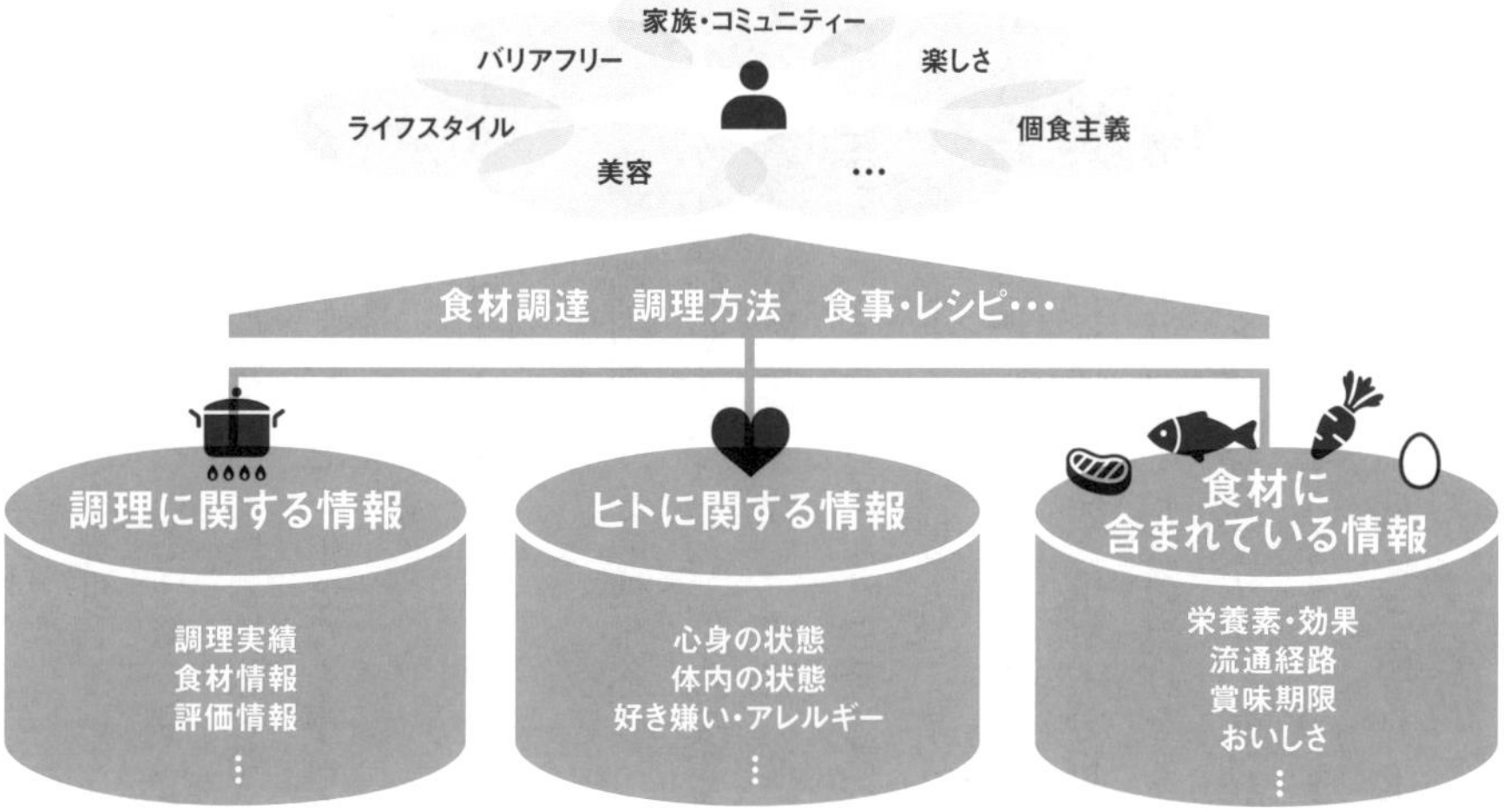

出所：シグマクシス

れが毎回異なるニーズで選ばれている可能性が高い。ヘルシー志向で、健康のために低GIや低カロリーの食事を意図的に選択する人であっても、思わず、ポテトチップスやカップラーメンを食べてしまうというのはよく聞く話だ。「食の主義」があったとしても、そのときの気分や置かれた状況で、瞬間の選択が変わることは日常的に起こっている。つまり、マス・セグメンテーションだけでは、刻々と変化するニーズの変化への対応は難しい。

　そういう中で、食のパーソナライゼーションサービスを構築するには、次の3つのデータがカギを握る（図6－1）。

①調理に関する情報：調理実績（何を作ったか）、食材情報、評価情報

②ヒトに関する情報：心身の状態、体内の状態、好き嫌い・アレルギー

③食材に含まれている情報：栄養素・効果、流通経路、賞味期限、おいしさなどの可視化

究極のパーソナライゼーションは、この3つの情報が重なり、個人の〝いろんな事情〟に合わせて食事や調理方法、技の伝授などを提供していくことである。

①の調理に関する情報については第5章のキッチンOSで詳しく解説したので、本章では②ヒトに関する情報と、③食材に含まれている情報の領域でどんなことが起きているのかを述べるとともに、今後のサービスを検討していくヒントとなる事例をお伝えする。

Personalized Nutritionが食の世界へ

血液、遺伝子、腸内細菌、その他生体データなどを分析し、個々人がどのような食事を取ったらいいか、どのような運動をすればいいかを提案する、いわゆるPersonalized Nutritionという領域は、近年スタートアップがひしめき合い、買収が進むなど企業の動きが活発だ。18年6月には米国サンフランシスコで「Personalized Nutrition Innovation Summit（パーソナライズド・ニュートリション・イノベーション・サミット）」が開催され、この分野から20社あまりが登壇していた。

図6－2は当時登壇していた企業を領域ごとにマッピングしたものである。縦軸に何のデータを取得しているのか、横軸に研究開発、解析、分析・評価、そしてソリューション（運動、レシピ、食品、データベース構築）までのサービスの流れをとると、気づくのは多くのスタートアップが、データ分析から何らかのソリューション提供までを一気通貫で行っていることだ。中には、遺伝子と腸内細菌といった具合に、複数のデータソースを使うものもある。

こうしたPersonalized Nutritionのサービスが立ち上がっている背景には、バイオデータの解析に強いｉｌｌｕｍｉｎａ（イルミナ）、分析に強い23ａｎｄＭＥ（トゥエンティースリー・アンド・ミー）

図6-2　**パーソナライズドニュートリション領域のプレーヤー**

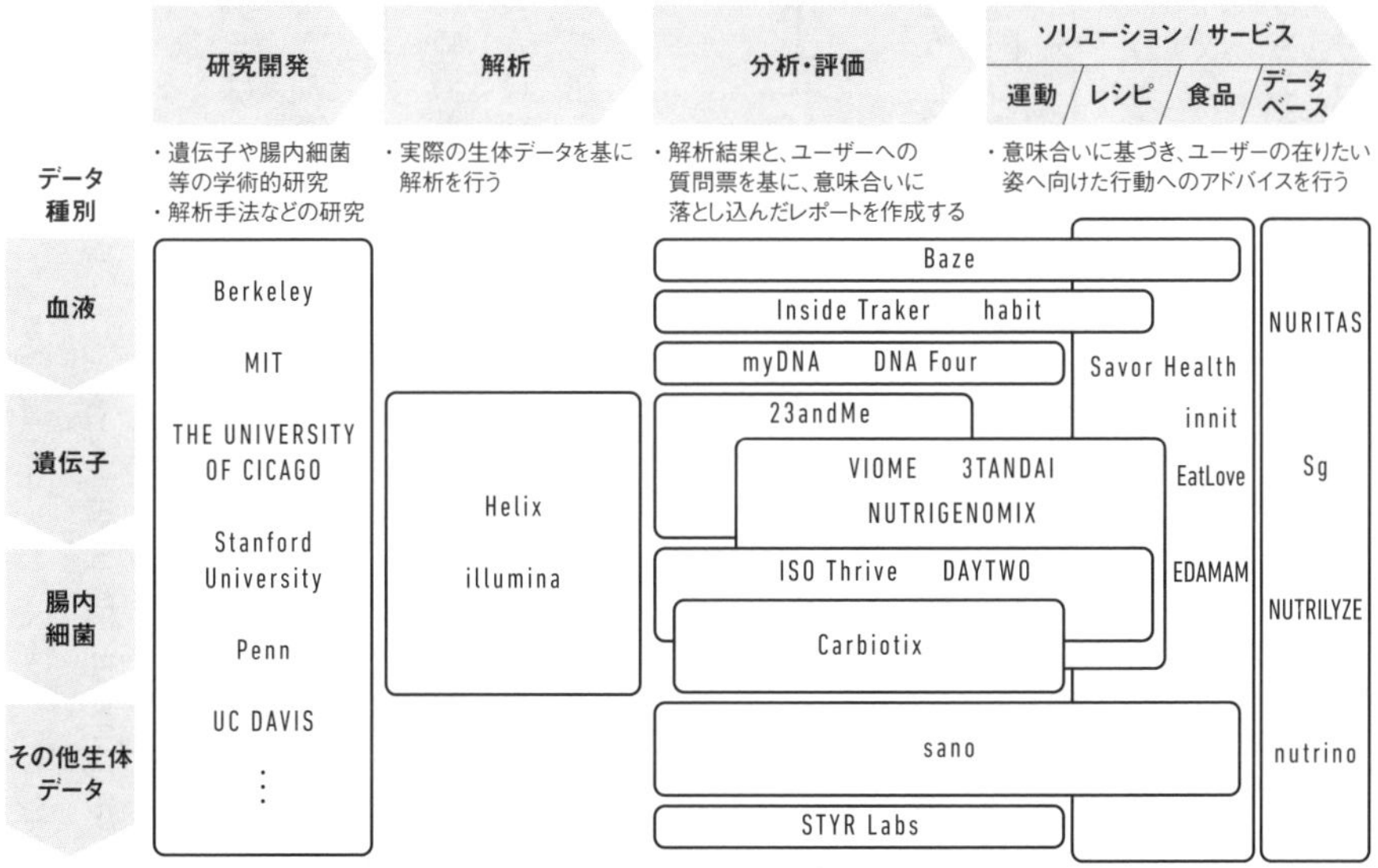

Personalized Nutrition Innovation Summit 2018を基にシグマクシス作成

といった、インプットデータを提供できるプレーヤーが出現したことが大きい。

読者の中には、こうした治療を伴うようなサービス提供は規制の面で難しくないだろうかと疑問に思う方もおられるだろう。日本でも治療行為と解釈されるようなサービスを提供しようとすると、様々な規制をクリアせざるを得ず、各段に実装が難しくなる。

一方、米国でこのような Personalized Nutrition サービスが実装されているのは、治療領域ではなく、「肥満対策」から始まっているところが大きい。米国の健康における社会課題で最大級に問題なのは肥満である。このまま放置すると、米国では2029年までに国民の50%以上が肥満になるという予測もあるほどだ（米医学誌「NEJM」掲載論文など）。これが引き金になって、糖尿病など生活習慣病を発症してしまうケースも多々ある。この肥満を解消することが大きなミッションであるため、病気治療よりも参入しやすくなっていることがポイントだ。そして、肥満は何より、食によって解決もするし、悪化もする。こうした「医食同源」、つまり「food as medicine」と呼ばれるサービスは、米国では近年かなり増えてきている。

例えば、英国のレストラン向けITソリューションを展開するVita Mojo（ヴィタモジョ）は、DNA検査スタートアップのDNA Fit（ディーエヌエーフィット）と連携し、一人ひとりの体質に合わせたメニューを提案できるレストランを開設している。まず顧客が事前にディーエヌエーフィットに唾液サンプルを送ると、DNA分析が行われる。そして、レストランに向かうと、そこでは自分のDNAに合ったメニューが自動で判別され、表示されるという仕組みだ。この取り組みには、美食の町として知られるスペインのサン・セバスチャンにあるBCC（Basque Culinary Center）[②]も参画している。

小売りもパーソナライズ化へ

こうした食のパーソナライズ化の流れは、小売業界も動かし始めている。

英国のスタートアップDNANudge（ディーエヌエーナッジ）は、DNA検査結果を基に、食品スーパーの来店客が最適な商品を選んで購入できるシステムを開発した。導入店舗を訪れた来店客はまず、DNA検査を行う。すると約1時間後に結果が分かり、そのデータが読み込まれたリストバンドを受け取る。商品のバーコードにそのリストバンドをかざすと、自身のDNAにマッチしていれば緑、危険なものが入っていたら赤のランプで表示される。こうすると、一見同じようなチョコレート菓子でも、実はどのブランドのものが自身の体質に合っているのか、合っていないのかが分かるようになる。これ

② 第9章「食のイノベーション　社会実装への道筋」の図表「主なインキュベーターコミュニティー活動」参照

まではラベルに書かれた表示を見たり、パッケージに書かれた「低脂肪」「低糖質」などの文言で判断したりしていたものが、かなり精緻な判断ができるようになる。同社はDNA検査をあくまでも店舗で実施し、その場で削除する方式を取っており、個人情報を蓄積していないことを強調しながら、このサービスの拡大を図っているところだ。

一方、米国大手スーパーのKroger（クローガー）は、19年より、医療機関と連携して糖尿病患者を対象に個人に最適化された栄養処方を伴うプログラムのパイロット版を開始した。この取り組みでは、病院で診察してもらうと、渡される処方箋は患者の特定の病状に合わせて調整された食品の買い物リストとクーポン券だ。そしてクローガー店内の栄養士が、個々の患者のライフスタイル、予算、料理に関するスキルレベルに基づいてカウンセリング・食事の提案を行い、患者が栄養指導を生活に取り入れる手助けをしている。

また、クローガーが提供するアプリ「OptUp（オプトアップ）」では、ユーザーの購入履歴を基にユーザーの栄養摂取状態など食生活をスコアリングするため、食生活の可視化やモニタリングが可能である。従来からある医師の食事指導は十分に患者に理解されておらず、こうしたアプリが実生活とのギャップを埋める役割として期待されている。

つながり始めている食材のデータ

人のデータが精緻に可視化され、レシピや食材などのソリューションが示されるようになると、次に必要となるのが食材のデータだ。栄養素はもちろん、堅さや味、賞味期限、生産場所や流通経路などのデータがあれば、様々な提案ができる。今でも食材ごとに成分表はあり、加工食品であれば何をどういった単位で表示するか、多くの国で方針はあるが、現時点での課題は、こうした食材のデータと先ほどまで述べてきた人のデータ、そして調理時のデータが連携していないことだ。

例えば、同じ「ナス」という野菜を手にとっても、どこの土地のどんな土壌菌から育ったものなのかが気になる、ビタミン含有量が気になる、色味、堅さ、レシピ、焼くと栄養素がどう変化するか、どういう消化プロセスをたどるのかなど、人によって必要な情報が全く違う。それぞれが別々のアカデミア領域で研究されていたりするので、全方位からのナスの定義、共通言語がないのだ。

このインフラを作ろうと動いているのが、米国カリフォルニア大学ディヴィス校のMathew Lange（マシュー・ランゲ）教授が立ち上げているIC3‐FOODS（アイシーフーズ）である。ランゲ教授が目指しているのは、Internet of Foodという、いわば食のHTMLのような言語だ。この言語の上で食材を表現できれば、データ連携が可能になるとしている。ランゲ教授は不定期にカンファレンスを開催し、研究者、政府関係者、そして企業も呼び、この言語構築を進めている。このアイシーフーズの取り組みのパートナーでもあるGODAN（Global Open Data for Agriculture and Nutrition）は、栄養素などの食材データの共通化を目指しグローバルに展開するイニシアチブだ。

日本でもデリカフーズホールディングスが、分子栄養学を基に、例えば季節によって同じ野菜でも栄養価が違うことなどを測定し、何をどの時期に食べると最も栄養価が高くおいしく感じるのか、という研究をしている。

アイシーフーズの資料（図6‐3）にもあるように、領域をまたいでデータ連携できるようにならなければ、生活者にとって本当に意味のある食サービスを実現することは難しい。特にパーソナライゼーションのサービス構築には、データ層のプラットフォーム構築が急がれるところだ。

図6-3 アイシーフーズの取り組みスコープ

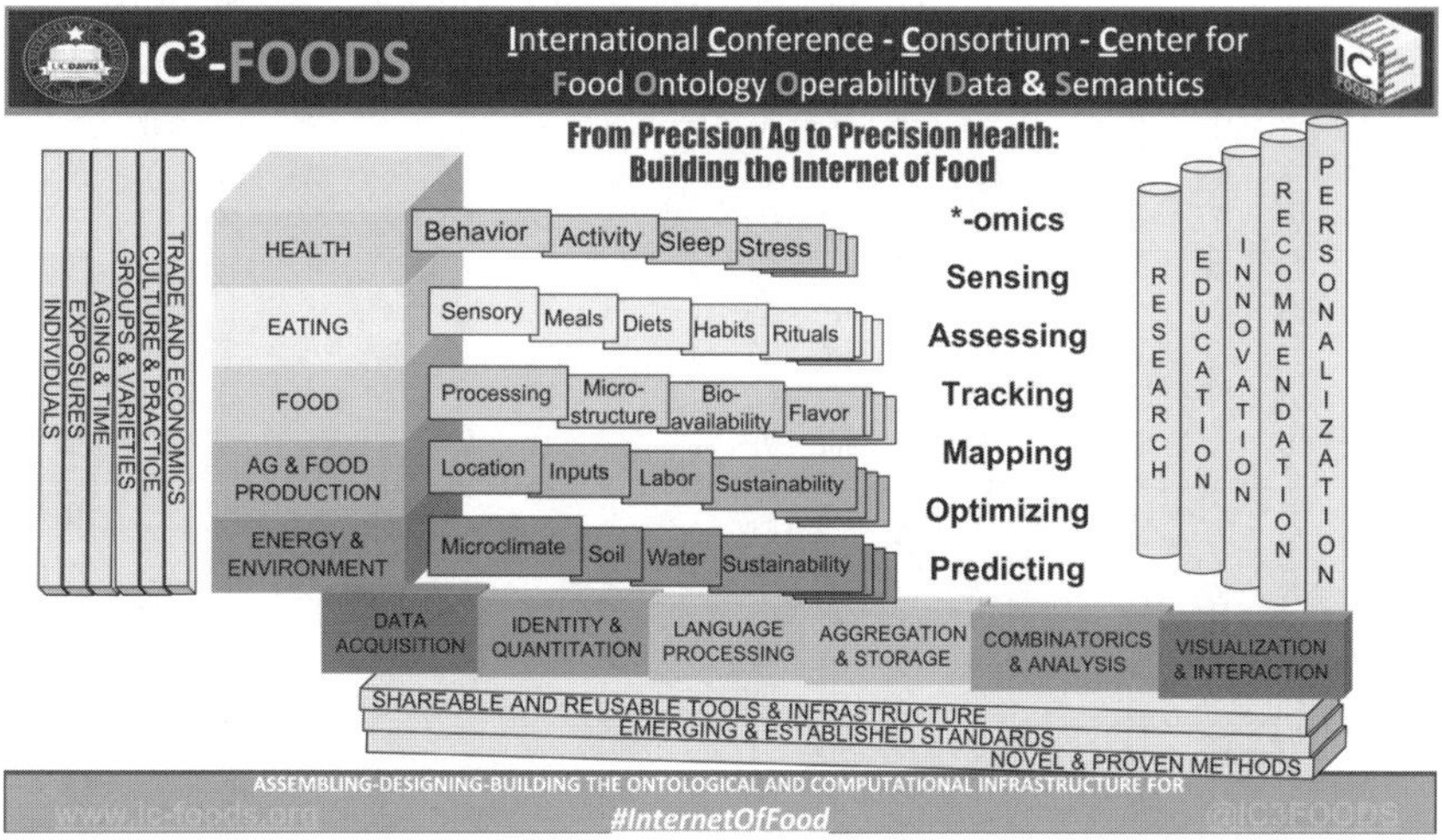

出所：IC³-FOODS

日本企業が目指すパーソナライゼーション

日本企業においてパーソナライゼーションサービスを展開しているところはまだ少ないが、いくつか取り組みを紹介しよう。

食品メーカーであるニチレイは、食の嗜好性を可視化するサービス「ｃｏｎｏｍｅａｌ（このみる）」を開発している。事業開発責任者の関屋英理子氏は、「自社で行った食と幸福に関する調査によると、『ごちそうがなくても、明るい雰囲気の食卓』や『情報を活用して料理を楽しむ』『自分の目で素材を確かめる』『必要なもの以外を買わない』『情報をコミュニケーションから上手に集める』といったことに、人が幸福を感じていると分かった。これらを総合して考えると、『〝食べる〟を楽しむ環境づくり』と『探さなくても自分にマッチした情報がいいタイミングで手元に届く』サポートができれば、食の幸福を届けられると考えた」と、そのコンセプトを語る。

「ｃｏｎｏｍｅａｌ」は、個人の食意識、気分、環境から食嗜好を分析し、好みに合う食を提案することで、その人に合った食との出合いを実現しようとしている。まずは家庭の食の一番の悩みである献立作りを、献立やレシピのレコメンデーションによりサポートする。関屋氏は、「アマゾンのように購買実績からレコメンドするというアプローチもあるが、食の場合は気分やシチュエーションによって求めるおいしさが変わるなど、嗜好性の変化が起きやすい。食の履歴から嗜好性を探るよりも、もともと個人が持っている食意識を中心に、変化しやすい気分や環境の要素を加味してレコメンデーションするほうが、質のよい、よりその人にマッチしたリコメンデーションができると考えた」と、食ならではのパーソナライズの特徴を語る。

この食意識とは、サイコメトリクス（心理統計解析）を活用して食に対する潜在意識を分析し、6つの意識にタイプ分けしたニチレイオリジナルの技術により実現している。長年ニチレイは冷凍食品を利用することへの生活者の罪悪感をどう取り除くかを研究し、潜在意識へのアプローチ技術を磨いてきた。食品メーカーならではの研究、技術が生かされているのだ。「ｃｏｎｏｍｅａｌ」では6つの設問に答えることで、6つのタイプに判別されるアルゴリズムが組まれているという。そして、このサービスを使えば使うほど、タイプが細分化され、よりその人にマッチしたレコメンドがなされる仕組みになっている。

また、6つのタイプに加えて、最も好みであるはずのレシピがあるタイミングで選ばれなかった、そのような実績で変わりゆく気分やシチュエーションも発見し、学習する。ユーザーが「ｃｏｎｏｍｅａｌ」を使うと思わぬ発見をする喜びや自分で選ぶ達成感を提供するための工夫として、その人の食嗜好性ではなく、季節性を意識したレシピなども提案する。

第1章で取り上げた「食のロングテールニーズ」でも述べたように、食へのニーズは多様で細分化されており、また刻一刻と変化するのが大きな特徴だ。この食ならではのニーズを捉えることが、最も本質的な嗜好性に基づいたパーソナライズであるかもしれない。また、食のニーズが多様であるということは、無自覚な食の嗜好性も存在する可能性があり、サイエンスのアプローチを取ることで、個人の新しい食の嗜好性を見いだせるかもしれない。

ニチレイの取り組みは、ヒトに関する情報、しかも「食意識」という心理面の情報と、調理のデータを組み合わせたものであり、とかく海外プレーヤーの事例が機能性にばかりフォーカスしている中で、総合的なおいしさにこだわっているところが注目に値する。

一方、食べられないものがある人の外食を救うことを目標に掲げるキャンイートは、19年創業の日本のスタートアップだ。食べられない・苦手なもの、好きなものを事前にWEB上に記録し、友達や飲食店にシェアできるサービスを提供している。

食物アレルギーをはじめとする食事制限に関するトラブルのほとんどが、コミュニケーションミスと知識不足に起因するといわれている。「大豆アレルギーです」と伝えても、モヤシ料理が出てくるといったことは往々にして起こる。

そこでキャンイートは、かなり細かくユーザーの食事制限などの情報を取得するとともに、どのアレルギーであれば、どういった対策をとらないといけないのか丁寧に指導している。結婚式などのイベント事業者と組み、この情報が確実に厨房に届くようにしており、企業の社食サービスなどにも提供しているという。生活者側も、告知する必要があるアレルギー情報をもらさず伝えることができて安全だ。

こうしたアレルギー情報が一元化されたプラットフォームは、食事サービス提供者がパーソナライズドサービスを提供するインプットになるだけではなく、パーソナライズドフードの製造・販売を検討している食品メーカー、家電メーカーなどと連携すれば、よりフルスタックなサービスが提供できるはずだ。生活者が必要なのは、アレルギー情報の可視化ではなく、それを踏まえた食事の実現である。

3 「食のネットフリックス」は現れるのか

さて、これまでヒトのデータや食材のデータの取得、可視化が進んできたことをお伝えしてきた。一方で、その結果必要になってくる料理をどうやって作ればよいのだろうか。新しい「料理づくり」の技術として注目されているのが、3Dフードプリンター[③]だ。精緻な料理の設計図と、「インク」に相当する食材ができるようになれば、精緻にパーソナライズされたパスタなどを「印刷」できるようになる。こうした研究は特にオランダなど欧州で活発になされており、特にTNO（オランダ応用科学研究機構）、ワーゲニンゲン大学、アイントホーフェン工科大学との協業体であるデジタル食品加工イニシアチブ（Digital Food Processing Initiative）では、栄養価レベルでのパーソナライゼーションの実現を目指し、パスタメーカーのBarilla（バリラ）など民間企業と連携しながら3Dフードプリンターの開発を進めている。

また、フードロボティクスもパーソナライゼーションを実現する手段として注目される。第7章で詳細は解説するが、今フードロボティクスの進化が進んでいる。外食業界では近年の人手不足の問題もあり、加工調理の自動化の動きがある。新型コロナ禍において、人手を介さない調理というのは大きな命

③
3次元（3D）データを基に、立体造形を短時間に作ることができるのが3Dプリンター。3Dフードプリンターは食べられる素材をインクとすることで食の新しい可能性が見えてきた。①複雑な造形の食材を作る②遠隔地でも料理が提供できる③一人ひとりに合致した食を調合できる、などの利点がある

題ともなっている。

こうしたフードロボティクスを「自動調理」とは違う視点で捉えると、「生産の分散化」ともいえる。これまで郊外の大規模工場で生産してきたのは、同じものを大量生産するのであれば圧倒的に効率がいいからだが、一人ひとりに合わせようとすると分散させたほうがいいということになる。特に生産現場を生活者の近いところ、例えば小売りなどに置くことを、「エッジ化[④]」とも呼んでいる。こうしたフードロボティクスが発達すると、パーソナライゼーションした食品もエッジで生産しやすくなる。

第2章でも触れた植物工場スタートアップのプランテックスは、完全閉鎖型で、光、温度など膨大な数のパラメーターを制御しながら、野菜を栽培するというHyper Precision Agriculture（超高精度農業）を実現している。この技術があれば、100グラム中のベータカロテン量をコントロールするなど、将来的には野菜もパーソナライズできるというから期待が高まる。実際、現時点で販売しているレタスはベータカロテン量が通常の16倍含まれているという。多く含ませることもできれば、アレルギー物質がある野菜ならそれを除くこともできる。このモジュール型の植物工場は京橋に位置するPLANTORY Tokyoと名付けられた工場に置かれ、そこで育てられたレタスは「京橋レタス」として都内のスーパーに出荷されている。食材そのもののパーソナライゼーションができる時代も、意外とすぐそこまで来ているのかもしれない。

しかし、これまで大量生産して大量に届けてきたこのフードシステムの中で、どのように食のパーソナライゼーションのトレンドを実装していけばいいのだろうか。また、誰がこのトレンドをリードしていくことになるのだろうか。

頭をよぎるのは、ネットフリックスのこれまでの快進撃だ。もともとDVDレンタル事業を主として

④
エッジ（edge）はIT業界の用語。大量のデータを集中管理するクラウド側ではなく、センサーをつけた端末（エッジ）側でデータを処理する技術や考え方をいう。この考え方になぞらえて食品業界でも、大規模工場での生産ではなく、生活者に近い場所での対応（オンデマンド生産）が改めて注目されている

いたが、デジタル配信に切り替わり、視聴者のデジタル上での視聴行動を徹底的に分析することで、その人が一番好きそうな映画をセレクトしてお薦めしながら、自社としては世の中の大多数の人たちが好む映画やドラマを制作する。こうしていった結果、20年のアカデミー賞ではネットフリックス作品が最多ノミネートを記録するまでになった。

ネットフリックスは19年からAIを使った自動映画トレイラー（予告編）生成を始めようとしている。同じ映画でも複数のトレイラーが作られ、アクション映画を好む人向け、ロマンスを求める人向けといった具合にトレイラーがパーソナライズされていく。見る映画自体は同じものでも、プロモーション方法を変えるというわけだ。大衆向けに作られた番組を自分で選んで見にいくのではなく、「あなたにとってこれがお薦めですよ」という自分好みの映画チャンネルが提供される。このような体験が、食の世界にも来ることはあるのだろうか。

アマゾンやウーバーイーツなど、プラットフォーマーと呼ばれるプレーヤーには、生活者の食に関するデータが集まりつつある。特にアマゾンは、自らは数多くのコンテンツ（商品）をダイレクトに生活者に供給しつつ、生鮮を含む食料品は傘下にあるホールフーズ・マーケットでプライベートブランドも展開しており、食に意識の高い層から、そうではない層まで幅広く提案できる力を持っている。アレクサ対応の家電も増え始めるなど、持ち得る生活者データの幅と量、提案できる品ぞろえと提供方法の広がりの点では、すでに食品メーカーや家電メーカー、小売りをはるかに凌いでいると思われる。

パーソナライゼーション3・0が来る

では、アマゾンのようなプラットフォーマーがパーソナライゼーションを制するのだろうか。これまでの食以外を含めた一般的なパーソナライゼーション、つまり購買履歴を基にしたもの（＝ｖｅｒ１・０）といえば、確かにそうだろう。それに対して、本章や第5章キッチンＯＳで説明してきたような食材や身体のデータを診断、評価したうえでソリューションを提供しようとするものがｖｅｒ２・０といえるのかもしれない。

だが実は、さらに先の世界がある。おそらく2・0の段階にとどまると、「ＡＩの言うがままに与えられたものを食べる世界」、あるいは「一人ひとりが別々のものを食べる孤食の世界」、翻って、そうした身体データなどからの提案には同意できずに「欲望のままに食べ続ける」といったつまらない世界が来るのではないだろうか。その先にあるパーソナライゼーションｖｅｒ３・０があるとすると、どんなサービスになり、どんな体験が生まれるだろうか。３つの切り口を提示したい。

① ヒトをより賢くするパーソナライゼーション

レシピや食品を言われるがままに受け入れるのではなく、自身が納得して選び、その食の良さを実感できるような仕組みが伴うパーソナライゼーションはどうだろうか。第2章で取り上げたスナックミーはそんな仕組みを取り入れている。サブスクで送られてくるパーソナライズされた菓子のセレクションには、必ず冊子がついている。そこには環境にいい菓子、体にいい菓子、遠い国で収穫される原料の話や、新しい菓子の楽しみ方など、いろいろな解説がなされている。通常の菓子のパッケージではなかなか伝えきれないことも、こうした形なら伝わってくる。

つまり、自分が食べているものに対して、なぜそれを食べているのかという意義付けができるということだ。レシピであれば、これまで自分ができなかった調理方法ができるようになる、使ったことのなかった伝統食材も料理に取り入れられるようになる、フードロス問題に貢献できるなど、パーソナライズされたサービスのその裏に自身を成長させてくれる仕組みがあるという世界だ。こうした工夫が、ともすれば機械的に陥りがちなパーソナライゼーションのサービスにぬくもりをもたらすのではないだろうか。

② コミュニティーを意識したパーソナライゼーション

コミュニティーを意識したパーソナライゼーションという考え方もある。ニチレイが開発する「ｃｏｎｏｍｅａｌ」責任者の関屋氏は、「個人個人の好みに沿って別々のものを食べるのは、個々の味覚にはフィットするかもしれない。だが、それよりも誰かの好みのものを一緒に食べるほうが、人は幸せを感じる。家族との食卓の幸せは、誰かのためにお母さんが作ってくれた、お母さんが作りたいものを作って満足しているなど、様々な要素の集積で形成されていると分かってきた」と言う。

毎回の食事の中で、自身の家族や友達、周りの人をもっと知る、喜ばせる、そういった要素をなくしては、食事は非常につまらないものとなってしまう。食というのは自分自身が非常においしいと思うものを誰かとシェアしたり、憧れの人が食べているものと同じものを食べてみたいと思ったり、故人を懐かしんだり、他者を思いながら食べることが楽しみでもある。自分のために一生懸命作ってくれたものを格別においしく感じたりもする。

前述したキャンイートのようなアレルギーに関する情報が完全にクリアになると、すべての人にとって安全な食事はどういうものかという提案にも結び付けられる。個別最適化だけではなく、周囲の人たちとの調和も考慮されたサービスも考えられないだろうか。

③ システムシンキングに基づくパーソナライゼーション

20年2月27日、ニューヨークにてパーソナライズドフードのカンファレンス「Customize（カスタマイズ）」が開催された。[5] ここで議論されたことの1つが、「ヒト中心に考えてはいけない」ということだった。ヒトの都合だけを考えていては社会や地球全体にとって正しいことは何かという視点が失われる。「個別最適化」を著しく追及することへの危機感を持っていた参加者が結構いて、かつ展示していたスタートアップの中には、パーソナライゼーション機能だけではなく、サステイナビリティーに向けた価値など、社会全体にとっての提供価値を訴えるところも多かったという。新型コロナウイルスがニューヨークを襲う直前、そして、ジョージ・フロイド事件[6]が起こる前にこうした議論があったことは興味深い。

DNA検査を基にした様々なサービスには、それが実は人種差別の引き金になるのではないかといった懸念も昔から指摘されていた。人間の欲望に応えるだけでは、実は他の誰かを傷つけていたり、社会にとって副作用が起きていたりするケースもある。そうではなく、特定個人に向けたパーソナライゼーションのサービスが、社会、地球全体にとっても正しいか、つまり社会システム全体にとって最適なのか、システムシンキングの視点でパーソナライゼーションを考えるべきということだ。この点を、私たちは意識しておくべきだろう。

⑤ スマートキッチン・サミットを創設したマイケル・ウルフ氏が主催したイベント。食品メーカーだけでなくKrogerなどの小売りも参加していた

⑥ 2020年5月25日、アフリカ系米国人の黒人男性ジョージ・フロイド（George Floyd）氏が、米国ミネアポリス近郊で、警察官の不適切な拘束方法によって死亡させられた事件

Column

AIが未然に回復食を提示する世界
―ヒューマノーム研究所の取り組み

「今日は頑張った！肉食べよう」「なんだか胃腸が重いな、お粥が食べたい」――。私たちの体調と食には常に密接な関わりがある。顧客のリアルタイムな体調を把握することで、「顧客満足度を高めた食」「健康を維持する食」など、新たなサービスを創出することができそうだ。

では、実際に、どうやって体調を把握できれば、「パーソナライズされた食」につながるのだろうか。例えば、一般的に健康診断の受診は年に1回程度だ。しかし、毎日の食事の内容は異なるため、年1回の診断結果のみで、日々の食事を設計するには無理が生じる。ゆえに、食につながる健康計測には、毎月、毎日あるいは毎時の計測が必要となる。果たして、そのような体調計測は可能なのか。

そのヒントとして、ITとヘルスケアの複合領域で活躍するヒューマノーム研究所が中心となって行った実験を紹介したい。近年、発展著しいデジタル（ウエアラブル）デバイスを複数用い、1カ月に渡って日々の体調変化を計測した。計測には専門分野の異なる6社（特定健診：AMI、腸内細菌：メタジェン、活動量・睡眠：ニューロスペース、食事・血圧：ウエルナス、アンケート：レリクサ）が参画し、山形県鶴岡市の温泉街・湯野浜で働く40～60代の従業員25人が被験者となった。

実験時には、栄養摂取量を計測するため、携帯電話で食事を撮影し、腕時計型デバイス（毎日の活動量計測と併用）と、睡眠具に設置した据置型センサーで睡眠状態を自動計測した。朝と晩には血圧値を測り、期間中3回、腸内細菌（腸内フローラ）を採取するなど、様々な最新計測方法を用いて、健康状態を調査した。

これらの計測結果はレポートとして各自に返却するとともに、ヒューマノーム研究所の人工知能技術を用いて統合的に解析された。25人のデータにはそれぞれの特徴があったのだが、その中の1人の被験者のデータには、「いつもの計測結果から大きく外れた週」があった。アンケート結果から、その被験者は、該当週の後半に風邪をひいていたことが判明。常時計測していたがゆえに計測データに風邪の予兆が記録され、回復するまでの体調変化の様子が反映されていた。つまり、リアルタイムな計測は、本人が自覚する前に体調変化を捉えて回復食を提示し、未然に風邪を予防できる可能性があるのだ。

一方で、この実験から見えてきた課題としては、デジタルデバイスは充電が切れたら計測できず、意識的な計測機器の管理が欠かせない点が挙げられる。さらに、複数機器の装着は被験者にとっては大きな負担だった。健康と食が有機的に結びつくには、長期間かつ高頻度での計測ができる技術的な進化と、装着負担の少ない装置開発が必要だ。

（文：ヒューマノーム研究所 瀬々潤社長）

Interview

世界最速三ツ星シェフが語る料理×テクノロジー
厨房ロボットは「失敗する」能力を獲得せよ

HAJIME
オーナーシェフ

米田 肇氏

1972年、大阪府生まれ。電子部品メーカーに就職した後、98年、料理人に転身。日本とフランスのレストランで経験を積み、2008年 にHajime RESTAURANT GASTRONOMIQUE OSAKA JAPONを開店。ミシュラン史上世界最短の1年5カ月で三ツ星を獲得。12年に店名をHAJIMEに改め、現在3年連続で三ツ星に輝いている

ミリ単位で緻密に計算された独創的な一皿で「世界の舌」をうならせる、〝料理界のイノベーター〟といえる存在が米田肇氏だ。規格外の発想を持つ米田氏は、料理とテクノロジーが融合する未来をどう見ているのか。

（聞き手は、スクラムベンチャーズ外村仁）

――新型コロナウイルスで、外食産業は大打撃を受けています。そんな中、米田さんは飲食店倒産防止対策を求める署名活動の発起人として、国や国会議員への働きかけを行い、結果、求めていた給与補償と家賃補償の2つが第二次補正予算に無事盛り込まれました。18万を超える署名が集まったのも、米田さんが先頭に立って動いてくれたからこそと理解しています。まずは感謝を申し上げたい、本当にありがとうございます。

米田肇氏（以下、米田氏） 私一人の力では決してありませんし、この間、多くの仲間が閉店の道を選んでいますから胸が引き裂かれる思いもあります。しかし、今回一定の成果を得たことで、これから先、少しでも多くの仲間が救われ、料理人の「火」が絶やされることのないよう、食が人々の希望となるよう、私自身も前進していきます。だから、皆さんも諦めずに精いっぱい頑張ってほしい、そう思います。

今回、私たち外食産業が直面したのは、感染における危険性が密集であり、対極にある安全性が分散だという事実です。ここで危険性＝密集とされるものは、結局のところ、人と人とのコミュニケーション。これは食の中心価値そのものです。消化吸収、栄養摂取などの機能主義と、おいしい料理を食べたときに脳からドーパミンが放出される快楽主義の間にコミュニケーションが存在し、それらが一体となってレストランの価値が形成されていたことに、改めて気づかされました。

この飲食店の価値はコロナ後でも変わりません。医療や衛生の技術でどの程度、密集のリスクを抑えていけるかという勝負になるとともに、今後はお客様がわざわざ危険を冒してまで行く必要があるのかどうかを考えるようになりますから、二極化が進むと思います。例えば、外出自粛をすることで、多くの人は以前より時間の余裕が生まれています。だから、時間がないから行っていた店や、栄養補給だけの店は、そこで食べることに特別な価値を感じないなら、テークアウトやデリバリー、自宅の手料理に置き換わっていく。一方で、年に何回かは外で食べたいという特別な食事を提供するスペシャルな店、単価は安くても地元で愛されている店は残るでしょう。

――来店動機も重要ですね。個人とのつながりを持つ店はいいですが、会社経費の接待でにぎわっていた店は厳しい。今回の新型コロナ禍で、米国ではレストランが仕入れたプロ食材を小売りして、まるで食品スーパーのようになったり、日本でもシェフがオンラインの料理教室を始めたり、新しい動きが出てきています。特に後者では、シェフが料理のテクニックを教えるだけではなく、その人の人生観や考え方自体がコンテンツになり、そこに多くの人が集っている。これは、先ほどのコミュニケーションという価値に通じるものがあると思います。

米田氏　そうかもしれません。今後、レストランではない新しい食の形はどんどん生まれてくると思いますが、私自身は今、バタバタと始めるより、長期的にどのような変化が起きるのか、その中心にある本質は何なのかを考えている段階。日本は外出自粛要請に伴う家賃や人件費の補償制度導入がスピーディーではなかったので、多くは明日の生活のためにテークアウトなどを始めて、それでも従来の売り上げの10％くらいという状態。耐えきれず、閉店を選んだ仲間もすでにたくさんいます。今回露呈した外食産業の脆弱性がカバーされる形で、今後テクノロジーも絡めて進化していければと思いますね。

その中で1つ、喫緊の課題として憂慮しているのは、子供たちの給食です。新型コロナ対策で、食事中の会話を控えるよう指導されていたり、距離を空けて対面で食べてはいけなくなっていたり。食の価値であるコミュニケーションがなくなっていて、このまま彼らが大人になったとき、レストランで食事するという体験が違う感覚のものになってしまう可能性があります。アバターのようなバーチャル技術でもいいので、食とコミュニケーションを同じ位置にするテクノロジー活用の方向性が必要なのではないかと思います。

――なるほど。他にもレストランの強みを拡張するテクノロジー活用の方向性は見えてきましたか。

適切な調理法でおいしさを引き出した100種類以上の野菜を使い、地球の循環を表現した米田氏の代表料理「地球」。ミリ単位で計算された盛り付けで芸術作品のよう（写真／ Masashi Kuma）

米田氏　レストランはシェフ自体の特異的な能力、臨機応変能力で成り立っています。それをどのようにシステム化するか、そこにフードテックの技術が必要だと思います。

例えば、HAJIMEで行う肉の火入れは10種類以上の温度帯を使い分けていて、それは同じ数の厨房機器を駆使して行っています。現在の厨房機器は100度を一定に保つとか特定用途の安定性に優れている半面、そこから外れた臨機応変な対応はできない。一方で、当然食材には個体差がありますから、最後は人間の作業に頼ることになります。すると、人間の技術には差があるので、最終的な料理に大きく影響してしまうのです。

臨機応変の対応力を機器に持たせることは、ある程度、過去の事例の範ちゅうにおいて可能だと思います。ですが、そこを超えた部分、それこそシェフの創造性まで加えたところはどうかというと、機器の開発思想そのものを見直す必要があるかもしれません。

というのも、「失敗」がないと創造性は生まれないからです。現代のテクノロジーにおいて失敗が許されるのかというと、そうではありません。でも、新しい料理を作る際、実際の厨房で私は、あえて安定したものづくりが得意ではないスタッフに任せます。なぜなら、不完全なものが量産される過程でこそ意外と面白いものが生まれる、新しい発見があるから。特に実験厨房で新しい味を創造していく過程では、そのようなロボットが必要だし、あれば面白いと思いますね。そもそもロボットが失敗しないなら、人間を超えることはありません。

――確かに、今の厨房機器メーカーに「失敗する」という概念はないですよね。米田さんは食材ごとの調理温度を0・1度単位で調整したり、0・1ミリ単位で切り方を変えたりと精密な調理を行い、それらの厨房で必要な情報は可能な限り数値化しているということですが、データベース化が進んだ先には料理人の感覚や勘もテクノロジーで置き換えられる時代が来ると思いますか。

米田氏　ほぼ置き換え可能だと思います。実は、レストランの厨房では機械よりも人間のほうがミスを犯す確率は高いはずです。体調が悪かったり、機嫌が悪かったりといったことがイージーミスにつながる。だから、私は毎日の挨拶のときに必ずスタッフの様子をチェックしています。

ところが、AIを搭載したアンドロイドに任せておけば、電池切れにならない限り、人間と同じことをしてくれるわけです。例えば、いつもの業者から仕入れたニンジンの状態が良くなかった場合、業者が休みの日なら、諦めてそのまま使ってしまうのが人間です。しかし、ロボットはニンジンを入荷した際に瞬時に糖度を測って返品するか、私にメールで連絡するはず。加えて、ロボットなら労働問題が減りますし、夜通しで掃除もしてくれるでしょう。ホコリのない清潔な状態をずっと保つことができます。

先ほどの臨機応変能力の獲得は課題ですが、その前段としても、そもそも人間の手は2本しかありませんが、ロボットならその制約を取り払えます。そうすると、100種類の食材を一瞬で配置するなど、狙った温度帯でいくつもの料理を提供できる。だから、私は厨房にどんどんロボットを入れるべきだと思っています。

ガストロノミー「5つの進化」とは？

――19年の「FOODIT TOKYO」で米田さんと対談したとき、テクノロジーと料理が重なり合う未来として5つのキーワードを挙げてくれました。「①レストランガストロノミー（レストラン空間）」「②インスタレーションガストロノミー（空間芸術）」「③スペースガストロノミー（宇宙空間）」「④シンギュラリティガストロノミー（デジタル世界）」「⑤メディカルガストロノミー（医療分野）」です。その後、変化はありましたか。

米田氏　今回の新型コロナ禍で、宇宙空間における食については考えさせられる部分が大きかったですね。外出自粛で自宅に巣ごもる状態は、宇宙空間の延長のような生活ですから。ちょっとでも菌やウイルスが発生すると問題が起きるということにいかに向き合うか。また、その中で食が持っている意味合い、今後の可能性をどうつくっていくのか。JAXA（宇宙航空研究開発機構）やリアルテックファンドなどが企画運営する未来食プロジェクト「SPACE FOODSPHERE（スペースフードスフィア）」に正式参加したので、シェフとしての知見をこれからどんどん伝えていけたらと思います。

――そもそもなぜ米田さんは、5つのガストロノミーの進化に興味を持ったのですか。

米田氏　最初のきっかけは、トヨタ自動車のLEXUSと協力して15年に参加したミラノデザインウィークでした。空間芸術と私の料理のコラボレーションを提案した3ブースを出品し、1週間で4万8000人もの来場者を動員する大反響を得たのです。

例えば、雨の映像が流れる空間で、口中でパチパチとはじけるポッピングキャンディーを食べてもらい、全身で「雨の雫（しずく）」を体感してもらう仕掛けを作りました。もう1つは「木の生命」をテーマに、木の幹の真ん中にいるような空間の中で、カカオバターでできた球体の料理を口に入れることで木が水を吸い上げていく生命の感覚を味わってもらった。そして3つ目は、「原子誕生のスープ」という作品。地球に大雨が降って植物プランクトンが生まれる過程の海の中は、ラーメンのスープのような味だったといわれています。現代の地球上では人種の違いが戦争を引き起こしたりしていますが、もともとは同じスープから誕生したと。いろんな食材が入ったバランスのいいスープを飲むことで、人類の起源を感じてほしいと企画しました。

これらの展示に予想以上の人が集まり、準備していた食材が初日の昼すぎになくなってしまいました。そのため、「空間芸術の展示だけにしよう」という話が出たのですが、「それなら翌朝10時にまた来ます」と言って帰られる方が多かった。これを見て、私は「面白い」と思ったのです。例えば、映画館に食の体験をドッキングさせた施設があるとしたら、今までなら映画だけで感動していたのに「映画だけなら行かない」と言われているのと同じことです。それだけではなく、料理という付加価値をつけることで、映画の完成度自体も上がる。この経験から、レストランと他の分野との融合にも可能性があると考えるようになりました。

――シンギュラリティガストロノミーとは、バーチャルな世界のことですか。

米田氏 パソコンの中には音も映像も音楽も写真も入っているのに、いまだに「味」は入っていません。そこで調べると、USBを口にくわえると甘味、辛味、苦味を感じられるデバイスがすでに登場していました。それなら、アマゾンなどのネット通販でしょうゆを買うときに〝味見ボタン〟があればいいと思ったのが始まりです。飲食業界では、事前に味を知ることができないために起きる問題はよくあります。例えば、高級レストランに行って自分の味覚に合わなかったとしても高い料金を支払わないといけない。だから、インターネットの口コミが飲食店系は特に多いのです。味見ボタンがあれば、そんな問題も減るのではないでしょうか。

他にも、トランスポーテーション（瞬間移動）の研究が進めば、モノの流通が変わるし、食品の廃棄問題もなくなるでしょう。これらは、いきなり実現できるわけではありませんが、誰かがその階段をつくらないといけない。同じような考えを持つ企業と協力して、ぜひ実現していきたいですね。

――シェフ目線の発想とビジネス界のコラボが楽しみです。もう1つ、メディカルガストロノミーとは。

米田氏　今、構想しているのが「最後の晩さんプロジェクト」です。もし、電極を介して味覚の情報を人に送ることができるならば、例えば最期の瞬間に「ギョーザを食べたい」と思っている人に対して、ギョーザの風味とともにジューシーさを音などで伝えられます。そうすると、幸せな気分のまま最期を迎えられるかもしれません。単なる機能食ではなく、私たちが得意とする「感動」と「希望」を与えられる料理で病院食も変えられるのではというのが発想のメインです。

イノベーションが起こる条件とは、通常とは違うところにラインを引くことと捉えています。貧しい人に品質の良い食事を届けるなど、従来の常識を破る必要がある。そのためには新しいテクノロジーが必要で、それを使って新しいラインをどこに設定するかが力量です。そこに、今後私たちシェフがすべきことがあると思っています。例えば、海外の貧困地帯には地域紛争や感染症などの問題があり、手助けをしたくてもなかなか現地までは行けません。しかし、AIや5Gといったテクノロジーを生かして情報を共有することで、遠隔治療などと同じように現地に行かなくても感動の料理体験を届けられる時代が来るはずです。

――今後、食とテクノロジーが密接な関係になっていく中で、ビジネス側はどんな発想を持てばいいですか。

米田氏　将来的なイメージを我々と最初に共有し、できるだけコミュニケーションを取ることだと思います。簡単なものを作ることから始めれば、これまで全く関係ない分野だと思っていても、それが融合して面白いプロダクトやサービスができることもあります。頭を切り替えて挑戦する姿勢が大切で、「やれないこと」ばかりを挙げるのではなく、「どうすれば新しいことができるのか」を考え、提案できる人が早く集まるべきだと思います。

（構成／勝俣哲生、橋長初代、吾妻拓「日経クロストレンド」2019年11月掲載分を改編、2020年6月に追加インタビュー）

Chapter 7

フードテックによる外食産業のアップデート

1 外食産業を取り巻く「不都合な真実」

ここ数年来、外食産業における人手不足は深刻だ。厚生労働省の「雇用動向調査」によると、飲食店・宿泊業の欠員率は全産業と比べて2倍以上高い。それらの原因の1つは高い離職率だ。宿泊業、飲食サービス業の大学卒業から3年目までの離職率は、全産業トップで50%を超える。また、飲食サービス業は、他の産業と比較して従業者1人当たりの労働生産性が最も低く、全産業が870万円／人のところ、250万円／人にとどまっている。

ロイヤルホールディングスの菊地唯夫会長（232ページインタビュー参照）はこう語る。

「外食産業は労働生産性が低いといわれる。一般的に労働生産性を上げるには、付加価値を上げるか、従業員を減らすしかないのだが、経営者がやりがちなのは後者。外食産業は、サービスを提供することと消費される場が同じ場所にある『同時性』という特徴があるので、従業員を減らすだけではそのままサービス低下につながるリスクがある」

しかも、特に今回の新型コロナウイルスの影響で、人との接触機会を避けようとしているので、人手不足の悩みはさらに深刻になっている。もともと限られた人財を守りながら、いかにして高い付加価値を生むのか。外食産業にとっては、以前からあった課題がさらに大きくなって重くのしかかっている。

「人手」と「立地」の構造的イシューが顕在化

新型コロナ禍で、日本では外食産業の2020年3月の売り上げが、前年同月比で17・3%下回った。これは、東日本大震災が発生した11年3月に記録した同10・3%減よりも悪い結果だ。20年4月、5月はさらに大幅な売り上げの減少が見込まれる。

激震が走る外食産業では今、構造的な課題が表面化した状態だ。ロイヤルホールディングスの菊地会長は、「これまで外食産業は、繁閑の差をアルバイトの調整で埋めてきた。しかし、今回のパンデミックではアルバイトの人件費は〝変動費〟ではなかったことが分かった」と話す。

というのも、昨今の人手不足のため、アルバイトは貴重な戦力となっており、欠員が出るともはや店舗は回らないのだ。飲食店で働く全従業員のうち82%が非正規雇用者である。飲食店の運営にはアルバイトスタッフは必要不可欠であり、その担う役割は大きい。つまり、アルバイトの人件費は変動費ではなく、「固定費化」しており、外食産業はコスト構造の弾力性がなくなっていた。人手不足を起因に、産業構造がいつのまにか変わっていたのが実態だ。

人手不足が今後もしばらく続くとすると、次のターゲットは人件費以外の中心的な固定費である「家賃」を減らすことだ。これまで店舗は好立地であることが条件だったが、デリバリーやテークアウトなどを前提とすると、立地の良さは必ずしも条件ではなくなり、座席が必要ないため店舗スペース自体も減ることになる。

こうした外食産業を取り巻く状況は海外も同じだ。米国の外食業界では、20年3月は300億ドル(約3兆2260億円)、4月は500億ドル(約5兆3800億円)の売り上げ減少が予想されており、20年末までに総額2400億ドル(約25兆8100億円)もの損失が見込まれている。

米国も以前から外食産業の人手不足は深刻だ。それに対して、米国のウーバーイーツやDoordash(ドアダッシュ)といったデリバリープラットフォームが増え、ギグワーカー[①]がそれを支える構造

①
ネット上のプラットフォームサービスを利用して、単発で仕事を請け負い、収入を得ている人

が生まれてきた。そして、ここ数年は単なる配送の効率化にとどまらず、新しい価値の創出までをも狙ったレストランテックや、新しい事業モデルにも対応できる〝レジリエンス（回復力）〟の高いレストランモデルが構築されつつある。

例えば、19年1月にラスベガスで開催された「CES 2019」では、パンをその場で調理するロボットが展示されていた。パン製造ロボットの周りには、焼きたてのパンの香りが漂い、前を通りかかった人の食欲を刺激する。そして、ロボットがその場でつくり出した焼きたてパンは予想以上においしかった。

その3カ月後、19年4月には、Food × Roboticsに特化した業界初のカンファレンス「ArticulATE（アーティキュレイト）」がサンフランシスコで開催された。レストラン、小売り、物流など、食に関連する多くの関係者たちが一堂に会し、「ヒトと機械の共存」についてディスカッションがなされた。②会場では、配膳ロボットがデモンストレーションで動き回り、進化版のサラダ製造ロボットがフレッシュサラダをライブ調理。会場近くのフードコートでは、自動販売機型ロボットが製造するカフェ飲料やラーメンまでもが売られていた。ロボットたちが食事を出したり飲料を用意したりする〝未来〟の光景が、ごく当たり前のものとして人間社会に溶け込んでいたのだ。

外食産業を変える4つのトレンド

こうした人手不足や生産性向上、固定費負担の重さといった外食産業が抱える構造的な課題解決と同時に、新しい顧客価値や飲食体験を生み出すためにテクノロジーの活用は欠かせないものになってきている。注目のトレンドは、「フードロボット」「自販機3・0」「デリバリー&ピックアップ」「ゴースト

②
サンフランシスコではロボットレストランに対して「人間から雇用を奪う」という反発も多く聞かれた。フードロボットと雇用の関係をしっかり議論しようということも、本カンファレンス開催理由の１つである（主催者談）

キッチン&シェア型セントラルキッチン」という4つのキーワードで説明可能だ。

まず、外食産業の新たなオペレーションの担い手として、フードロボットに期待が集まっている。新型コロナ禍の影響により、人手を介さないロボットによる調理は、効率面・衛生面の価値が大きく見直された。さらに調理工程そのものを客に見せる楽しさなど、エンターテインメント要素もあるのが特徴だ。

次に挙げるのは、自販機3・0だ。日本でよく見られるペットボトル飲料などの自動販売機が「自販機1・0」だとすると、カップ型コーヒー自販機でよく見られるような、砂糖やミルクなど調整ができるマシンが「自販機2・0」。そして今、海外で増えている自動販売機は、出来たてのラーメンやカスタマイズサラダを提供する〝小型の無人レストラン〟ともいうべきもので、進化版の自販機3・0と位置付けるのに十分な機能を有している。スマートフォンのアプリなどを介して注文や決済が行われる。そうして、ものによっては1000種類以上の選択肢を可能にすることで、個々人の好みに合わせたフレッシュな料理や飲料を提供するのだ。

3つ目のキーワードは、デリバリー&ピックアップだ。以前より料理のデリバリーサービスの仕組みはあったが、新型コロナ禍で一層の注目が集まっている。米国のウーバーイーツやドアダッシュ、欧州のDeliveroo(デリバルー)らは、単なる「出前」とは違うサービス業態に進化している。スマホ予約・決済システムを活用し、レストランや受け取り拠点で人手を介さずに注文者が料理をピックアップできる仕組みも、新型コロナ禍で重要性を増している。

最後が、ゴーストキッチン&シェア型セントラルキッチンだ。従来のセントラルキッチンは主に大手外食チェーンが保有し、複数店舗の調理を集中的につくって効率化するものだった。しかし最近は、店舗を持たないデリバリー専門レストランが複数入居するゴーストキッチンや、複数のレストランが集まったシェア型のセントラルキッチンが増えている。これらはデリバリー&ピックアップのフロント側[3]の変化に合わせたもので、レストラン機能のバックエンドでも新しい外食プラットフォームが生まれる機運がある。

それでは、この4つのキーワードを次節から深掘りして見ていく。

2 効率化を超えた「フードロボット」の可能性

フードロボットは、レストランのオペレーションを支援するマシンソリューションである。米調査会社Meticulous Market Researchによると、2025年までにフードロボット市場は年間平均32・7%で成長し、31億ドル（約3300億円）に達するとされている[4]。フードロボットの支援範囲は幅広く、調理、盛り付け、洗浄といった飲食店のバックヤードの仕事を担うロボット以外にも、配膳、下膳といったフロントの一部の仕事を担うロボットも登場している。

こんな話をすると、「未来のレストランは無人サービスになるのか」と思うかもしれない。しかし、現在開発が進んでいるフードロボットは「人間とロボットが協働しながら、顧客の食体験を豊かにすること」を目的としているのが大きな特徴だ。ロボットに期待される役割は、これまでの調理家電や食品工場の機械とは違う。単に調理プロセスを効率化することだけを目的としておらず、例えば、料理過程を顧客に見せて楽しませるといったエンタメ要素、そして20年以降の新型コロナ禍でより強く求められ

③ フロント（フロントエンド）はユーザーと接するプロセス、ユーザーが目に触れるサービス全般を指す。バック（バックエンド）は調理場、物流、情報システム、マネージメントなどユーザーが目に触れない機能を指す

④ 「フードロボット市場予測2019-2025」プログラム可能な、複数タスクを正確に実行でき、自律的または半自律的に機能することができるロボットの市場規模を示す。加工食品工場などに入る大規模生産自動化ソリューションは含まない

るようになった食の安全性・透明性といった、いくつもの価値を提供することが求められている

国内外の最新フードロボット

それでは、代表的なフードロボットを紹介しよう。米Ｃｒｅａｔｏｒ（クリエーター）は、注文が入るごとに一つひとつクオリティーの高いハンバーガーを自動で作り上げるロボットのメーカーで、それを導入したレストランもサンフランシスコで運営している。調理はシェフの技をアルゴリズム化して搭載したロボットがすべて担っており、客からの注文を受けて野菜をカット、バンズをトーストし、パティを焼成する一連の流れが全自動で行われる。

事業上のメリットとしては、顧客からの注文を受けた後で食材を切るところからロボットが調理を始めるので、新鮮でおいしさアップにつながる。また、トッピング選びから味付け、パティの焼き方まで、顧客一人ひとりの細かい注文をタブレット端末で間違いなく受け、フードロボットがシェフの腕を再現していくため、注文から料理提供までのオペレーション効率が格段に上がる。これらを背景に、クリエーターのハンバーガーは1個約6ドル（約６５０円）からの低価格で提供されている。これは、サンフランシスコのレストランにおける同レベルのハンバーガーと比較すると半額程度といわれる水準だ。

もちろん、それだけではない。ロボットはレストラン内に設置されており、その調理過程は顧客からすべて見える。目でも楽しませてくれるエンタメとして成立しているうえ、顧客からすれば、自分が注文したものが目の前で調理されている安心感も得られる。そして、クリエーターのスタッフは調理をロボットに任せる代わりに、接客に注力しているのも大きなポイントだ。クリエーターは、顧客に手ごろな価格でプロの味を届けると同時に、自分好みのハンバーガーができあがる工程を見て楽しむ、そして

少数のスタッフにもかかわらず居心地の良いレストラン空間という価値も提供しているのだ。

また、米Wilkinson Baking Company（ウィルキンソン・ベーキング・カンパニー）は、焼きたてのパンを自動で製造するミニベーカリーマシン「BreadBot（ブレッドボット）」を開発。先述した19年のCESで展示し、世界中の話題をさらった。

ブレッドボットは、パン生地をこねる様子、焼きあがる様子などが外から丸見えの筐体で、原材料の投入から、こねたり焼いたりといった製造、さらには陳列まで自動でこなし、1時間に10斤のパンを作ることができる。つまり6分に1斤ずつ焼きたてのパンが出てくる。食品スーパーなどに置く想定でサイズは幅約3メートル×奥行き1・35メートル程度。マシンからは焼きたてのパンの香りが漂い、店内に、まるで小さなパン工場が作られたかのようなイメージになる。

CES2019のセッションにて同社のプレジデントは「焼きたてのパンの香りほど人を幸せにするものはない」と述べていた。つまり、同社は顧客には出来たての味と、五感をフルに刺激する食の喜びや楽しみを提供している。また、ブレッドボットは、従来の郊外にある大規模パン工場による大量生産モデルから、生活者により近い場所でオンデマンド生産するモデルへの転換の兆しとしても見て取れる。「生産のエッジ化」ともいえる、重要な示唆が得られるマシンだ。

こうしたロボット分野は、かつては日本のお家芸ともいわれ、工場内で稼働する産業用ロボットのハードや制御技術はいまだに得意領域だ。しかし、人間が働いたり、生活したりする空間で用いられるフードロボットの開発はどうだろうか。

日本のスタートアップ、コネクテッドロボティクスは、調理、食器洗浄、飲料サーブ、シェフ支援と、幅広い厨房支援ロボットを開発している企業だ。ロボットそのものではなく、ソフトウエアを事業の根

Creatorのハンバーガーロボット（出所：Creator）

ミニベーカリーマシンのBreadBot（出所：Wilkinson Baking Company）

イトーヨーカドー幕張店で働くたこ焼きロボット(出所:コネクテッドロボティクス)

幹としていることがユニークで、実現しているたこ焼きやソフトクリーム、そばをゆでるロボットは、いずれも他社メーカーの汎用ロボットを活用し、ソフトウエアで料理を教え込んでいる。

例えば、同社のたこ焼きロボット「ＯｃｔｏＣｈｅｆ(オクトシェフ)」は、画像認識でたこ焼きの焼け具合を確認し、ロボットアームでひっくり返してちょうどいい焼き加減を実現する自動調理ロボットだ。熱い鉄板の前で長時間調理するスタッフの負担解消や、調理にムラが出ないなどのメリットがある。また、オクトシェフはショッピングモールや、観光地のハウステンボスなどに導入されており、街を行き交う人々に調理風景が見えるようエンタメ要素にも注力している。これらはクリエーターやブレッドボットに通じる特徴だ。

フードロボット実装の2つの課題

先に紹介したFood×Roboticsに特化したカンファレンス、アーティキュレイトを主催するＴｈｅＳｐｏｏｎのMichael Wolf（マイケル・ウルフ）氏は、フードロボットをレストランに実装する際の課題として2つの点を指摘する。1つはバック業務がレガシーで煩雑であること、もう1つは全体ではなく、ごく一部の機能のみが自動化されている状況であることだ。また、ロボット導入にはレストランの店舗レイアウトや既存のシステムを構築し直さなければならないこともある。「特に大手チェーンの場合、その難易度が高い」とウルフ氏は言う。レストラン業務の自動化には、統合的な視点が求められるというわけだ。

こうした統合的な視点で、レストランのバック業務の集約化やフロント業務とつながる仕組みを構築しようとするプレーヤーがすでに登場している。例えば、18年に創業した米ＳｏｕｓＺｅｎ（スーゼン）は、店舗業務全般のデータ化に挑んでいる。あらゆる業務をデータに置き換えるべく、食材の購買履歴の記録、ＩｏＴ家電と顧客のオーダー、レシピとの連携による調理の自動化、レシピ、調理マニュアルの共有など、あらゆる業務をデジタルデータで扱えるようペプシコの英国法人と実証実験を進めている。

ＩｏＴ家電とオーダー、レシピの連携は、第5章で紹介したキッチンＯＳプレーヤーのＩｎｎｉｔ（イニット）などと同様だが、レストランの場合は、それがさらにフロントからのオーダーが起点になっている点が特徴だ。厨房業務の効率化が図られることはもちろんのこと、顧客にとっても、細かいパーソナライズされたメニューを提供してもらえる可能性も高く、メリットは大きい。日本のフードロボットもメカニカルな機能性だけではなく、レストラン全体のデータ連携、プラットフォームレイヤーを見据えた開発、実装が必要になるだろう。

一方、意外な日本企業もこの世界に挑んでいる。ソニーだ。ソニーは「ロボットガストロノミー」というビジョンを掲げ、人と調理ロボットが協調、補完し合う世界を目指している。ソニーのコンセプトビデオには、スパチュラ（製菓用のヘラ）を持ったロボットがケーキにクリームを塗り、最後にフルーツでの飾りつけを子供が行ったケーキを家族で囲むシーンが登場する。これは、料理の本質的な楽しさはテーブルでの共有体験であり、その楽しさをロボットはサポートするという意味合いである。また、料理を五感の科学と位置付け、味、香り、温度など、食材の分子構造やペアリングについてセンシングを通して解き明かす。さらにはＡＩによる新たなペアリングを生み出す――、そんなアプローチもロボットガストロノミーの構想には含まれる。

これらは、ロボットはシェフの代替技術ではなく、むしろシェフの創造性を刺激する役割としての提案だ。ロボットによって家庭の調理負担を軽減し、レストランの厨房業務を補完しながらも、人間の楽しみや創造性を守り、それをさらに拡張していく。それがソニーの考える料理×ロボットの世界である。

3 移動型レストランとしての「自動販売機3・0」

フードロボットの派生系ともいえるのが、自動販売機３・０の新潮流だ。「箱型料理ロボット」、または「移動型レストラン」といってもいいだろう。本章の冒頭でも述べたように自販機３・０の特徴は、ただ出来たものを販売するだけではなくフードやドリンクの調理・製造する機能が本体にパッケージングされており、ポータビリティーが高いことだ。イベント会場での出店として期待されている他、無人で24時間365日稼働できる特性を生かして、普通の食事を取るのが難しい施設や場所への対応策としても活躍する。

また、自販機3・0は、オーダー、調理、提供、決済のすべてに人手を介さないのが大きな特徴だ。提供メニューの煩雑なカスタマイズやパーソナライズへの対応も、完全自動のフードロボットならば簡単に対応できる。例えば、スターバックスやタリーズのカウンターでのオーダーを思い出してほしい。顧客は様々なカスタマイズができることが分かっていても、多くのオプションから選ぶ煩雑さや、細かな指定をすることへの遠慮、気恥ずかしさから、ついシンプルな、いつもと同じオーダーをしがちだ。

しかし、自販機3・0の場合、多くがスマートフォンや店頭のタブレットから注文する形式のため、注文途中の画面で、おびただしい選択肢の中から分かりやすくメニューのカスタマイズができる。サラダであれば野菜の種類や無数のトッピング、コーヒーであればフレーバー付けやミルクの種類など、一般の店舗なら面倒で注文されないディープなオプションまでも訴求できるので、客単価が上がる効果も期待できる。

さらに、自販機3・0では、誰が、どのようなオーダーやカスタマイズをしたかの記録も残る。そのため、常連客へのリコメンド、需要状況に合わせたタイムリーな補充と欠品の回避、商品開発への活用も考えられる。人手を介さないため、「Zero touch Shopping」「Zero touch Delivery」「Zero touch Payment」といった、withコロナ&アフターコロナ時代に求められる3つのZeroを実現する、安全・安心な食の提供ツールにもなり得る。フードロボットと同様に、マシンにはシェフの調理知見・ノウハウのインストールが可能なため、自販機という制約の中で「おいしさの追求」もできる。このように、自販機3・0は新しい飲食サービスを切り拓く可能性が十二分にあるジャンルなのだ。

自販機3・0を牽引する注目スタートアップ

それでは、自販機3・0の旗手ともいえる、世界の注目3社を紹介しよう。

まず、米Chowbotics（チョボティクス）だ。同社はカスタマイズサラダの製造マシン「Sally（サリー）」を開発した。サリーは現在、空港、大学、病院など、街中ほど食事環境が整っていない場所をターゲットに設置が進められている。また、チョボティクスは、20年3月から5月の3カ月間で、新型コロナと闘う医療従事者へ新鮮なサラダを提供するために70台のサリーを米国、欧州の病院に設置すると発表した。後述のベルギー、Alberts（アルバーツ）もアントワープの医療機関にカスタムスムージーの自販機を設置しているが、両社は自販機3・0ならではのポータビリティーを活用し、有事の際のミール提供のツールとして活用されているのだ。

サリーは、タッチパネルで最大22種類の野菜やドレッシング、トッピングを選択でき、計1000種類以上もの自分好みのカスタマイズサラダや、グレインボウルなどを作ることができるマシンだ。タッチパネル操作でメニューを選び、およそ1分30秒でできあがる。ユーザーはすべてのカスタム選択に応じたカロリー、炭水化物、食物繊維、脂肪、プロテイン（タンパク質）などの栄養情報を入手することができ、野菜は冷蔵機能を備えた筐体内の密閉された容器でそれぞれ管理されているので、衛生的に調理されるのも魅力だ。

新型コロナの流行に伴い、今後レストランなどでサラダバーを常設するのが難しくなる恐れがあり、その需要をサリーのような衛生管理されたサラダマシンが取り込む可能性は十分あるだろう。

一方、米Yo-Kai Express（ヨーカイエクスプレス）は、台湾出身の創業メンバーがシリコンバレーで創業したスタートアップで、ラーメンやPho（フォー）などを自動調理する自販機を

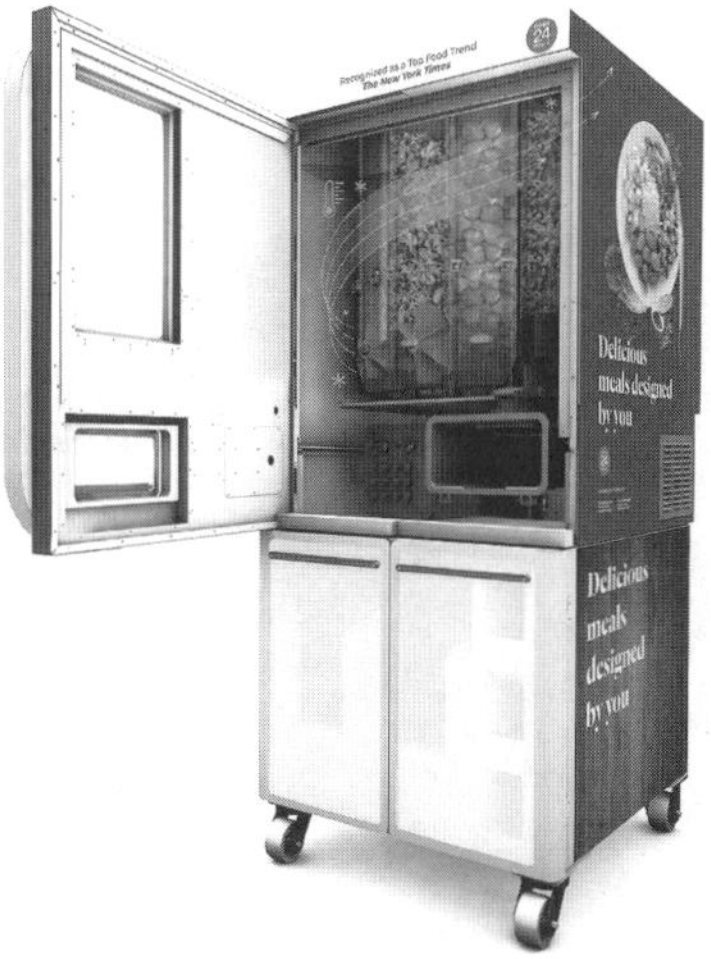

サラダマシンのSally（出所：Chowbotics）

開発している。ユーザーからのオーダーが入ると僅か45秒で調理し、即席麺ではない、出来たてのラーメンが提供される。最大2食まで同時調理できるので、2分以内で4人家族、グループの注文に応じることができる。ちなみに筆者らも米国で試食したが、ロボットが作ってくれたラーメンは日本人が食べてもおいしいと感じるレベルだった。ただし、さすがに日本のラーメン専門店が出す味には、今のところ負ける印象だ。

単に素早くラーメンを出すことだけを考えれば、冷凍食品を解凍すればいいはずだが、わざわざロボットに調理を任せる狙いは、「顧客が注文してから料理する」という店舗の魅力を再現することに大きな意味があるからだ。深夜の病院や工場、深夜に空港へ到着したとき、被災地の避難場所などを想像すれば、出来たての食事や飲み物のありがたさは理解できるだろう。

また、ヨーカイエクスプレスのラーメン自販機は、リアルタイムの消費動向を見ながら売れ筋のロットを補充するのだが、庫内操作に工夫を凝ら

Yo-Kai Expressのラーメン自販機（出所：シグマクシス）

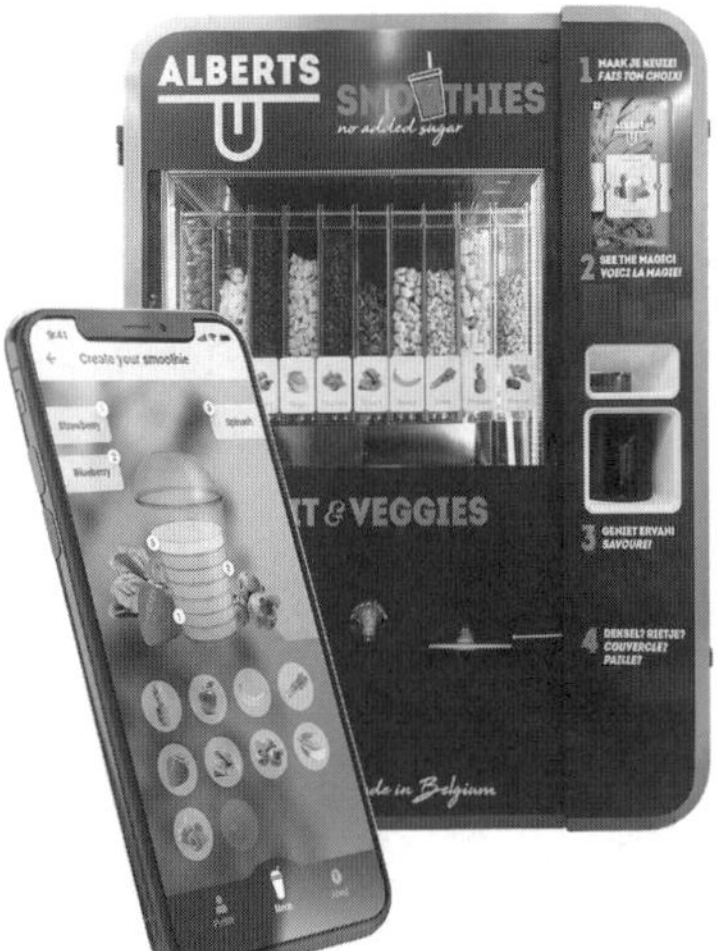

Albertsのスムージーマシンと専用アプリ（出所：Alberts）

してランダムに麺を格納できるようにし、補充頻度をできるだけ短時間かつ回数を減らすことに成功しているという。支払いもクレジットカードやバウチャーも受け付ける。

3社目が、ドリンクの自販機3・0といえる、カスタムスムージーマシンを提供しているベルギーのAlberts（アルバーツ）だ。日本では、缶やペットボトルに入ったドリンクを扱う自販機は街中にあるが、アルバーツのマシンでは、ユーザーが専用アプリや筐体のタッチパネルで好みの2～3の素材を選ぶと、それに応じて原料となる冷凍フルーツや野菜、水をその場で粉砕、ミックスし、シロップやピューレなどを一切使用していないナチュラルスムージーを作ってくれる。注文に応じてドリンクを出してくれる街中のジュースバーに近い存在だが、細かなカスタマイズが可能で、かつ選んだフルーツと野菜の組み合せからスムージーの栄養成分まで提示されるのが特徴だ。

今回の新型コロナ禍でアルバーツを医療機関に置く動きが出ているのは、決済も注文も自販機に触らずにできるところ、そして忙しい医療従事者に少しでも栄養価の高いドリンクを提供可能という価値が合致したからだ。アルバーツCEOのGlenn Mathijssen（グレン・マシーセン）氏は、19年のスマートキッチンサミットジャパンにも登壇しており、日本市場にも非常に関心を持っている。

日本でも自販機3・0の実証実験スタート

これまで見てきたように、自販機3・0は海外が先行している印象がある。だが、日本にもプレーヤーはいる。例えば、18年創業のニューイノベーションズは、AIによる需要予測が可能な無人のカフェロボット「rootC（ルートシー）」を開発、19年より実証実験を開始している。

ユーザーがスマホのアプリからオーダーすると、カフェロボットはユーザーが受け取りにくる時間に合わせてコーヒーを抽出。ユーザーはロボットに併設されているロッカーからいれたてのコーヒーを受け取れる仕組みで、データ分析とロッカーを組み合せて顧客に待ち時間のない購入体験を提供している。また、将来的にはシングルオリジンの豆を使って、個人の嗜好や気分に合わせたブレンドをリアルタイムで行うなど、さらなるユーザー体験の向上を目指しているという。

これらの事例を見渡すと、自販機3・0が従来の自販機と違うのは、圧倒的な数のオプションを基に、提供する料理なり飲料を自在にパーソナライズ、カスタマイズできるところにある。従来の自販機はマス向けの一般商品が並んでいるが、自販機3・0ならば、オプションの組み合せによって膨大な種類が選べ、カスタマイズを楽しめる。もちろん、ジューススタンドやカフェもある程度まで対応できるが、顧客が一度選んだ組み合せをデータで記録できるので、いつもの、かつ好みの料理やドリンクが簡単にオーダーできるのがメリットだ。選択肢がたくさんあっても通常なら選ぶ手間がかかるが、いずれもアプリ側でのUX（ユーザーエクスペリエンス）を工夫することで、選びやすさも担保している。

また、サービスメニューの多さの割に省スペースで設置できることも画期的な特徴だ。これにより土地代（家賃）が抑えられるうえ、そもそも人件費は掛からない。同じレベルの料理やドリンクであれば、ジューススタンドやカフェとの競争力も持てるだろう。

最後に、こうした自販機3・0の利点を生かし、どのような新ビジネスが展開できるだろうか。例えば、メーカーが自社製品を直接売れるリアルD2C（ダイレクト・トゥ・コンシューマー）のチャネルとしての活用があり得る。コーヒーのメーカーであれば、新しい製品のオーダーデータが取れ、新しいコーヒー豆のテストマーケティングに活用することができる。大企業でなくとも、街の個性的なカフェが新業態として進出してもいい。また、複数の店のメニューをそろえたセレクトショップ型の自販機3・0があっても面白いだろう。そうなれば、小さな飲食複合施設として新たな自販機プラットフォームとなり得るはずだ。

一方で、自販機3・0ならではの課題もある。自販機3・0は1つの筐体の中に、様々な役割が詰め込まれている。調理・保管をするマシン、オーダーや決済をするアプリケーション、メニュー開発、食材のカット・冷凍などの加工、マシンへの食材補充、マシンのメンテナンス、データ分析なども行っている。これらの機能を1社だけでそろえるのは難しく、テクノロジープレーヤーやシェフ、食品メーカー、食品小売りなどが連携してこそ魅力的なサービスが生まれるモデルといえる。

Column

超未来食レストラン ―OPENMEALSの取り組み

OPENMEALS（オープンミールズ）は、日本発で「食のデータ化」のプロジェクトを進めるチームである。プロジェクトを立ち上げたのは、電通でアートディレクター、デザインストラテジストとして活躍する榊良祐氏。パッションあふれる専門家、ビジネスパーソン、山形大学などのアカデミア、やわらか3D共創コンソーシアムなどが集まり、プロジェクトを推進している。

18年に米テキサス州オースティンで開催された「SXSW（サウス・バイ・サウス・ウエスト）」で、東京から寿司の形状や味、食感といった料理を構成する要素をデータ化して転送し、SXSW会場に設置した3Dフードプリンターで再現する「SUSHI TELEPORTATION（寿司テレポーテーション）」という奇想天外なアイデア展示を行い、世界中から注目を浴びた。

そして今推進しているのが、栄養状態やデザインのパーソナライゼーションなど最先端のテクノロジーを配置してレストランに仕立てるプロジェクト「SUSHI SINGULARITY（寿司シンギュラリティ）」だ。2020年には東京に最初の〝超未来食レストラン〟を開店する計画だ。レストランでは、初回利用時に生体検査などを行い、ヘルスIDと呼ぶ番号が発行されて入店時に顔認識などで個人を判別する予定。それにより、「席に座るだけで、好みや健康状態などの情報を考慮した食事を提供できるようにする」（榊氏）という。現在は寿司だけではなく、「Cyber和菓子」と称し、気象データを使って和菓子をデザインするというプロジェクトも行っている。

このレストランには、本書の第5章で述べたキッチンOS、第6章のパーソナライゼーショ

超未来食レストランのイメージ（出所：OPENMEALS）

ン、そして本章のフードロボットの要素が巧みに盛り込まれている。シェフはすべてのテクノロジーを自在に操りながら、目の前の客、遠く離れた客ともつながる。食事をダウンロードできたり、転送できたりする世界とはどんな世界なのだろうか。昔は音楽もレコードやCDなどの媒体がなければ聴くことはできなかったが、今はミュージックビデオすら転送できる時代だ。

人が食べ物を自由にデザインして創造するというクリエーティブな体験は、人と食の距離を縮めるきっかけになるかもしれない。

4 急成長フードデリバリー&ピックアップ

フードデリバリーは、新型コロナ禍以前からフードテック領域において最も投資が活発な領域の1つだ。米調査会社のPitchBook(ピッチブック)の調べによると、19年でベンチャーキャピタル(VC)によるフードデリバリー市場への投資額は90億ドル(約9700億円)に達する勢い(図7-1)。ウーバーイーツやGrubHub(グラブハブ)といったライドシェアからの参入、欧州が拠点で米アマゾン・ドット・コムが出資しているデリバルー、米国で急成長しているドアダッシュ、この他にも数多くの参入があり、混戦状態となっている。

後述するが、こうしたデリバリーサービス事業者がゴーストキッチン(デリバリー専門レストラン向けシェアキッチン)を運営するケースも出てくるなど、外食サービスのフロントとバック双方にシェアリングエコノミーが入り込んできている。

外食産業では目下、高い固定費(家賃)を払うビジネス構造を変えるべく、収益を分散化させる道を模索している。特に新型コロナ禍では、レストランへの集客が難しいことから、海外のみならず国内においても、デリバリーサービスへのニーズは顧客からもレストラン側からも高まっている。

ただし、多くのデリバリーサービスはVCなどからの出資で成り立っているところがあり、今のところ事業としての利益率は薄い。ユーザーは配送に対して高い金額を払うインセンティブはなく、プラットフォームを活用するレストランごとに広告・決済・出店支援をしたり、離職率の高いギグワーカーを

図7-1　フードデリバリー市場領域のVCの投資額、件数推移

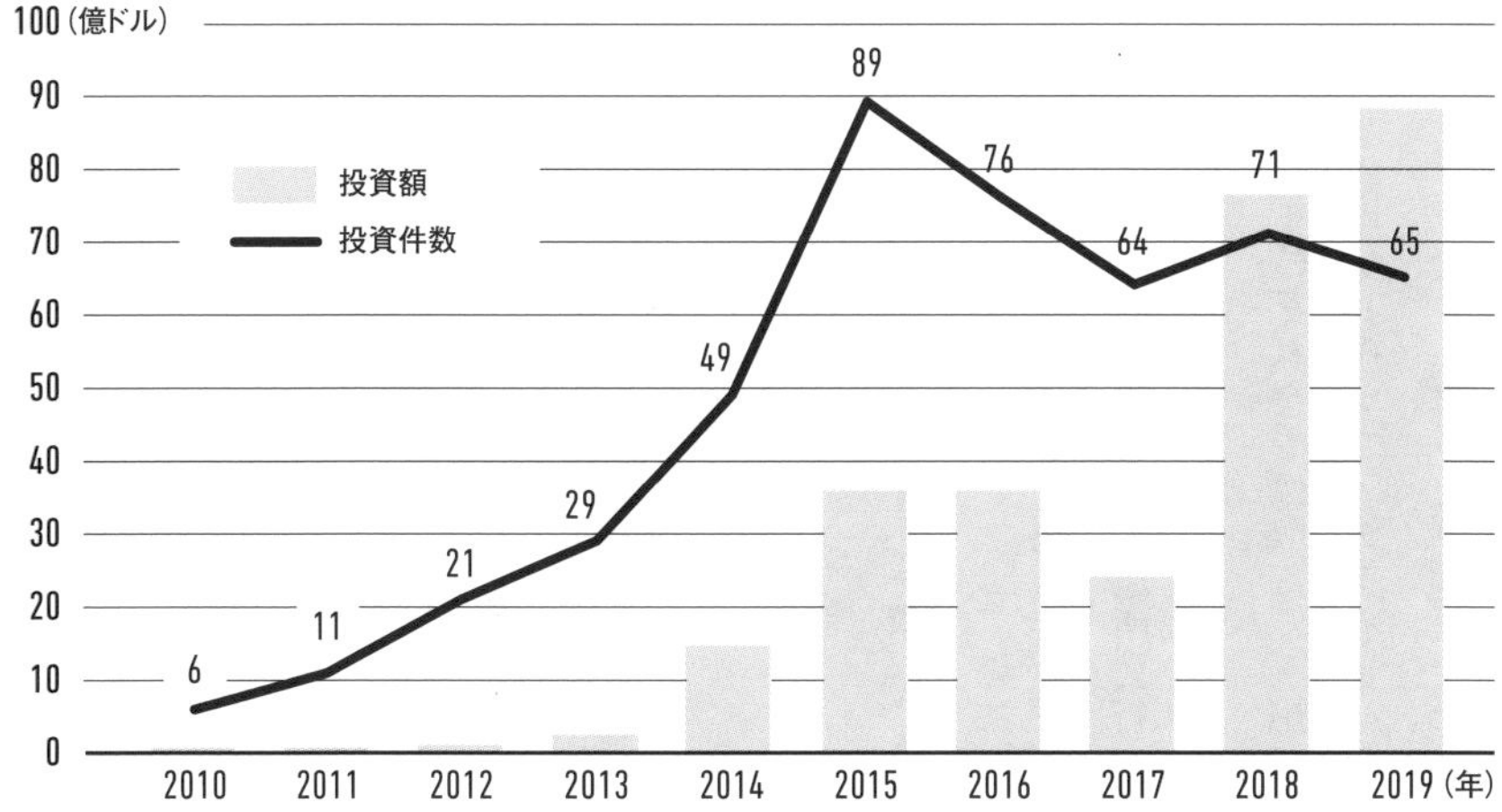

出所：PitchBook “Emerging Tech Research Food tech 2020 Q1”

つなぎ留めたりしなくてはならない。コストのかかるビジネスである。

　よってデリバリーサービスは手数料が高くなりがちで、飲食店にとっての負担が大きい。ドアダッシュやウーバーイーツ、グラブハブ、Ｐｏｓｔｍａｔｅｓ（ポストメイツ）⑤など、米国のデリバリー大手の手数料は、売り上げの最大30％程度にのぼる。最近この手数料は世界的にも問題になっており、米国のいくつかの都市では手数料を抑える条例について議論がなされている（20年4月現在）。

　ニュージーランドのジャシンダ・アーダーン首相は、高額な手数料を問題として取り上げ、独自に配達を行っているレストランを利用するように国民に促したほどだ。そのため、ニュージーランドでは地元のレンタカー会社がデリバリーを行うプレーヤーに対して車両とドライバーを安価で貸し出し、低額手数料のデリバリープラットフォームを独自につくろうという動きもある。ちなみに日本でも、タクシー利用者が激減していることな

⑤
2020年7月6日、ウーバー・テクノロジーズがポストメイツの買収を発表。ポストメイツのブランドは残る模様

どを受けて、国土交通省が特例措置として全国のタクシー事業者が貨物配送をできるようにした。こうした状況下で、世界のフードデリバリー事業者の中にはライドシェアにも似た取り組みを始めているところもある。ポストメイツが19年にローンチした「Postmates Party（ポストメイツパーティー）」は、近所に住む顧客同士で注文の相乗りができる機能だ。ユーザーは、アプリケーションを介して周辺に住む人がどの店からデリバリーを注文しているかが分かり、最初の注文から5分以内、10ドル以上の注文であれば配送料無料で相乗り注文ができる。ウーバーはライドシェア事業において相乗りサービス「Uber Pool（ウーバープール）」を提供しており、同じようなコンセプトといえる。これは、高い配送料を払いたくないユーザーの敷居を下げる意味合いがある取り組みだが、レストランにしてみれば注文をまとめてより多くの利益を得られるし、ポストメイツにとっても配送の効率化に役立つ。

ピックアップ型サービスにも注目

一方、自宅やオフィスまで配送するデリバリーではなく、料理が出来上がったタイミングでユーザーがレストランなどの決められた場所に行ってピックアップするというサービスもある。決済がネット上で完結し、ピックアップ場所にスマートロックなどの照合機能さえあれば、効率よく食事や飲み物を提供し、ユーザーはそれを受け取ることができる。

米Brightloom（ブライトルーム）は、以前、「Eatsa（イーツァ）」というブランドで無人レストランをオープンし話題になったスタートアップだ。現在は、外食プレーヤー向けのピックアップシステム「cubby（キュビー）」を提供している。米大手ピザチェーンのピザハットは、キュ

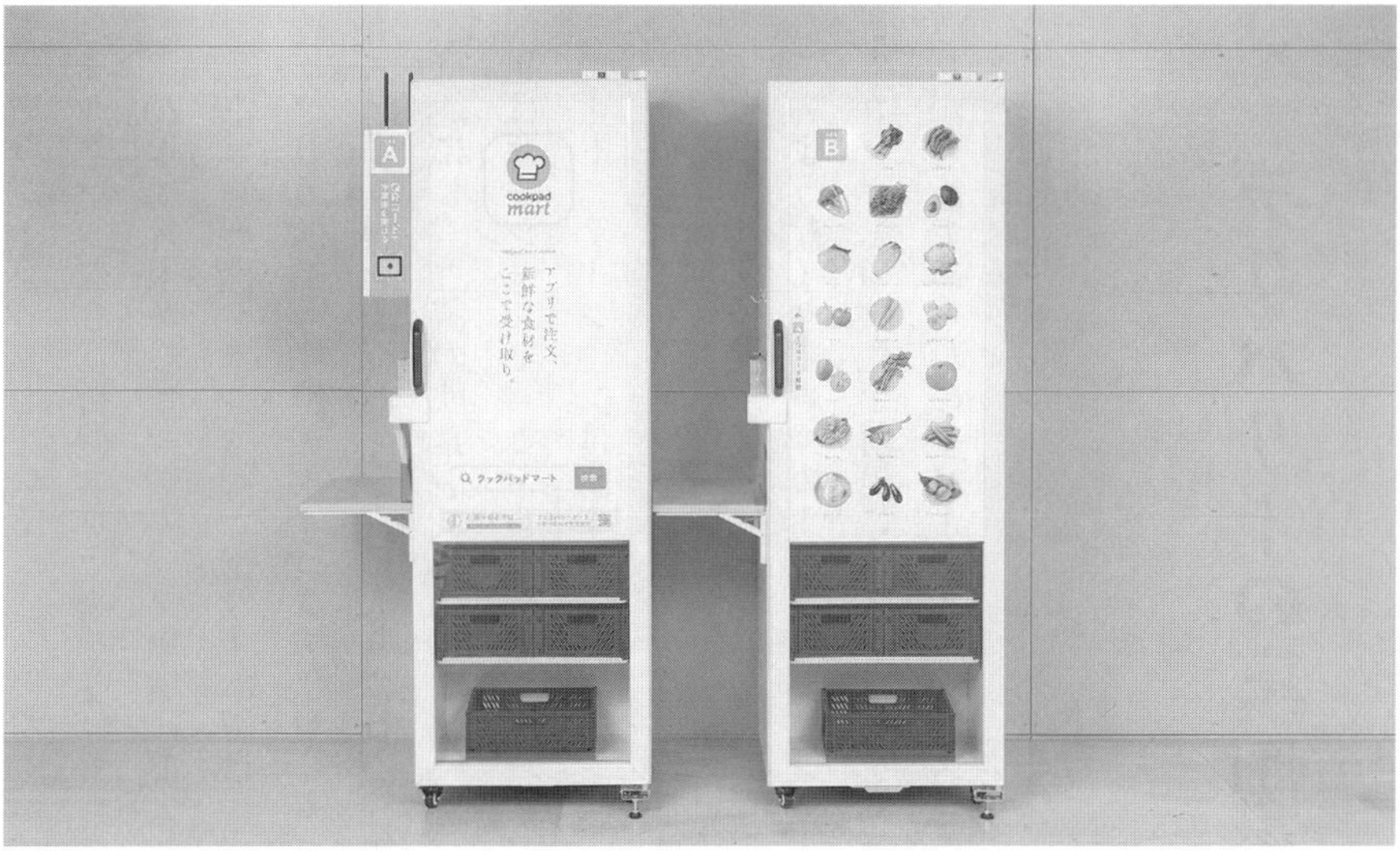

クックパッドが展開する生鮮宅配ボックス「マートステーション」（出所：クックパッドホームページより）

ビーと自社のオーダーシステムを連携し、注文客が待たずにピザや飲み物を購入できる実験店を展開している。この実験店で注文客は、自分の名前が表示されたロッカーから商品をピックアップするだけでよく、決済や店員とのやり取りは一切不要だ。また、米スターバックスコーヒーはブライトルームに出資しており、同社のピックアップシステムとスターバックスのモバイルオーダー、決済、ポイント、パーソナライゼーションのアプリを統合すると発表している。

日本ではＩｏＴスタートアップのユーボが、レストラン用スマートサービングシステム「ＳＥＲＶＢＯ（サーボ）」を提供している。サーボを導入した自前のコンセプトストア「beeat sushi burrito Tokyo（ビート・スシ・ブリトー・トーキョー）」で〝寿司ブリトー〟[⑥]を販売しており、購入者は対面不要のピックアップを体感できる。購入者がオンラインオーダーをすると決済が行われ、店舗のロッカーはＰＩＮやＱＲコードでの開錠ができる。カメラやセンサーによる環境管理や

⑥
日本の巻き寿司を、メキシコのブリトーのように直径を大きくして具を大量に詰め込む形にした料理。米国で特に人気がある

受け取りをチェックしている。

クックパッドも、新型コロナ禍を受けてレストラン向けの非対面ピックアップ・宅配システムを開発し、20年4月末からピックアップ領域に参入している。同社は、もともと生鮮食品EC「クックパッドマート」を展開。クックパッドマートでは、市場や直売所に共同集荷場を設け、東京や神奈川を中心に約120カ所ある生鮮宅配ボックス「マートステーション」までルート配送をし、注文者は近くのマートステーションまで商品を受け取りに行く仕組みを持つ。今回、このマートステーションへの直接納入を可能にし、近隣の飲食店が利用しやすいようにした。マートステーションからユーザーの自宅までの配送はオプションで、こちらは配送クラウドソーシングなど連携する宅配事業者が請け負う。

マートステーションは駅やコンビニ、レストラン、100戸以上の集合住宅など、街の様々な場所に設置が可能だ。レストランが自分の店に設置する動きが進めば、より手軽にピックアップサービスで料理を提供できるようになる。

このようなIoTロッカーとオンラインオーダー・決済の仕組みを統合したピックアップシステムは、新型コロナとの共生を前提にレストランを営業するならば有効だろう。非対面、非接触での商品の受け渡しが可能であるため、ソーシャルディスタンスを保ちながら持ち帰りや食事の受け渡しができるのはメリットになる。

5 デリバリーの裏側を支えるゴーストキッチン

これまで解説してきたフードロボットや自販機3・0、デリバリー&ピックアップサービスのように、調理自体が自動化したり、料理の提供方法が変化したりすると、レストランの「場所」の位置付けが大きく変わってくる。

これまで調理の集約化といえば、セントラルキッチンが主流だった。セントラルキッチンは、1カ所で集中的に調理をすることで生産性を向上させ、味や鮮度などの品質安定に寄与するソリューションだ。店舗とセントラルキッチンの役割をうまく設計することで、おいしさや現場でのシズル感を損なわずに店舗の負荷を低減できる。また、セントラルキッチンがあることで、ミール商品の製造・販売など、レストラン以外のビジネスモデルへの進出もできる。

しかし、これまでのセントラルキッチンは自前のものが多く、レストランチェーンなど一定の規模を持つプレーヤーでないと導入できないなどの制約があった。これを克服すべく、近年、特に欧米では、中小レストランのキャパシティーを補強するためのシェア型セントラルキッチンの建設が始まった。それに伴い、ファブレス型とでも呼ぶべきか、デリバリー専門のレストランも出てきた。こうしたデリバリー専門レストランを束ねて調理を担うのが、ゴーストキッチンだ。フードデリバリー事業者側がゴーストキッチンを構えるケースも増えてきている。フードデリバリーが普及してきた17年、欧州のデリバルーがパリ郊外などにシェアキッチンを展開。プラットフォームに参加するレストランのデリバリー向け料理は、そこで調理されるようになった。これは自らの店舗ではデリバリー需要に対応しきれなくなっていたレストランにとっても、1軒ずつレストランを回ってピックアップすることが手間となっていたフードデリバリー両方にとっても効率のよいものだった。

これがゴーストキッチンの原型となり、店舗を持たずにレストラン運営をするものも出てきた。こうしてフードデリバリー事業者がゴーストキッチンを展開するようになったのだ。米ドアダッシュもゴーストキッチンを整備し、シェフがレストランや自前の厨房を持たなくてもデリバリービジネスを開始できる仕組みを構築している。

こうしたゴーストキッチンに注目が集まったきっかけとして、ウーバー・テクノロジーズ元CEOのTravis Kalanick（トラヴィス・カラニック）氏が、19年にゴーストキッチン事業者のCloud Kitchens（クラウドキッチンズ）に多額の出資を行ったことがある。クラウドキッチンズはデリバリー専用の個人経営のレストラン、フードトラックのオーナーなどを顧客とし、月額制で設備を貸し出してデータ分析も請け負っている。

日本でも、ファミリーレストラン「デニーズ」を運営するセブン&アイ・フードシステムズが、20年5月、東京・大井町に自前のデリバリー専用キッチンを開設した。同社は、もともとセントラルキッチンを持っておらず、店舗の小型厨房での創意工夫をしてきた知見を生かしているという。これは大手チェーン内のデリバリー需要を集約するキッチンという位置付けだが、もともとセントラルキッチンを持たなかったデニーズが取り組むところに新型コロナ禍でデリバリー需要がひっ迫している様が見て取れる。

セントラルキッチンもシェア型に

既存の外食チェーンを支えるセントラルキッチンも進化している。例えば、中国のとある全国チェーンレストランのセントラルキッチンが取り扱うのは1日130トン近くにのぼり、大規模化しているという。中国では衛生面の事故リスクを減らすため、人手を介さずに下ごしらえや調理をするニーズがあり、クリーンルームゾーンを設けて調理ロボットを多用するなど、セントラルキッチンの自動化が進んでいる。一方で複数の飲食店ブランドを扱うシェア型のセントラルキッチンもあり、自動化しながらもフロントの多様なニーズに応える柔軟性も求められている。半導体の製造工場を彷彿とさせる形態だ。

シンガポールでは、同じビルの中にいくつもの多様なキッチンを備えるシェア型セントラルキッチン「CT-Foodchain（CTフードチェーン）」が建設中だ。ニーズに応じてキッチン設備タイプや契約期間を変えられる柔軟性、食品工業エリア内という立地による仕入れの利便性、商業エリアなどに出やすい物流の利便性を兼ね備えており、小規模チェーンでもセントラルキッチンを利用できる仕立てになっている。この背景には、シンガポールは小規模な屋台（ホーカーズ）がレストランの80%を占めるという環境がある。設備などの関係で屋台での調理は限定的である一方で、チェーン化されている屋台もあり、一定の規模を集めて効率化できるシェア型セントラルキッチンを使うニーズがある。

国内では、ロイヤルホールディングスが、独自のセントラルキッチンを生かし、店舗のデジタルオペレーションに積極的に取り組んでいる。その舞台は、17年から展開している研究開発店舗「GATHERING TABLE PANTRY（ギャザリング・テーブル・パントリー）」だ。

店舗で火を一切使わずに調理できる料理をセントラルキッチンで作り、それを研究開発店舗に冷凍配送。店内のキッチンでは、パナソニックのマイクロウェーブコンベクションオーブンなどを活用して調理している。このオーブンは、電子レンジ、グリル、コンベクション機能をプログラミングできる。ロイヤルはメニューごとに最適な火加減の調理方法をSDカードに記録しており、現場ではボタンを押せば料理ができあがる仕組みだ。

店内で油を使わないため、キッチンが汚れず掃除の手間が極めて少なく、現場で調理教育をする時間を削減できる。また、従来のキッチンに比べて省スペースで済むため、小型店舗での運用が可能。さら

ロイヤルHDが17年11月から展開する完全キャッシュレスの実験店「GATHERING TABLE PANTRY」の1号店、馬喰町店

には、個々人の技量に任せた調理ではないので料理の品質が安定する。実際、研究開発店舗の開店以来「1件も料理へのクレームはない」とロイヤルの担当者は言う。

これらの「火を使わない料理」は、食品工場ではなく、大規模なセントラルキッチンの中でロイヤルのシェフたちが調理している。例えば、ステーキならば肉を手切りして外側のみに火を入れ、「中が生の状態」で冷凍する。そして、店舗ではこの冷凍ステーキを解凍して蓄熱に優れた専用のプレートに載せて、マイクロウェーブコンベクションオーブンを使って最終仕上げをするのだ。

この方式で難しいのは、セントラルキッチンでの調理と、火を使わない店舗での仕上げをどう分担するかだ。どの料理でも生火での調理工程が残っていれば、効率化にはつながらない。掃除の手間がかかり、厨房のスペースは縮小できない。料理の「おいしさ」と、店舗での調理効率化を両立する、最適のレシピづくりこそが価値を生んでいる。

このロイヤルの研究開発店舗は、人手不足の解決や従業員の働き方改革をすべく、ITや調理機器などのテクノロジーの研究開発をする役割を担っている。完全キャッシュレス決済、ロボット掃除機、調理機器なども取り入れており、できる限りデジタル化、ロボットを導入することで、従業員の閉店後の業務（現金管理や調理場、フロアの清掃など）が削減される一方で、接客や本部への提案、競合分析、従業員コミュニケーションなど本来の業務に時間を充てられるようにしている。

これまでは自社のみで活用してきたセントラルキッチンだが、シンガポールの例のようにいくつかのプレーヤー同士でシェアすることで活用の幅は広がる。例えばシェア型セントラルキッチンが、調理機能に加えてミールパッケージング機能、データ分析機能、販売機能などが組み合わさったプラットフォームになれば、小規模プレーヤーもミールキットや冷凍食品などの開発・販売に参入しやすくなる。従来のレストランは、ビジネス戦略上、集客に適した立地が非常に重要だったが、家賃負担が大きかった。新型コロナ禍により財務を大きく痛めた外食プレーヤーにとっては、店舗を持たずに営業できるデリバリービジネスへの移行は、事業継続のための新しい選択肢になり得る。ビジネス環境が急激に変わった外食プレーヤーの新しい挑戦に向けて、セントラルキッチンの果たす役割も大きく変わってくる。

外食産業を変える「コネクテッドシェフ」の存在

かつてのシェフは、自らの世界に集中し、目指す食の形を探求する専門職というイメージがあった。ところが、現在は従来のシェフの枠組みを超えて、エンターテインメントや医療、スタートアップなどの要素を加味し、新しい価値を創造するシェフが登場している。そうした活動をしているシェフたちは、

「コネクテッドシェフ」と呼ばれる。

彼らは、料理を作る職人であると同時に発信力があり、料理以外のジャンルの専門性もある。SNSを駆使して顧客とダイレクトにつながってファンを増やし、新たな活動の場をつくり出すこともできる。また、彼らはフードテックに対して柔軟かつ幅広い知識を持ち、スタートアップ企業の料理アドバイザーとしてヘッドハンティングされるなど、活躍の幅を広げている。

こうしたコネクテッドシェフの先進的な働き方を体現する存在として、注目の3人を紹介しよう。

まずは、米国のタイラー・フローレンス氏だ。彼は、ジョンソン・アンド・ウェールズ大学の調理師育成プログラムを卒業した後、一流シェフの下で修業。現在は複数のレストランを経営する、ニューヨークで最も優れた若手シェフの1人である。旧来の融通の利かないレシピは現代のライフスタイルには通用せず、人々の実際の調理方法やテクノロジーの使い方に合わせて再変換する必要があるとの課題意識を持っており、第5章で紹介したキッチンOSプレーヤー、Innit（イニット）にアドバイザーとして参画した。イニットではパーソナライズされた食体験の創造に関してアドバイスを行っており、同社が生活者と食との関わり方を革新する支援をしている。

続いて2人目は、クリス・ヤング氏だ。ワシントン大学で数学と生化学の学位を取得後、博士課程の在籍中にシェフになることを決意した変わり種で、シアトルの一流レストラン「ミストラル」のシェフとなる。マイクロソフトの元CTOのNathan Myhrvold（ネイサン・ミルボルド）氏が監修した『Modernist Cuisine（モダニスト・キュイジーヌ）』の共同著者でもあり、自らも高い専門性に裏付けされたサイエンティフィックなアプローチで、スマート低温調理器のスタートアップ、ChefSteps（シェフステップス）を設立。低温調理による新しい食体験をしてもらうため、調理ツールからミールキットまで開発をした経験を持つ。シェフステップスは、エスプレッソマシンメーカーの米Breville（ブレビル）に買収された。

そして、3人目がロバート・グラハム氏だ。彼はハーバード大学公衆衛生大学院で、公衆衛生学の修士号を取得後、医師として病院勤務を始めた。そこで気が付いたことが2つ。1つは糖尿病のような生活習慣病は薬を処方しても治ることはなく、日ごろの食事が変わらなければ患者の体調は良くならないこと。もう1つは、医者が食や料理について全く無知であるということだった。そこでグラハム氏は料理学校のNatural Gourmet Institute（ナチュラル・グルメ・インスティチュート）に通い、世界で約20人しかいないシェフドクターの1人となった。

グラハム氏は、健康な状態を保つためには人々が継続的に健康的な食事を摂取することが重要であるとの考えから、「医食同源」をベースにした個人や企業向けのプログラム「FRESH MEDICINE（フレッシュメディシン）」を提供している。FRESHとは食事（Food）、リラクセーション（Relaxation）、運動（Exercise）、睡眠（Sleep）、幸福（Happiness）といった5つのアプローチの造語で、これらを統合して健康を目指すという考え方だ。現在では、彼のアプローチを食品スーパーなどが社員研修として活用するなど、食に関わる産業にも指導をしている他、食品メーカーへのアドバイスも行っているという。

一方、日本にもコネクテッドシェフと呼ぶべき料理人はいる。「スマートキッチン・サミット・ジャパン2019」に登壇した田村浩二氏だ（240ページインタビュー参照）。同氏は海外での修業後、ミシュランの星を持つフランス料理店「ティルプス」でシェフを務める。その後独立し、オリジナルチーズケーキの「Mr. CHEESECAKE（ミスターチーズケーキ）」を運営、企業の商品企画・開発を支援する事業なども始めている。企業や同業シェフとのコラボレーションを通じて、この時だけの特別な料理を提供する、期間限定の「ポップアップレストラン」を開くこともある。田村氏には、いわゆる〝お客さん〟以外のファンも集まり、Ｔｗｉｔｔｅｒでは約4万人のフォロワーがおり、インフルエンサーとしても注目されている。

こうしたトップシェフたちには食材・調理への知見があり、プロとしての探求心、顧客に対してより良いものを提供したいという信念がある。そして有名シェフともなると、多方面への感度・ネットワークがあり、企業から見てもレストラン以外の場所で活躍してもらいたいだけのケイパビリティーがある。そのことに多くの人たちが気付き始めたのだ。

6 外食ビジネスの未来、5つの方向性

① レストラン機能のアンバンドル化

ここまで見てきた外食ビジネスで起きている現象を別の視点から見ると、「外食ビジネスのアンバンドル（分解もしくは細分化）が起きている」と言えるだろう。今まで、飲食店は食材、シェフ、レシピ、調理、場所、そして顧客という「機能」が、1カ所に集まり、それらが「バンドル」されて初めて成立していたサービスだった。だからこそ、立地と回転率が大事であり、そのために高額な賃料負担には目をつむり、代わりにオペレーションの効率化が最大の命題になっていた。

だが、ウーバーイーツなどのフードデリバリープラットフォームは、それらをアンバンドルし、「場所」

の制約をなくしたサービスと言える。ゴーストキッチンやロイヤルホールディングスが実験店で行う「火を使わない厨房」も場所の自由度を高める。最後に紹介したコネクテッドシェフの動きも、シェフが調理技術を生かして食品メーカーの商品開発に参入したり、自前ブランドを立てたりするのは、飲食店という枠組みから「アンバンドル」した動きと考えることもできるだろう。

② レストラン機能をつなぐプラットフォーム

こうした機能のアンバンドル化は、プラットフォーマーの存在によって加速する。レストランという存在から「場所」という機能を切り離す（＝アンバンドルする）のは、フードデリバリープラットフォームの存在が大きい。そして、先述したように、調理の場所自体もゴーストキッチンへとシフトし、複数レストランが集まった調理側のプラットフォームも重要な存在になる。外食ビジネスは、フロント側もバック側もプラットフォーマーと隣り合わせになっていくのだ。

一方、フードデリバリーもゴーストキッチンも、明確に成功するビジネスモデルが構築されているわけではない。ある程度スケールするまで薄利なビジネスになる。もともと飽和状態のレストラン業界において、その機能を分解してプラットフォームを成立させるのは、事業としての安定性を担保しづらいことを意味する。よほど大規模な運営事業者がいないと、事業の継続性や質の高いサービス提供が難しくなる。

交通の分野では、地方にある多数の小規模バス会社を経営統合していく動きが見受けられる。みちのりホールディングスがそれに当たる。小規模事業者の集まりである外食産業においても、こうした経営プラットフォームの存在も必要になってくるかもしれない。

③「場」が持つ価値の拡張

フードデリバリーやゴーストキッチンの普及が進むと、レストランという「場」の位置付けが変わってくる。新型コロナ禍の状況では、密な状態を回避する対策に追われるところだが、今は、そもそもレストランがどういう場であってほしいか、どういう場所になり得るかを再定義するときなのではないだろうか。「レストラン」とは食事というコンテンツがあり、人とのコミュニケーションがあり、新しい体験もできる場所と定義すると、その大きなポテンシャルが見えてくるはずだ。

一方、食品メーカーや自販機メーカー、カフェなどが、自販機3・0を用いてフード、ドリンクの直販ビジネスを展開することも考えられる。これは、店舗を持たずとも、極小スペースで生活者とダイレクトにつながれる仕組みである。外食プレーヤーがこのようなビジネスに参加して、シェア型のセントラルキッチンを活用しつつメニュー開発や食材の提供をするモデルも考えられるだろう。

④食にまつわるコンテンツの集合体へ

先述した場の価値の拡張を考えるときに重要な視点は、「目的」になるのではないだろうか。リアルでもオンラインでも、なぜその場に行くのかが問われる時代だ。「フードロスの削減に貢献したい」「このシェフの話が聞きたい」「故郷の空気を感じたい」など、何か自分にとって大切なテーマや人間関係、好みなどで「場」を選ぶようになっていく。

それに対して、レストランは、もともと食材や料理、シェフ自身、レシピなど、様々なコンテンツの集合体として考えることもできる。それぞれがユーザーの目的に応じたタッチポイントになり得るものだ。今後レストランは、様々なコンテンツが集まる「マーケット」のような存在になり、多様な目的を取り込む場となっていく可能性があるだろう。

⑤「感情労働」への本格シフト

ロイヤルホールディングスの菊地唯夫会長は、「今の世の中にある労働には3つの種類がある。肉体労働、頭脳労働、そして感情労働だ」と言う。感情労働とは、学校の先生や医者と同じように、自分の感情をコントロールして模範的にカウンターパートと接する働き方のことだ。今後、肉体労働はロボットに、頭脳労働の一部はＡＩに恐らく置き換わっていく。そうした時代でも、絶対に置き換えられないのが感情労働であり、それこそが人間が働くことの意味になるというわけだ。

これまでも、レストランのシェフやスタッフは、顧客の気持ちの状態や変化に合わせておもてなしをしてきた。今後はテクノロジーも活用しながら、どんな世界観の場をつくり上げられるか。考えようによっては、これまでにない自由度の高さがある。そして、顧客に対して、その「場」に来るに当たっての「目的」を提供できるか。どんなファン、どんなコミュニティーをつくっていけるのか。そこに人間にしかできない感情労働の力の見せどころがあるはずだ。

Interview

外食モデルの前提を見直し、激変をチャンスに人々の「連帯」を取り戻すのが飲食店の使命

ロイヤルホールディングス会長

菊地唯夫氏

1965年、神奈川県生まれ。88年、早稲田大学卒業後、日本債券信用銀行（現あおぞら銀行）入行。2000年、ドイツ証券を経て、04年にロイヤル（現ロイヤルホールディングス）入社。10年社長、16年会長兼CEO、19年より現職。20年4月より京都大学経営管理大学院特別教授。16～18年に日本フードサービス協会会長を務めた

新型コロナウイルスの影響を受け、飲食業界全体が苦境に立たされている。以前からテクノロジーを率先して活用し、変革を推進してきたロイヤルホールディングスを率いる菊地唯夫会長は、アフターコロナに向けた戦略をどう描くのか。

（聞き手は、シグマクシス田中宏隆、福世明子）

――完全キャッシュレス店の導入など、ロイヤルHDはこれまでテクノロジー活用に積極的にチャレンジしてきました。

菊地唯夫氏（以下、菊地氏） 我々が完全キャッシュレスの研究開発店「GATHERING TABLE PANTRY（ギャザリング・テーブル・パントリー）」を出したのは、「外食産業は市場規模が大きい割に生産性が低い」という課題に向き合うためです。生産性は分母を店舗スタッフの数、分子を付加価値とすることで示せますが、それを高めるためにはスタッフを減らすか、付加価値を上げるしかありません。

ここでやりがちなのが、前者の選択。しかし、外食産業では、人を減らすことはサービスの価値を下げるリスクに直結します。なぜなら、この産業の特徴は「サービスの提供と消費の同時性」にあるからです。3人で回していた店を2人に減らせば、現場が慌てふためき、サービスの価値が下がるのは目に見えていますよね。

そこで、我々が考えたのは、顧客が満足度を感じる部分には人を集中的に配置し、人がやっても機械がやっても同じ部分は機械に任せるという発想です。例えば、皿洗いや営業終了後の掃除、閉店後のレジ締めなどは、サービスの価値とは結びつかないので、機械に任せられる部分です。つまり、テクノロジーに置き換えても分子（付加価値）は小さくならない。人手不足で人を簡単に集められない中、テクノロジーとの向き合い方を踏まえて始めたのが、完全キャッシュレス店でした。

――菊地会長は外食産業の経営力を向上させる活動にも、先頭に立って取り組んでいます。

菊地氏 「経営はアートとサイエンスの融合である」とよくいわれますが、外食産業はまさにこの言葉が当てはまります。顧客の共感を呼ぶ商品やサービスをつくるためには、人の心の琴線に触れるアート的な部分が重要。一方で、経営は数値を駆使したサイエンスの部分も不可欠で、2つを融合させてはじめてサステナブルな企業になり得ると思います。

ただし、問題は華やかなアートのほうが目立ちやすく、前面に出やすいこと。だから、もっとサイエンスの部分を強化すべきというのが私の考えです。そして、経営だけではなく、テクノロジー活用もサイエンスの領域にあるもの。これからの外食産業はサイエンスの力なくして未来はない。そう強く感じています。

歴史を振り返れば、ロイヤルHDの創業者である江頭匡一にせよ、日本マクドナルド創業者の藤田田氏にせよ、外食産業の有名な経営者はアートとサイエンスの両方を持っている人物でした。それが、世代が変わるにしたがってサイエンスのほうが消えがちになるのは、それに注力すると「自分たちが大事にしてきたアート的な部分が失われてしまう」という根拠のない恐怖感があるからなのかもしれません。

──先ほど人と機械の役割分担の話が出ましたが、テクノロジーが目指すべき付加価値を掘り下げることについて、どのようにお考えでしょうか。

菊地氏 従来から重要視されてきた経営概念に「CS（顧客満足度）」と「ES（従業員満足度）」があります。CSは、例えば料理がおいしい、料金がリーズナブルなど、ESは快適に働き、昇給することなどで達成できます。しかし、CS、ESはそれぞれが一方的な満足度であり、同時に両立させることが困難。顧客は満足しているが、従業員は忙しくて苦しんでいる、その反対の状況も容易に想像できるわけです。

それを解消する進化の方向性が、私は「CX（顧客体験）」と「EX（従業員体験）」という考え方だと理解しています。CX、EXは相互作用であり、顧客と従業員が相互に共感できる状況をつくることで、双方が体験価値を同時に感じられる取り組み。これを実現するには、テクノロジーが必要です。

ロイヤルホストも“復活”に向けて動き出している

例えば、店のあちこちで顧客に呼ばれて従業員が走り回っている、多忙の中で本部への報告に時間が取られるといった状況では、従業員が顧客のために考える余裕を持てるわけもなく、当然、顧客の共感も得られません。そうした共感に結び付かない部分はどんどんテクノロジーに置き換え、従業員にはCX、EXを生み出す部分に集中してもらうということです。

——そうして人とテクノロジーがうまくワークすれば、外食産業にはまだ無限の可能性があるように思えます。

菊地氏　ただし、日本全国およそ67万の飲食店がすべてCX、EXを目指せばいいかと言えば、そうでもありません。CX、EXのように飲食店のアセットを最大限生かす方向性もあれば、顧客にとにかくおいしく食べてもらうことに集中し、3等立地に店を構えてフードデリバリー主体で生きていく〝派生形〟があってもいいと思います。今回のパンデミックでは、この新たなビジネスモデルの可能性が見えてきたわけです。

これは、ビジネスモデルが長らく固定化されてきた外食産業にとって、とてつもなく大きな変化です。本来であれば、テクノロジーが数年単位でゆっくりと浸透して進化するはずでしたが、今回のパンデミックで時計の針が一気に進んだ。ビジネスとしての多様性が急激に広がり、外食産業から「フードビジネス」への転換点に今、立っているのだと思います。

――フードビジネスへ進化する過程では、従来当たり前だった考え方を変える必要があります。

菊地氏　その1つが、需要のピークを前提にした産業モデルです。繁閑期・時間帯がある飲食店は売り逃しを避けるため、ピーク時の客席稼働を想定した店舗面積、設備投資を行い、それに伴った人財確保をするのが業界の常識でした。しかし、ピークありきですべてを用意することは、オフピークの稼働が課題になります。居酒屋のランチ営業が1つの例でしょう。ピーク前提のモデルが損益分岐点をぐっと引き上げる原因になる。

ここでテクノロジーを活用すれば、逆転の発想も生まれます。例えば、予約やデリバリー専門の店にがらりと変えたり、店舗面積を最小化してピーク時はデリバリーやテークアウトを併用して対応したり。そもそも店舗を持たない、いわゆるゴーストレストランや出張レストランのような形態もあり得ます。いずれにしろ、ピーク前提のビジネスモデルから脱却することが、今後の重要な論点になると考えています。

大切なのはビジネスモデルを因数分解し、前提を見直していくこと。今回の新型コロナ禍で店舗の家賃が支払えない問題も出てきていますが、では、そもそもどういうビジネスモデルだったら家賃に困らなくて済むのかを考える必要があるでしょう。

「場所」の価値が下がり、「時間」の価値が上がる

――Withコロナ、あるいはアフターコロナの時代に、チェーン店としての強みは何でしょうか。

菊地氏　大きいのは、セントラルキッチンを所有していること。ロイヤルHDのセントラルキッチンは、工場で

はなく文字通り巨大な“キッチン”です。カレーはシェフが丁寧に味を調えながら鍋で作り、ビーフシチューは牛肉を手切りするなど、本当に手間をかけて調理しています。そうしてセントラルキッチンで一次加工したものを、店舗の厨房でもう一度最終加工してお出ししている。

Ｗｉｔｈコロナの時代に入って、その強みが生きています。例えば、セントラルキッチンで作ったものを冷凍して家庭向けにネット販売する「ロイヤルデリ」の売り上げが好調で、今後メニュー拡充するべく議論しています。

このように今は、我々ロイヤルＨＤも含めて多くの飲食店が変わることを余儀なくされています。大切なのは今回、背に腹は代えられない状況で実践し、意外と売れることが分かったやり方を持続できるかどうか。こうした成功体験は、平時のゆるやかな変化の中では決して生まれるものではありません。

ただし、外食市場全体は約26兆円あるものの、大手企業をみても約５０００億円の売り上げなので、1社でできることは小さいのが現実。ここで大切なのはプラットフォーマーの存在です。現在デリバリーやテークアウトでプラットフォーマーが出現し、変化が加速しているように、経営やテクノロジーといったサイエンスの部分を横串しで提供する外食産業のプラットフォームをつくっていければ面白いと思います。参加する企業の経営者は、得意なアートの部分に専念できますから。

——これからは他の産業との垣根がなくなり、業界を超えた合従連衡も加速しそうです。

菊地氏　その通り。食品メーカーや流通など、今までにない、より密な連携が生まれるでしょう。一方で当然、他の業界が外食機能を取り込む動きも加速します。そうなると、やはり最後は料理のクオリティー勝負になる。デリバリーで生きていくにしても、クオリティーが低ければ、いずれ淘汰されます。従来ありがちだった、料理はそれほどでもないがサービスや店の雰囲気がいいから行くという消費行動は今後次第に減り、より本質的な部分が問われる世界になるでしょう。

加えて、デリバリーやテークアウトなどによる外食産業のフードビジネス化が進めば、場所（立地）の価値はどんどん下がっていきます。では、場所の価値が下がるぶん、何の価値が上がるのか。それは、「時間」だと思います。

わざわざ時間をかけて店に行かなくても、自宅でおいしいものを食べられる時代。例えば、店に行ってみたら満員で行列に並ばなければならなかったり、目当ての料理が直前で売り切れてしまったり、時間を無駄にするリスクは許容されないでしょう。こうしたサービスの提供と消費の同時性によって起こっていたレストランの「負の制約」から、顧客を解放するのがテクノロジーであり、フードビジネス化の本質です。もちろん、従業員側も予想以上に顧客が集まって、過度な労働を強いられることもなくなります。

――今回のパンデミックで大打撃を受けた飲食店は、今後再びその役割を取り戻すことはできるでしょうか。

菊地氏　もちろんできます。パンデミックと社会の変化の中で魅力を失ってしまう、ノスタルジーのような存在に飲食店をしては決してなりません。私が今回考えたのは、2011年の東日本大震災と新型コロナショックでは本質的に何が違うのかということ。震災のときは、「問題を乗り切ろう」「頑張ろう」と、日本全体でものすごい連帯感が生まれました。しかし、新型コロナ禍では全く反対で、〝自粛警察〟のように人々の「分断」が起こってしまった。それは、震災が自然相手の災害だったのに対し、新型コロナは「人が介する災害」だったからだと理解しています。

であるならば、私は分断状態を解消することにこそ、「食」の役割があると思います。どんな人でも食事をしているときは気分が良くなったり、豊かな時間を過ごせたりするものです。長期間の自粛生活でフェース・トゥ・フェースの重要性が再確認される中、人々の連帯感を取り戻す意味でも、我々飲食店が提供する質の高いフードビジネスが大きな役割を果たすはずです。

もともと、レストランはフランス語で「回復させる」を意味する動詞「restaurer」が語源。傷ついた人たちを回復させるために作ったスープがあり、そこから派生してレストランは「回復させる食事」を意味するようになったと言われています。一方、ホスピタリティーもラテン語の「回復させる」という意味の言葉から来ている。つまり、食とホスピタリティーという外食産業が大事にしてきた2つの言葉は、いずれも人と、分断された社会を回復させるという意味があるのです。

ですから、Withコロナやアフターコロナ時代、人々の気持ちや体を回復させるステージに向かったときこそが、まさに我々が社会的な役割を果たすとき。そこで、人々の連帯に向けて寄与することが、飲食店に課せられた使命だと考えています。

（構成／高橋学＝ライター、日経クロストレンド勝俣哲生）

Interview

シェフの価値はファンを魅了する「体験設計」にある 今こそ固定店舗以外のビジネスを育てるチャンス

Mr. CHEESECAKE

田村浩二氏

1985年生まれ。調理師専門学校卒業後、「L'AS（表参道）」などを経て、渡仏。帰国後の2017年、世界最短でミシュランの星を獲得した「TIRPSE（ティルプス）」のシェフに弱冠31歳で就任。現在はオンライン販売のみで大人気のチーズケーキ「Mr. CHEESECAKE」の運営の他、複数のビジネスを展開。Twitterフォロワー数が約4万人のシェフインフルエンサーとしてSNSも活用

ミシュラン星付きフレンチレストランのシェフ（料理長）から転じ、ネット通販で完売続出、〝人生最高のチーズケーキ〟と称される「Mr.CHEESECAKE（ミスターチーズケーキ）」を率いる田村浩二氏。新型コロナ禍で苦境に立たされる食ビジネスの次の一手を聞いた。

（聞き手は、シグマクシス福世明子）

――新型コロナウイルスの〝襲撃〟による、飲食店やレストランの厳しい現状をどう見ていますか。

田村浩二氏（以下、田村氏）　ネット通販やテークアウト、デリバリーに挑戦する動きが盛んになりましたが、思うように売り上げが立たないのが多くの現実です。それは、顧客がレストランに対して求める価値とのズレがあるから。顧客は料理だけではなく、一緒に行く人を決める時間やレストランで過ごす時間、空間も含めた〝体験〟があるからこそ、わざわざレストランに足を運んでいた。その体験価値の重要性が改めて浮き彫りになったのが現状です。

また、これまでシェフは、料理を仕上げてすぐに食べてもらえるレストランという「箱」に最適化された料理を作るプロでした。それを、顧客が食べるまでに20分以上もかかるテークアウトにチューニングし直す必要があります。それが、実に困難なわけです。

――レストランという場所が使えないことの弊害が、様々な側面に顕在化している。

田村氏　そうです。また、これまでレストランは東京・六本木ならこういう店、渋谷ならこんな店と、極めて細分化されたエリアの中でポジショニングを考え、そこで勝ち進めば人が来てくれたモデルでした。しかし、テークアウトやデリバリー、ネット通販が〝主戦場〟になると、それが成り立たない。

まず、顧客に店の存在を知ってもらうためのツールは基本的にネットになる。デジタル空間での影響力がどれだけあるかが重要になり、食べてもらう前のコミュニケーションの良し悪しがカギを握るわけです。逆に言えば、SNSやネットの活動が貧弱だと、どんなにおいしい料理を作ってもアクセスされない。それが、新型コロナ禍を経た現在の一番大きな変化だと思います。

――ネットへの影響力を磨くにはどうすればよいでしょう。

田村氏　従来のレストランは、シェフが複数のスタッフをまとめあげて料理を作る「チーム戦」です。それに対し、ネットは個々の発信力がものをいう「個人戦」。効果的な発信を行うには、シェフ個人が料理以外のコミュニケーション力や文章力、映像、写真などを使った発信力を伸ばす必要があります。もちろん、それが得意な仲間と一緒につくる手もあるでしょう。

ネットで個人戦を挑むには、もう1つポイントがあります。今までは、どうしてもレストランや代表料理＝シェフ個人のアイデンティティーと認識されがちでした。しかし、本来ならシェフの個人的な魅力が前面に出るべきというのが私の持論。レストランで提供する料理はあくまで仕事であって、例えばフレンチのシェフがプライベートではタイ料理にはまっているなど、レストランのイメージと離れた個性、発信があってもいいと思う。そうした発信でシェフ個人に興味を持ってもらい、応援してくれる人を増やすことが、1つの道です。

――ネット通販やテークアウト、デリバリーで良い戦略はありますか。

田村氏　レストランで食べる体験とは全く異なるのに同じ料理を提供していては、料理や店自体の価値が下がりやすい。有効なのは、シェフ個人にひも付けたネット通販やテークアウト専用のサブブランドをつくることです。ブランドを分けることで期待値の調整がなされるため、店側と生活者側でコミュニケーションのズレが起きず、なおかつ、シェフのアイデンティティーも見えてくるので、理想的な戦略だと思います。

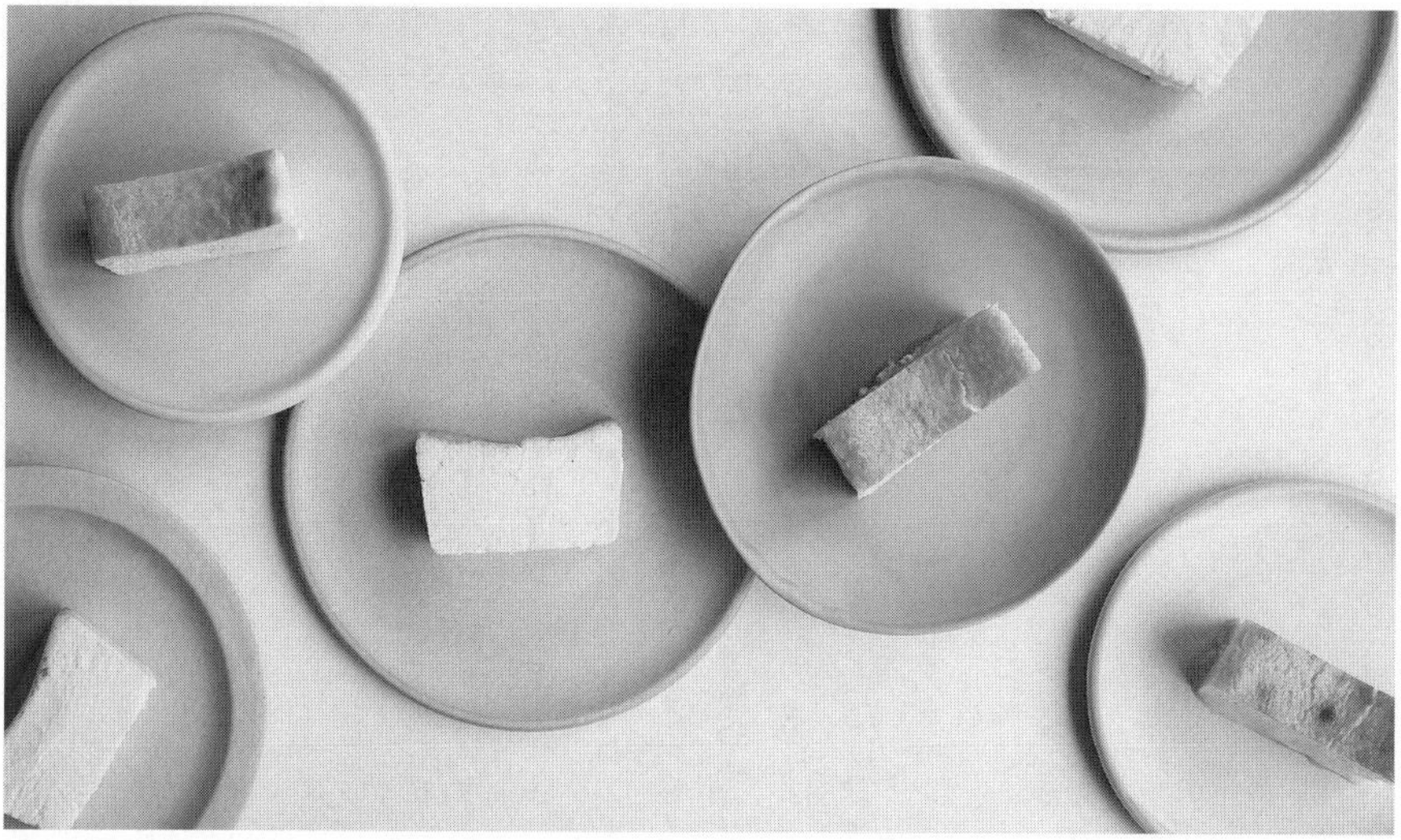

Mr. CHEESECAKEのトーキョーチーズケーキ

平時であれば、一流レストランがレストラン以外のビジネスにトライすると、「大衆路線に走った」などと業界内外からマイナスイメージを持たれがちですが、今は違います。この機会にサブブランドを立ち上げ、それが軌道に乗って既存のレストランとのすみ分けがきっちりできたなら、レストラン以外の収益を得ることになる。それがスケールし、レストラン以上に売り上げを伸ばす可能性だってあります。

顧客がネット通販のサブブランドからアクセスし、アフターコロナ時代になってレストランにも足を運ぶ動きも生まれるでしょう。まさに今が、オンラインとオフラインを交錯させた戦略を描く好機といえます。

例えば、Mr.CHEESECAKEで提供する「トーキョーチーズケーキ」（税込み3456円、4320円）はオンラインでしか購入できませんが、次の展開としてはオフラインのリアル店舗でしか買えない商品を立ち上げる計画。例えば、価格帯をずらして1000円、2000円台のお土産スイーツの市場を狙うなどです。

オンライン市場は世界中の人にアクセスしてもらえる半面、認知してもらうまでに相当な時間がかかります。一方、オフラインは顧客接点が限定されるものの、偶然通りかかった人に認知され、買ってもらえる可能性がある。それぞれに良さがあり、オンラインでしか買えない、オフラインでしか購入できないと制限を設けることで、最も高いシナジーを生むと私は考えています。

――一般的には、オンライン（ネット通販）もオフライン（リアル店舗）も同じ商品を売るブランドが多いと思います。

田村氏　今はそうですが、それぞれの立ち位置は全く異なるので、機能を分けて活用するのが本来の姿です。例えば、レストランは体験価値を提供する場であり、その空間で顧客にどのような気持ちになってほしいかを考え尽くして、それに最適化された料理を作るべき。一方で、その空間から離れ、しかも異なる価格帯が求められるネット通販やテークアウト、デリバリーでは、レストランにつなぐための商品と位置付け、食べたときに「今度は店に行ってみたい」と思えるものであるべきです。

ここで大切なのは、レストランへの導線や仕組み、ストーリーであり、今っぽく言うと「コンテクスト（文脈）」をしっかりと組み立てること。それができれば、レストラン自体のサステナビリティー（持続可能性）や金銭的なバランスも担保できる。逆に職人気質だけで勝負していては、一部の日本の伝統工芸品がそうであったように淘汰されかねません。それが、今のレストラン業界の現実ではないでしょうか。

シェフは料理ではなく〝体験〟をつくる仕事

――田村さんが実践されているネット通販での単品勝負はできないと諦めているシェフも多いのでは。

田村氏　そう思っているシェフがいるとすれば、完全な間違いだと思います。もちろん、レストランの最大の強みはコース料理にありますが、コース料理という〝線〟を作るには、そもそも一品一品の〝点〟が良くなければ成立しません。基本的にはコース料理であれ、単品であれ、食べた人がどんな感情になって、その人の行動がどう変わるかが一番重要です。分かりやすく言えば、食べるとおいしくて、感動し、さらに人に伝えたくなるというアクションまでを生み出せるかがシェフの腕の見せ所なわけです。

Mr.CHEESECAKEのように、例えば単品のスイーツをオンラインで展開する場合、コンビニスイーツが競合になる可能性もあります。そうならないためにはどうすべきか。私が思い付いたのは、顧客の〝時間〟をいただくことです。自宅でもスイーツに向き合う時間をしっかりつくれれば、レストランに近い体験になる。買ってその場で食べられるコンビニスイーツとは一線を画し、「非日常の体験」を提供しようと考えたわけです。

そこで最初に決めたのが、チーズケーキを冷凍で届けることでした。冷凍状態ではアイスケーキのような食感と酸味が引き立つ味わいを、室温で1時間程度置いた半解凍状態では中心に残る冷凍の食感と外側の滑らかなコントラストを、完全解凍ではまるでブリュレのような滑らかさをと、時間の経過で3段階の味わいを楽しめる。それが、「時間をかけて食べてください」というコミュニケーションを前向きなメッセージに変えたのです。

――自宅で食べるスイーツも、文脈を組み変えることで全く別物の体験になると。

田村氏　そうです。Mr.CHEESECAKEでトーキョーチーズケーキを1本単位でしか売っていないのは、1人で食べてほしくないから。ホールで買えば、切り分けて誰かと一緒にシェアしたいという発想が生まれます。「チーズケーキを誰と食べようか」と考えるところから体験がスタートする点は、レストランに行くのと同じ入口ですよね。

こうした体験設計は、他の業界の人には思いつかないシェフならではのものだと自負しています。その強みを見失ってしまい、安易にレトルト食品のネット通販や、テークアウト、デリバリーの弁当で戦い始めてしまうのは、実にもったいないことです。単にレトルトのカレーを作って届けたところで、レンジアップして1人で寂しく食べるだけなら、スーパーやコンビニで売っている商品との差別化は難しい。そうならないように、カレーにどんな付加価値を付けるかを考えるのがシェフとしての勝負のしどころです。シェフは料理ではなく、〝体験〟をつくる仕事。料理を食べた人が感動したり、幸せを感じたりするなど、どういう感情を生み出すかが我々の「目的」であり、料理自体は「手段」にすぎない。そこを間違えないことが一番大事です。

——田村さんご自身は、すでにTwitterで約4万人ものフォロワーを持つインフルエンサーとして、ネットでの影響力を持っています。

田村氏　大切なのは、シェフとユーザーが「互いに搾取しない関係性」を築くこと。私自身がもっとフォロワーを増やしたいと思えば、ひたすらレシピだけをツイートするなどの方法があります。しかし、それでは「レシピを無料で教えてくれるだけの存在」になりかねず、そこで反応してくれた方は「本当のファン」ではないでしょう。

ですから、私はあえて日常のくだらないこともツイートするし、料理以外の個人的な思いも発信している。それを見て離脱する方がいても方針は変えません。そうした私のアイデンティティーも含めて受け入れ、フォロワーとして残っていただける方こそ、本当のファンだと考えています。そのコアなファンが、いざという時に応援してくれる〝財産〟になるわけです。

Mr. CHEESECAKEは、自分の誕生日と家族の誕生日、できれば贈答用と、年間2〜3回購入してもらうのが理想です。飽きさせない工夫として、季節限定のフレーバーを年に数回展開。毎回、意外な素材の組み合わせに挑戦して、少し複雑な味にすることで、他のスイーツメーカーではできないクリエーティブな価値を提供しています。

こうして多少複雑な味を提供するのには意味があります。これを経験してもらうことで顧客の食体験のレベルが上がり、今後、私がより複雑で難しい表現をするレストランを始めたとしてもファンの理解を得やすいと思うのです。様々なコミュニケーションを通じて、食べ手側のリテラシーを上げていくことも、コアファンと成長していくには必要なことです。

——最後に、苦境に立たされている飲食店やレストランにメッセージを。

田村氏　従来の飲食店やレストランは、「客数」「客単価」「営業日数」という、たった3つの要素で売り上げのトップラインが決まってしまうモデル。そのため、店のサイズや数、価格設定が変わらない限り、10年後も売り上げの天井は同じです。しかし、今回の新型コロナ禍を経て、考えようによっては固定店舗の売り上げに加えてテークアウトやデリバリー、ネット通販といった新たな収益を得る道筋が見えてきました。今まで10年後の収入が変わらない人生だったのが、努力次第で変えられる。これは、レストランビジネスの収益拡大を阻んできた〝天井〟が、突如としてなくなったことを意味します。

また、これまでレストランの努力の成果は、ミシュランの星や食べログの点数などの「評価」でしか貯まらなかった。しかし、ここから先は努力した分がしっかりと「数字」となって返ってきます。それは支えてくれるコアファンの数であり、売り上げです。信頼を得ながら自身が成長していける世界に急に切り替わったのです。そんな今だからこそ、旧来のレストランの風習から抜け出すチャンスだと思います。

（構成／高橋学＝ライター、日経クロストレンド勝俣哲生）

Chapter

8

フードテックを活用した食品リテールの進化

1 食品リテールの新たなミッション

食品スーパーの売り場レイアウトのせいで、顧客の20%がダイエットを邪魔されると感じている。これは、19年7月、イギリスのthe Royal Society for Public Health（公衆衛生王立協会）とダイエットをテーマにした団体Slimming World（スリミングワールド）がまとめたリポート「Health on the Shelf」で明かされた、衝撃的な調査結果だ。この調査では、スーパーが販売増を目指すあまり、入り口近くや「面」となる目立つ棚、最後のレジ横に菓子や非健康的な商品を「うっかり」買わせるようなレイアウトにしていることを指摘している（図8－1）。

公衆衛生王立協会のポリシー・コミュニケーションエグゼクティブのLouisa Mason（ローザ・メイソン）氏は、「スーパーは売り上げを追求するし、食品メーカーも気の遠くなるような交渉を通じて、売り上げ最大化のために棚スペースを取りにいっているが、その結果、顧客の健康がどうなるかは考えていない」と指摘する。食品メーカーも食品リテール（小売り）も、この顧客の健康課題について真剣に考えてほしいと訴えている。そして、専門家の意見を取り入れ、顧客を健康にする理想的なスーパーのレイアウトを提案している。目につきやすい位置にある棚や、レジ横に野菜やフルーツなどを配置する形だ。現在、ロンドンのThe People's Supermarket（ザ・ピープルズ・スーパーマーケット）でこのレイアウトを実践し、「健康になれるスーパー」として実証実験中だ。顧客が正しい選択ができるよう、様々な工夫をしている。こんなスーパーであれば、通ってみたくなるだろう。

実はイギリスでは、スーパーのレジ横に菓子を置くことを規制する動きがある。これは、今後12年間

図8-1 イギリスの食品スーパー店舗レイアウト改善事例

Before 典型的なスーパーマーケットのレイアウト。青いところが非健康系食品（左下が入り口、左上がレジ）

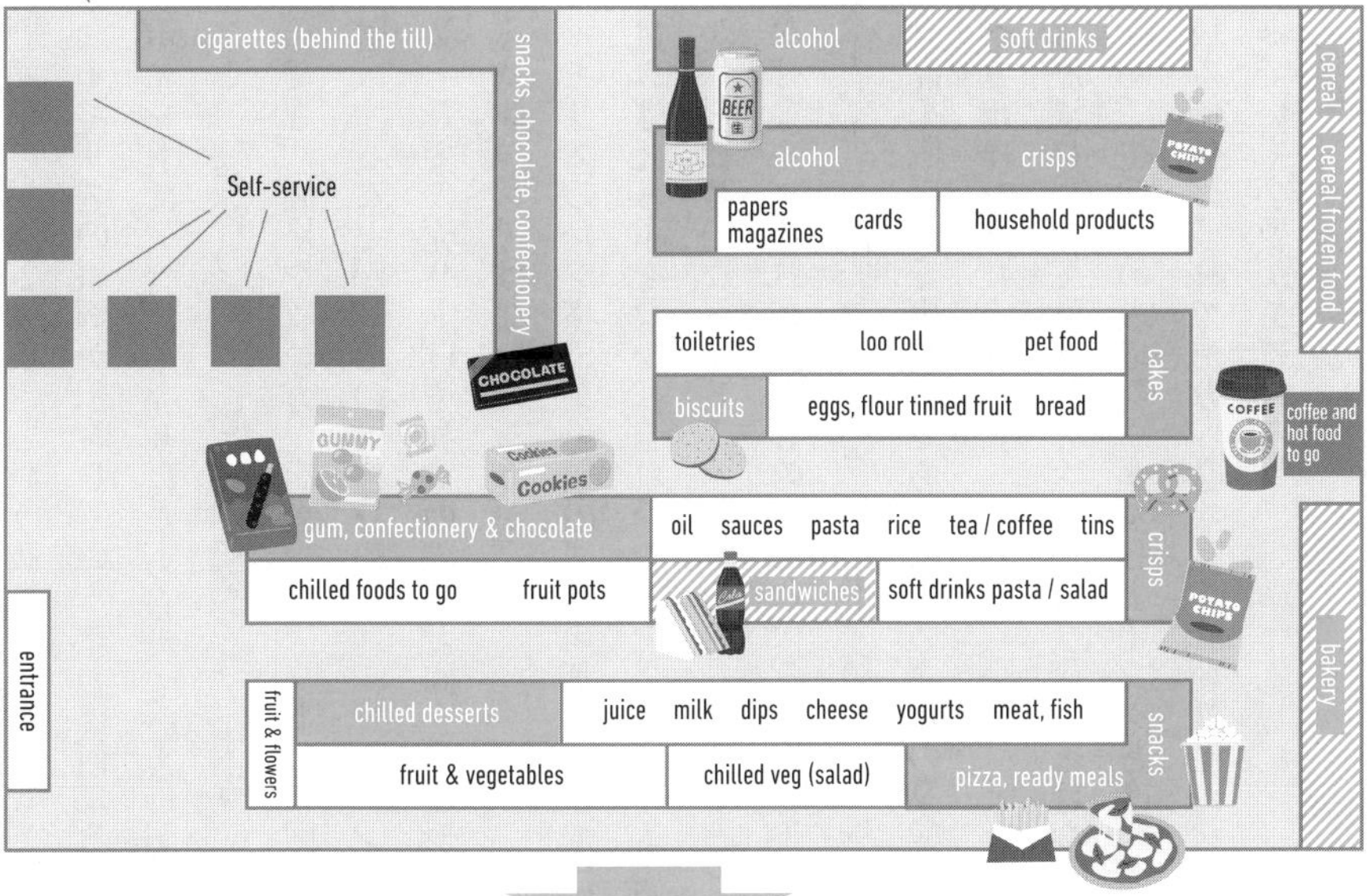

After エキスパートが推奨する、健康になれるスーパーのレイアウト例

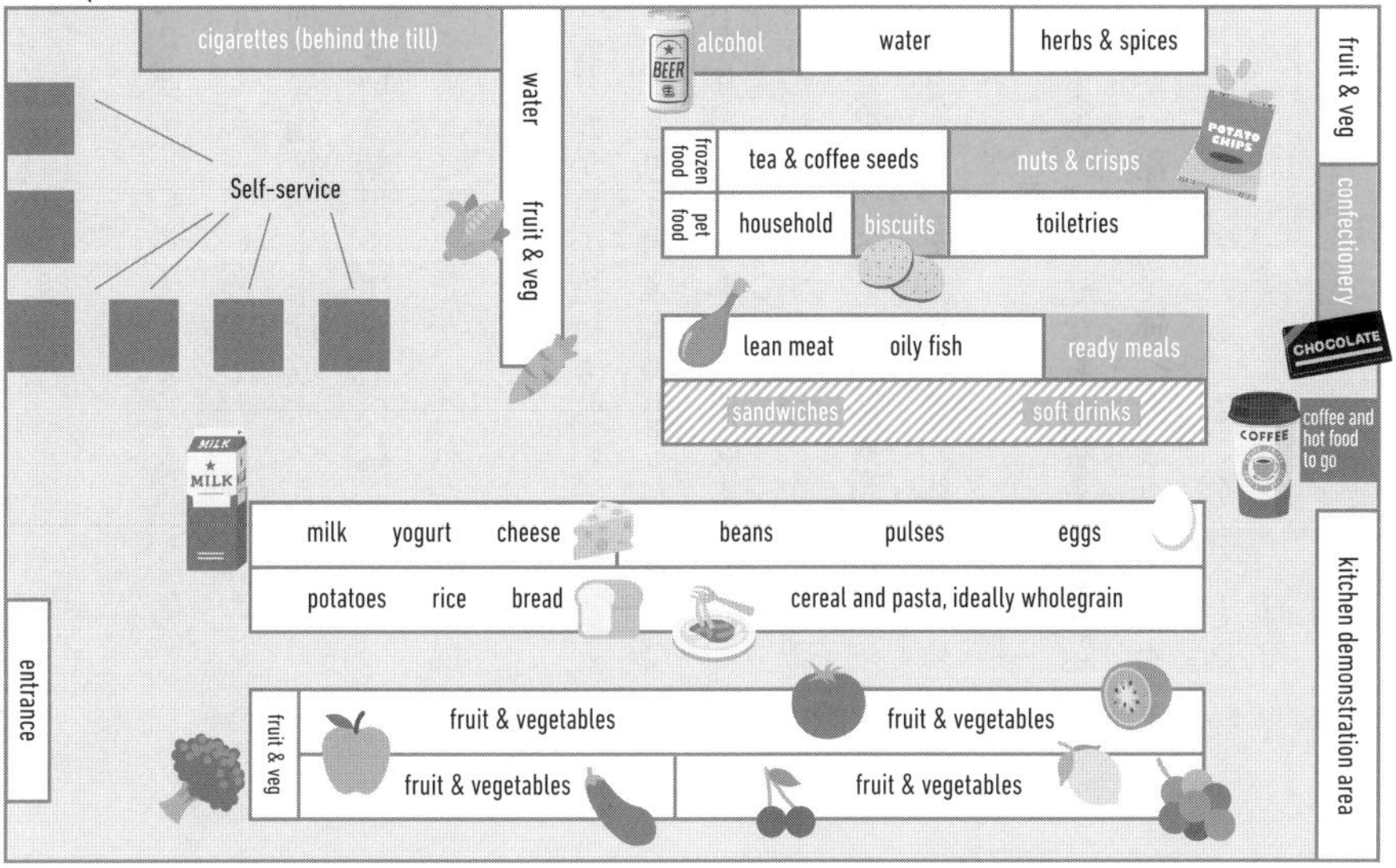

出所：RSPH, Slimming World "Health on the Shelf"

で子供の肥満率を半減させようという政策の一環として挙がっているのだという。

こうしたイギリスの事例が示唆していることは何だろうか。

大事なポイントは、食品小売りに求められている役割が、「顧客が求めているものを安く提供する」ことではなく、「顧客のウェルビーイングを良くする」ことにシフトしてきていることだ。リアルな店舗でもECでも、価格や買い方、店舗レイアウト、業態を含め、様々な施策が本来達成すべきことは、その店で購入することが、その人自身のウェルビーイングに良い、という結果を生まなければならない。これを企業としての売り上げや利益の成長と両立する形で達成すること。これこそが、これからの食品小売りのミッションではないだろうか。

前述のイギリスのレジ横の菓子類の展示規制については、食品小売り側からの抵抗も強い。稼ぐことができなければ元も子もない、きれいごとを言っている場合ではない、と思う事業者の方もおられるだろう。しかし、顧客のウェルビーイングを良くすることと、食品小売りの成長は本来、相反するものではない。なぜなら、それが良いものであれば、集客を促し、購買にもつながるはずなのだ。こうしたことは、「スーパー」に限らず、人々が食品を購入する場、コンビニ、ドラッグストア、個人商店など、生活者に食品を販売する事業者であれば、いずれの業態にも言えるとともに、デジタルでの体験を含めて考えるべきポイントだ。

日本では肥満について欧米ほど大きな社会課題とはなっていない。であれば、私たちが解くべき課題は何だろうか。生活者の求めるウェルビーイングとはいったい何なのか。第1章で述べたように、人々の求めている価値は多様であり、必ずしも利便性軸だけではないことが分かっている。ここをもっと掘り下げてみていく必要があるだろう。

食品リテールが追求するウェルビーイングとは

改めてシグマクシスの調査結果を見ながら、食品小売りが注目すべきウェルビーイングを考えてみよう。調査によると、自身にとって重要な価値観には、体と心の健康はもちろんのこと、自分でいられる時間、楽しんでいられる時間なども、心身の健康に匹敵する重要さがあることが分かった。図8-2を見たとき、重要な価値観トップ5はこれだといった形で解釈するのはお薦めしない。ここでの最下位は「コミュニティーの役に立っている」だが、これでもおよそ6割もの人たちが重要だと考えている。「重要な価値観」として挙がっているすべての項目について、世の中の60~90%近くの人が重要だと考えている。そのことに注目すべきだ。

また、食に求める価値という観点ではどうだろうか。図8-3は食というシーンで、生活者がどんな言葉に共感しているかを調査したものだ。「リラックスしたい」「健康でありたい」「楽しみたい」、これらは食のシーンでは群を抜いて大切なことであるのが分かる。そしてこのロングテールチャートも、ぜひ下位のほうにも注目していただきたい。「自己表現したい」「周りとつながりたい」、そんな価値を求めている人も5%近くいる。小売りの現場で、それを実現できる商品、サービスを提供できれば、確実に関心をもってもらえるはずだ。これまで他の章で取り上げてきた様々なフードテックによって、こうした細かいニーズも可視化できるようになってきており、小売り側が効率的にリーチできる可能性も出てきているのだ。

もともと食品小売りは、モノがあふれていない時代に、人々に値ごろ感ある品ぞろえを通じて豊かな食生活を演出し、〝日常生活〟に絶え間ない感動を届けてきた存在である。八百屋や肉屋などの専門店は、人との触れ合い、地域性をうまく統合して、効率化だけでなく、地域住民や生産者とのつながりを創出

図8-2　重要な価値観（非常に重要、重要、まあまあ重要と回答した人の割合）%

Q. 次の状態について、あなたの人生にとっての重要度合いを教えてください

日本
N:833

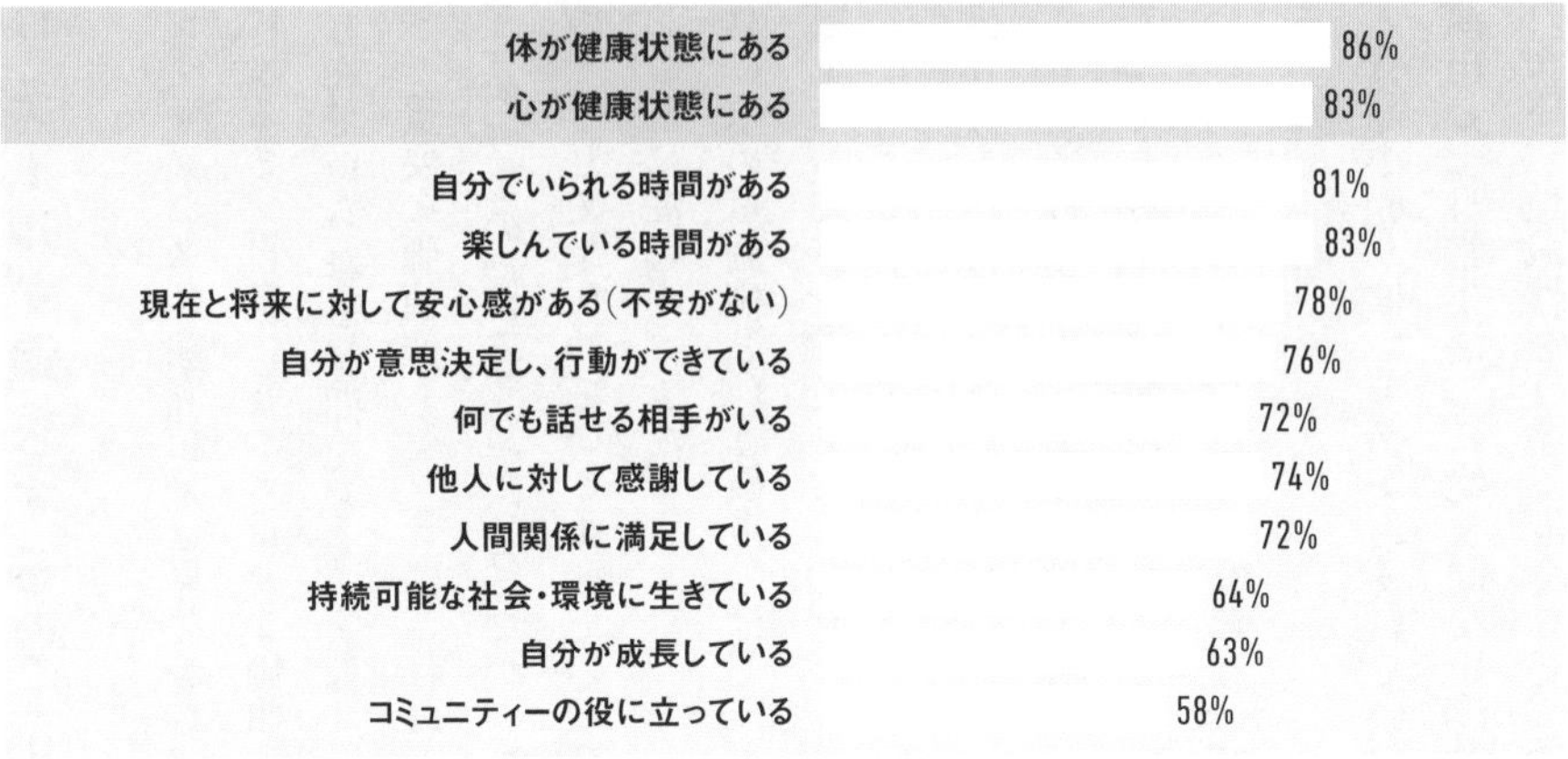

出所：シグマクシス「Food for Well-being調査」（19年11月実施）

図8-3　食に求める価値（当てはまるものすべて選択）%

Q. 食のシチュエーションにおいて、次の言葉で共感するものを教えてください

日本
N:833

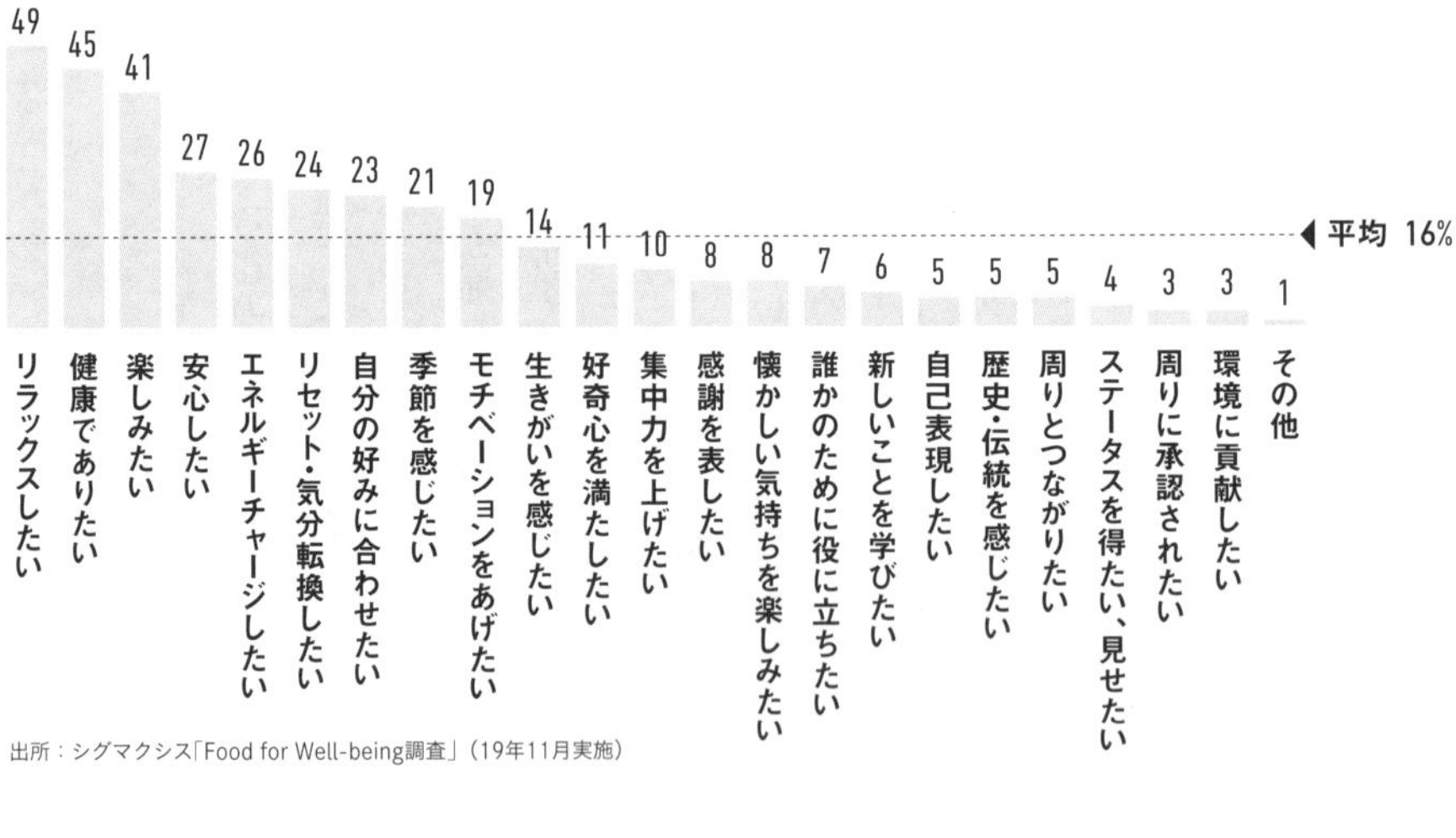

出所：シグマクシス「Food for Well-being調査」（19年11月実施）

する場だった。本章では、今人々は本当に楽しく、感動をもって食品を買っているのか、そして、その購買行動は人々のウェルビーイングに貢献しているのか、ということを課題提起したい。そのうえで、フードテックの活用により、その可能性を開放することができる食品小売りの近未来を考えてみたいと思う。

欧米では、すでに新たな取り組みが萌芽しつつあるが、食の多様性というだけでなく、ホスピタリティーあふれる日本人の国民性を考えたときに、実は世界で最先端となり得る事例をつくれる可能性がある。本章はそのヒントとなればと考えている。

2 地盤沈下し続ける食品リテール

食品小売りのミッションや、あるべき方向性が分かったところで、現時点でこの業界が置かれている状況を改めて振り返って見ていこう。

新型コロナ禍の影響もさることながら、日本の人口動態に伴い、今後日本の〝胃袋〟は小さくなるという。農林水産政策研究所の調査によると、キロカロリーで見た食料消費総量は減少に向かうと予測されている。この小さくなりゆく胃袋に向かって、今、数多くの食品小売りがひしめき合っている。

こうした〝不都合〟な予測を見ながらも、日本の食品小売りにおいては生き残りをかけて、新規出店を増やすなど、とにかく市場のパイを奪い合ってきた。食品スーパーやコンビニだけではなく、ドラッグストア、ディスカウンターなど、これまで食品・生鮮品を取り扱わなかったプレーヤーが、食領域の集客力（目的地化する力の強さ）に目を付けて、こぞって食料品の取り扱いを増やしていく中、結果として食品取扱店の出店過多な状況がここ数十年続き、〝同質化〟を招いている。もはや品ぞろえと価格では、ほとんど差別化ができず、業界全体として成長が見いだせないでいる。

もう1つの動きはECの浸透だ。米国の小売業においては、「アマゾン・エフェクト」のインパクトが大きい。アマゾン・エフェクトとは、アマゾンに代表されるネット通販業の発達がもたらした経済への影響のことだ。実店舗を持つ小売業が不振に陥る他、様々な業種が影響を受けているという。米国では、17～19年の3年間で、約9800の店舗が純減（開店数－閉店数）している。

その一方で、米国のEC市場は大きく成長している。調査会社eMarket（イーマーケット）のレポートによると、17年の4490億ドル（約48兆円）から23年には9690億ドル（約104兆円）へ成長すると予測されている。また、食品購入においてもEC化は進んでいる。同レポートによると、米国のECでの食品・飲料販売は、19年には198億ドル（約2兆1300億円）だったが、23年には381億ドル（約4兆900億円）と、2倍に迫る水準にまで成長すると予測されている。また、食品ECを利用しない人は15年に66％だったが、19年は44％に減少している。確実に日常の食品購入にECが浸透してきているのだ。

国内においては、食品ECの浸透はあまり進んでこなかった。しかし、新型コロナ禍の状況にきて、潮目が変わった。オイシックス・ラ・大地は会員数、受注数が拡大し、物流センターのキャパシティーを超えたため、一時、新規会員の申し込みを停止した。アマゾンフレッシュやネットスーパーは、配送を申し込んでも数日間待たされる事態が発生するほどであった。

また、新型コロナの影響により、スーパーマーケット以外にも食品ECに参入するプレーヤーが増えている。顕著なのは、外食店に食品を卸していた食品卸や産直プレーヤーだ。外食の営業自粛を受けて生鮮品の販路がなくなったため、生活者へ販売する小売りにビジネスモデルを変換している。例えば、大田市場の仲卸が生鮮品を販売する大田市場直送．ｃｏｍなどがある。外食プレーヤー自身が自社で利用する食材をミールキットやレシピ付き食材として、生活者へ販売するケースも見られる。

このように、国内においても食品ＥＣへのニーズが爆発的に顕在化され、定着してきている。大手プレーヤーの本格参入や異業種からの参入も急激に増え、ＥＣによる食品販売の競争は激化している。ＥＣのバック業務の自動化なども進み、食品小売りのＥＣ対応が加速する可能性が高い。

流通バイパス化：Ｄ２Ｃチャネルの浸透

こうしたＥＣ化の延長線上には、Ｄ２Ｃ（ダイレクト・トゥ・コンシューマー）チャネルの浸透がある。もはや流通を必要とせず、直接生産地から消費地に届ければよい。例えば、15年創業のポケットマルシェは、生活者が全国の農家や漁師と直接やりとりしながら食材を買えるオンラインマルシェを運営している。ポケットマルシェの最大の特徴は、生産者と購入者が個人として付き合い、コミュニケーションを取れること。ポケットマルシェでは生産者が１つのブランドであり、ポケットマルシェのアプリケーションを介して生産者自身がアピールしたい内容やメッセージを生活者に発信できる。出品されている農産品や水産品は、生産者から直で届けられるため鮮度が高いことも特徴だ。

オイシックス・ラ・大地は、食の領域で、Ｄ２Ｃプレーヤーやスタートアップを育成、支援している。19年に、食領域に特化したスタートアップへの出資を目的としたFuture Food Fund（ＦＦＦ）を立ち上げた。大手企業も巻き込み、新しい食のエコシステムをつくることを目指している。また同年に、スタートアップが商品を販売できる場「Ｏｉｓｉｘ　クラフトマーケット」を開設しており、ＦＦＦとも連動してスタートアップの製品をテスト販売できるチャネルを自ら構築している。

3 Amazon Goが示した究極のリテールテック

日本国内で、食品小売りの過当競争が進み、ＥＣ化やＤ２Ｃの兆しが見え始めてきた中で、リテールテックの最先端、米国では何が起こってきていたのか。

日本以上に効率化志向の米国市場では、リテールテック、いわゆる商品を調達してストアにおいて顧客に販売するという一連のプロセスをデジタル化、自動化していく動きが加速化している。何といってもその動きの牽引者はアマゾンだ。そして、その究極の事例が、レジなし店舗の「Ａｍａｚｏｎ Ｇｏ（アマゾン・ゴー）」であろう。

アマゾン・ゴーおよび20年2月にシアトルで1号店がオープンした生鮮食品を扱う「Ａｍａｚｏｎ Ｇｏ Ｇｒｏｃｅｒｙ（アマゾン・ゴー・グロサリー）」は他にはない新しい購買体験だ。利用者はアプリケーションをダウンロードし、クレジットカードを登録しさえすれば、後はアプリをかざして店舗に入り、欲しいものを持って帰るだけであり、レジに並ぶ必要もセルフレジを通す必要もない。

天井や棚にある大量カメラで人の動き、手の動き、棚の商品を把握しており、商品がカートやバッグに入れられたことを認識して、個々のバスケットとして登録していく。ゲートを通過すると購入したと見なされ、決済が行われる。従業員は、棚への補充やゲートでのサポートが役目だ。レジレスをうたう店舗は多いが、代わりに顧客本人がセルフレジで決済をするケースがほとんどだ。ここまでスムーズな買い物ができる店舗はまれだ。

この店舗には、フリクションレスショッピング①、レジレスショッピング②など、リテールテックのすべての要素が入っているとともに顧客の行動データ、食材に関するデータなどを分析し、商品開発や新たな店舗設計など、次なる施策への重要な示唆がたまっていると思われる。20年、アマゾンはレジレスシステムをパッケージ化した「Just Walk Out（ジャスト・ウオーク・アウト）」の外販を始めることを発表した。ジャスト・ウオーク・アウトでは、クレジットカードをかざして入店するため、これまで以上に利用者の敷居は低い。レジスタッフが不要になることで、事業者に対しては店舗の効率化、人手不足への対応のメリットを提供する。また、長時間にわたって様々な顧客に対面する従業員の新型コロナ感染リスクやストレスの軽減にも寄与する。

アマゾン・ゴーが実現したことは、現時点では「コンビニの無人化」に近く、究極の効率化店舗に見える。顧客の滞在時間も極力少なくて済むというのが価値だろう。確かにレジに並ぶ時間も要らないのは時間短縮にはなる。ただし、もし日本の食品小売りがこうした無人店舗を実現させたとして、顧客のウェルビーイングの向上につながるのかと考えると、それだけでは「NO」である。恐らく顧客にとって、時短の域を超えない。この店舗から得られた情報の解釈、それを施策に落として実行していく、そしてこの無人店舗以外の顧客データを取っていくためのデジタルトランスフォーメーション（DX）を実行したうえで顧客の多様なウェルビーイングを達成する仕組みづくりが必要となってくるはずだ。

アマゾンの場合、言わずもがな、膨大な顧客の購買履歴や動画の利用履歴など、家庭には音声AIの「Amazon Alexa（アマゾンアレクサ）」があるなど、保有するデータの広がりが巨大なため、

① 「friction(摩擦＝わずらわしさ)」をできるだけ減らした購買体験のこと。わずらわしいことの例としては、列に並ぶ時間、ほしいものが見つかるまでの時間、配送の時間や手続き、決済の手間などがある。こうしたものをできるだけ排除した購買体験をフリクションレスショッピングと呼んでいる

② 手に取った商品をセンサーやカメラなどで感知することで、レジでの決済を不要にした購買体験を指す

アマゾン・ゴーをそれらのデータと連携させて価値転換していくことが可能である。現に第5章で説明したように、キッチンOS上には、アマゾンのサービスが搭載されてくる。フードテックと結びつくことで、アマゾンは顧客理解のレベルを上げていると考えられる。

では、アマゾンに対し、日本の小売りは顧客のウェルビーイングを向上し、事業を成長に導いていくために、何ができるだろうか。

食品リテールが直面する課題とは

デジタルを活用することにより食品小売り業界における地盤沈下のスピードを緩めることはできるかもしれないが、デジタル活用による効率化・便利さの追求だけでは、そこから抜け出すことはできない。フードテックを活用することにより、今までにない可能性を追求できる。

食品スーパーを含む、食品小売りプレーヤーが今どういう問題に直面していて、どう動いているのか。今後、こうした顧客接点を持っているプレーヤーと組むときにどういうことを考えればいいのかを理解するために、今マグマのようにうごめいている変化を上の図で説明する（図8－4）。比較的シンプルな構図でまとめているが、こうしたダイナミクスを理解するだけで、小売りプレーヤーとの会話の仕方がかなり変わってくると考える。読者の中で、食品小売りに携わっている方は肌感覚で分かっているかもしれないが、改めて共創を進めていく際に参考になると思うので、一読していただければと思う。

図の中央に示したように、今、食品小売りが解くべき最も重要な課題としては、集客力を高めること、すなわち、生活者にとって店舗が「目的地」となるようにすることだ。そのために、どのようにフードテックを活用していけるのか、「①新たな生活者接点の構築」「②ウェルビーイングを生む体験の創造」

図8-4 Retailersの状況:フードテックの導入による新たな価値創造に向けて動く

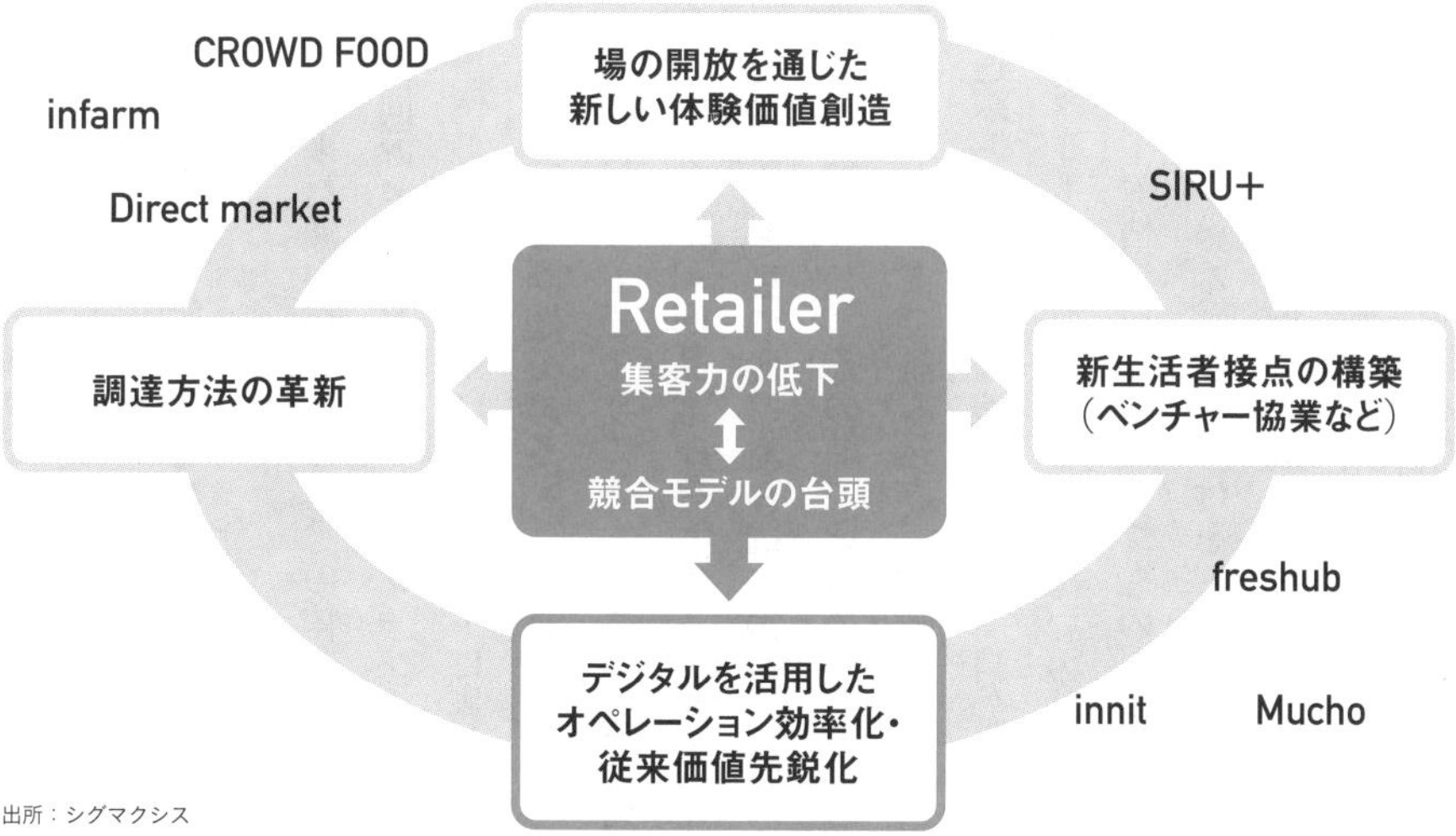

出所：シグマクシス

「③調達方法の革新」という3つの切り口から考えていきたい。

フードテック活用の方向性①
新たな生活者接点の構築

生活者理解を進めるためにも、集客力を上げるためにも、生活者に来店のきっかけを与えることが重要だ。食品小売りは、ポイントカードやキャッシュレス決済は進んでいるものの、そのデータを基にした生活者の理解がさほど進んでおらず、各社が躍起になって利用者情報を取得しようと動いている。そうした際、多様化する生活者の情報をフードテックスタートアップを中心としたコラボにより収集している事例も出てきている。やみくもにデータを集めるよりも、生活者の健康やウエルビーイングを高めようとサービスを構築しているスタートアップと協業することで、生活者理解も進むうえ、これまでにない来客モチベーションを植え付けることができる。まさに一石二鳥なのだ。ここでは、どういったフードテック領域との接合点があり得るのか見ていこう。

医食同源×パーソナライゼーション

買い物に来た顧客が、自分自身の体質、体調に合った食品を正しく選択できるように支援するのが、この医食同源×パーソナライゼーションのサービスだ。冒頭に述べたイギリスのスーパーのレイアウト調査の事例であったように、スーパーに無数に存在する商品の中で、顧客が何を基準に商品を選んだらよいのかは大きな課題である。誘われるがままに、安くて目につく商品ばかり購入していると、いつの間にか肥満になってしまうこともある。「誘惑に負けた自分が悪いのか」、顧客がそんな罪悪感を持たなくてもいいように、商品選びをサポートするサービスが出てきている。

代表的なものとしては、第6章で紹介した英DNA Nudge（ディーエヌエーナッジ）がある。店舗でDNA検査し、その結果を埋め込んだリストバンドを装着して店舗で買い物をする。商品バーコードをリストバンドで読み込み、危険であれば赤ランプがつく。こうした買い物の方法は、来店客が能動的に選ぶという姿勢は残したまま、自分にとって健康的なものを選ぶことができ、体験として面白い。

国内スタートアップとして興味深いのは、SIRU+（シルタス）だ。スーパーで買い物をすると、ポイントカード情報から購入したものを割り出し、アプリ上にそれらの栄養素が自動で表示されるサービスを展開している。記録付けをしなくても栄養状態をチェックできる手軽さがあるうえ、購入履歴から栄養の過不足を分析し、最適な食材やレシピを表示したり、繰り返し利用することでユーザーの食の好みをアプリが学習し、個人の食生活に合わせた最適な買い物を提案したりするのが特徴だ。同社は神戸市内のダイエーなどと提携し、実際にサービス提供を始めている。こうした情報があれば、顧客自身

SIRU+ユーザーの買い物例

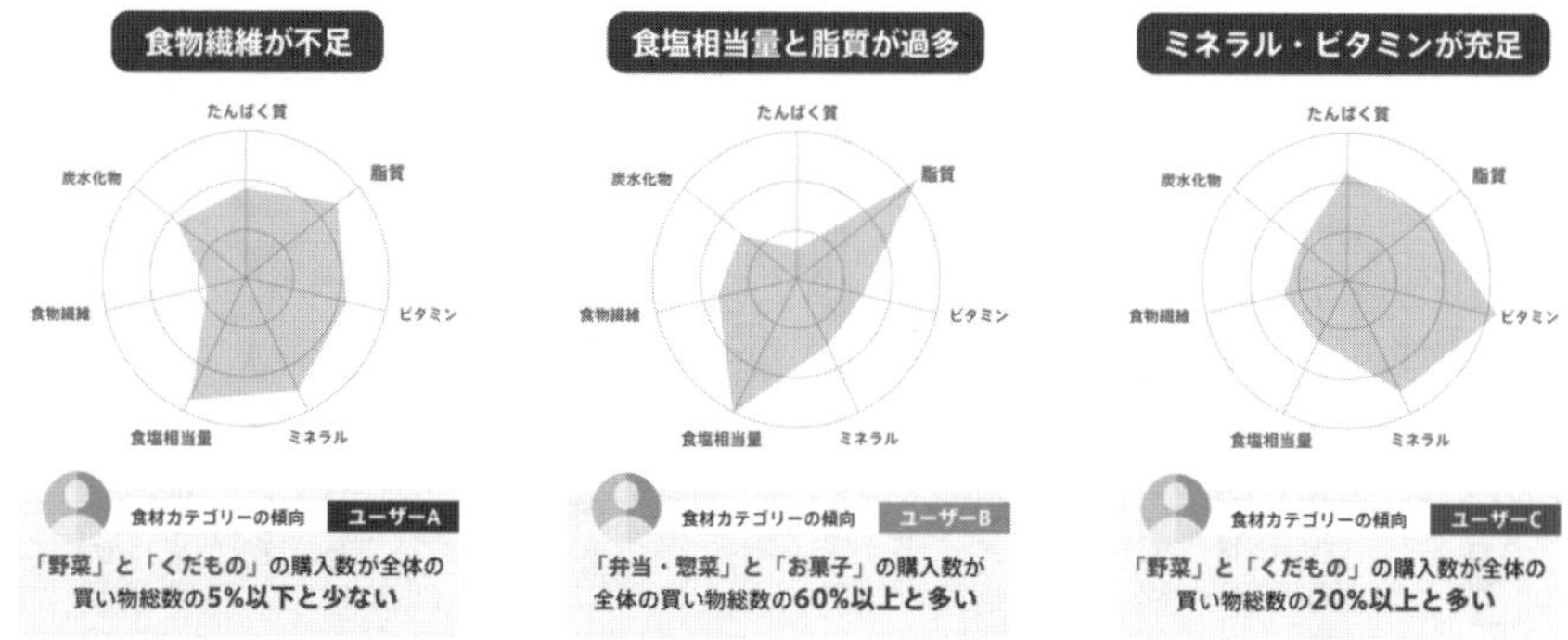

出所：SIRU+ホームページより

も学びながら食材を賢く選べるようになっていくだろう。食品小売り側としては、顧客の栄養素プロフィルが理想に近づけるような提案がどうすればできるのかが考えどころだ。

キッチンOSと食品リテールの連携

第5章で説明したキッチンOSも、食品小売りとの結びつきを強めている。レシピサイトが基本となっている彼らは、そのレシピで必要とされる食材を買いやすくする工夫をしている。代表的な事例は、米Innit（イニット）だ。イニットは17年に米Shopwell（ショップウェル）を買収。ショップウェルは、イニット上でレシピが選択されてショッピングリストが作成された段階で、どのプロダクトを選んだらよいかを、ユーザーの栄養プロフィル（年齢、性別、アレルギー、個食主義情報などを基に作成されたもの）から判断して推薦する。例えば、レシピからケチャップが必要と分かったときに、どのブランドのケチャップであれば自分の体にも哲学にも合っているのかをスコアリングして提案する。ブランドAのものがよいのか、ブランドBのほうがよいのかを、価格や感覚で選ぶのではなく、自分に合ったものを選ぼうという趣旨のサービスだ。

一方、彼らはアプリ内でその日のレシピが作成されたら、冷蔵庫の中身のデータを照合して足りないものを洗い出し、買いやすいように食品小売りのリアル店舗側でバーチャルミールキット化して販売するというアイデアも話していた。キッチンOSプレーヤーはレシピの提案はできるが、食材レベルでミールキットにすることを事業として成り立たせるのは非常に難しい。食品小売りとの協業が欠かせないところだ。

フードテック活用の方向性② ウェルビーイングを生む体験の創造

食品小売りが生活者にとっての新しい目的地となるためには、「品ぞろえと値ごろ感」だけでは不十分である。食品以外のものをそろえたからといって、必ずしも人がそこに集まるわけではない。モノで釣った客はモノがなくなると来なくなるし、他店で同じようなことをやると簡単に別のところに流れてしまう。その場にいる時間がどれほど豊かなものになるかが問われる。

そうしたときに、店に常日ごろから来たくなるような体験価値を提供することが重要となる。モノによっては、来店して買い物して終わりということではなく、滞在時間を長くするような仕掛けも可能となる。それでは、新たな価値創出を目指すベンチャーや他業態に場所を開放することにより集客力を高めつつある、ユニークな取り組み事例をいくつか見てみよう。

地元の食材をその場で楽しむグローサラント

グローサラントとは、食料品店（ｇｒｏｃｅｒｙ）とレストラン（ｒｅｓｔａｕｒａｎｔ）を意味する英単語を組み合わせた造語だ。食料品店で販売している食品を使って、その場で作られた料理を食べてもらうサービスである。欧州から生まれてニューヨークでヒットしたといわれる「フードホール」を導入するケースも増えている。フードホールは、地元の有名店や有名シェフのプロデュースするレストランの集合体であり、座席は各レストランで共用だ。フードコートがチェーン店などのファストフードが中心であり、アルコールも出さないことに比べると、よりレストランに近い食事場所となっている。

イタリアの高品質な食材を集めたＥＡＴＡＬＹ（イータリー）は、店内の食料品売り場の隣にグローサラントを配置している。例えば、店では青果コーナーの隣がベジタリアンレストラン、鮮魚コーナーの隣は魚介専門レストラン、ピザ・パスタ関連コーナーの隣はピザ・パスタレストランなど、売り場のコーナーごとに専門レストランを配置し、店内の食材を使った出来たての料理をその場で食べられる仕立てにしている。また、キッチン付きのイベントスペースがあり、食育講座や有名シェフなどによるキッチンイベントも開催されている。生産者の顔、品質へのこだわり、製造方法、持続可能性への配慮などを伝える店内パネル、イタリアの食文化を伝える書籍コーナーなど、食のコンテンツも豊富だ。イータリーの店舗は、イタリアの食文化を堪能・体感する場なのである。

新鮮なおいしさを実現するバーティカルファーミング

バーティカルファーミング（垂直農業）、アーバンファーミング（都市農業）と呼ばれる農法をご存じだろうか。Ｉｎｆａｒｍ（インファーム）は13年創業のベルリン発のスタートアップで、スーパーマーケット店内で野菜栽培を可能にする。リモートコントロールによりガラス張りのプランターに最適な生育環境を構築し、野菜が栽培できる。すでにドイツのMETRO（メトロ）、イギリスのMARKS＆SPENCER（マーク＆スペンサー）、米国のKroger（クローガー）といった大手グロサリーストアに導入が進んでおり、日本でも20年夏より紀伊国屋への導入が予定されている。生活者に無農薬で鮮度の良い野菜を提供し、さらには農作物の移動コスト、移動に伴う損傷による廃棄、CO_2排出量などの環境負荷を抑えられる。日本は植物工場産の野菜が一般化しているが、それとの違いは、ガラス張りのプランターによって野菜の鮮度を可視化して伝えている点だ。生活者は、鮮度の良さを、視覚、味覚、嗅覚で感じられ、また、環境負荷やサステナビリティーを考える機会も得ている。

フードテック体験型D2C店舗

世界最大級のリテールテック系のカンファレンス「NRF：Retail's Big Show & Expo」が毎年開催されるニューヨーク。そんな最先端リテールの街ニューヨークでは、ニューヨーク発のSHOWFIELDS（ショーフィールズ）、テキサス発のNeighborhood Goods（ネイバーフッドグッズ）が注目を集めた。この2つの新型小売りの特徴は、「店舗はブランドの魅力を伝えるストーリーテリングの場」という考え方だ。従来型の小売りの役目だった「売る場」から「体験機会の場」、いわばショールームとしての役割に軸足を移している。これらのプレーヤーの店舗は、複数のD2Cブランドの体験ができるキュレーション型店舗だ。アパレルから、ヘッドホンなどの家電、化粧品や食品など、扱う商品のカテゴリーは幅広い。

国内においては、丸井が「モノを売る店」から「体験を提供する店」へと転換を進めている。丸井は新しい体験型の店舗を生活者がスタートアップやD2Cプレーヤーの製品を試す場と位置付ける。そのパートナーとして丸井が選んだのが米国のｂ８ｔａ（ベータ）だ。ベータは15年に創業し、Ｄ２Ｃブランドやスタートアップのイノベーティブな製品を発見、体験、購入できる店舗を展開している。店内には来店者の行動を記録するカメラを設置して行動分析を行い、Ｄ２Ｃブランドやスタートアップにフィードバックする。この自社の仕組みを外販する、ＲａａＳ（Retail as a Service：小売りとベンダーが共同でサービスを開発し、他の小売業に販売するサービス）の代表プレーヤーでもある。丸井は接客に慣れた丸井の店員が顧客への説明などを行い、スタートアップの実験販売や顧客の間口を広げる支援を行う。最新のデジタル活用と接客に長けたスタッフを通じて、生活者に新しい世界観や商品を紹介する体験型店舗の構築を目指している。

この枠組みを例えば食品スーパーが取り入れて、フードテックの家電製品や食品を集積させる売り場を展開することもできるはずだ。どこの立地でも成り立つモデルではないだろうが、そうなればスタートアップと一緒に成長できるし、顧客理解も進み、新たな体験を提供することにもなる。

フードテック活用の方向性③ 調達方法の革新

スタートアップとつながって新たなサービス展開を試み、売り場を新たな価値提供の場として開放したときに、これまでと全く異なる動きがあることに気付くはずである。それは、調達の在り方が変わるということだ。この要素は直接生活者に対して価値として見えるものではないが、重要な論点となる。

これまでは、商品部門がナショナルブランドとの交渉やプライベートブランドの開発を進めてきており、いわゆる彼ら〝バイヤー〟が、これまでの食品小売りの価値向上に大きな貢献をしてきた。その一方で、食品メーカーは、カテゴリーごとのバイヤーに選ばれるため、棚のいい位置に並べてもらうために、気が遠くなるような努力とコストをかけて対応してきた。その結果、食品小売りのバイヤーは圧倒的な影響力を有し、棚のカテゴリーを起点として、食品メーカーのみならず、卸までも巻き込んだ水平分業の中に縦割り構造が存在する、格子型の身動きが取れない産業構造をつくり出してしまったのだ。

もちろん、誰も悪いことはしてはいない。いいものを、よりお手ごろな価格で提供すること、そして会社の業績に貢献することを愚直に追い求めてきた結果なのである。

こうした構造を、よい意味で溶かしていく可能性がフードテックにはある。先述のインファームの事例は分かりやすい。バーティカルファーミング設備を導入することで、店舗が生鮮品の生産と収穫が行われる場となる。物流の前提が大きく変わるのである。フードテックを入れると、調達も同時に解決されるというロジックだ。

もう1つ重要な考え方がある。モノだけを売っていれば成り立っていた時代から、コトや体験を売る時代に変わりつつある。そして、それらのサービスやプロダクトは、直接生活者との接点を持っているケースがほとんどなのである。よいか悪いかは、バイヤーが判断するのではなく、生活者自身が直接フィードバックすることで判断されていくのだ。

これから食品小売りに必要となるのは、新しい価値を創り出すプレーヤーと、手を取りながら生活者に対して本当に価値があるかを試行錯誤しながらつくっていくマインドセットとスキルだ。この視点は非常に重要だ。なぜなら、直接生活者との接点を有しているプレーヤーは時として、提供された〝場〟を自由に使って、自分たちが売りたいモノだけを提供する可能性があるからだ。ストアで実現したい体験が、各プレーヤーの好き勝手にされてしまっては、B級のショッピングモールのようなちぐはぐな売り場になってしまう。場の開放に当たっては、意思を持った事業創造、調達方法3・0とも呼べる新しい協業モデルが必要となる。

こうして見てきたように、新たな生活者接点の構築と、場の開放を通じたウェルビーイングを創出する体験の創造、食そのもので生活者と接点を持っているスタートアップや異業種とのコラボレーションがカギとなる。食品小売りにとっては、こうしたコラボにどこまで踏み込めるかが、今後の進化を決定付ける大きな論点となる。

4 食業態革新を目指す既存プレーヤーと異業種からの参入

スマートキッチン・サミット・ジャパン2019において、イオン系のスーパーマーケットの統合会社であるユナイテッド・スーパーマーケット・ホールディングス（U.S.M.H.）の藤田元宏社長が、新業態へのシフトを発表し、パートナーを募るという動きがあった。これまでとは明らかに一線を画した、外部プレーヤー（スタートアップ＋大手企業）との協業の方針を打ち出した。

藤田社長のセッションでは、「スーパーマーケットをつくり変える」のタイトル通り、まさに、店舗の意義を再考し、新しいフォーマットを構築するという宣言がなされた。「生活者中心主義」を改めて掲げ、新しいフォーマットでは、生活者の理解と共創を通じて「感動を生む食体験」と「地域のつながり」を新しい価値として提供すると語った。感動を生む食体験として、突き抜け鮮度、商品との出合い、エンリッチの3つのキーワードが示された。また、これらの新しい価値提供に伴い、従業員および生活者の理解、共創を重要な基盤として位置付け、国内外のスタートアップやチャレンジングな企業との共創を進めるとし、パートナー募集の発表がなされた。このように、国内のスーパーマーケットにおいても、リアル店舗の意義を再考し、生活者に新しい価値を提供する動きがすでに出てきている。

また、20年4月にU.S.M.H.が発表した中期経営計画では、明確に協業・共創を方針としてうたっている。この発表は、業界関係者に少なからず驚きを与えた。一方で、あまりに大胆であったために「本当に変わる意思はあるのか？ まだ懐疑的である」という声もあったほどだ。藤田社長が考える食品スーパーの未来・可能性については、276ページのインタビューを参照してもらいたい。

世界観を持った異業種からの参入

食品小売りが過当競争で同質化していく中、実は異業種からの「食」への参入や、本格展開が相次いでいる。

近年、食品事業へのシフトを加速させている企業として、無印良品を展開する良品計画がある。同社は2030年までに食品事業の売上構成比を30％にまで高めたいとしている。食品は無印良品の世界観を伝えやすく、来店頻度も上がる。同社は20年5月20日、「コオロギせんべい」をネット限定で発売し、初日で完売してしまった。

昆虫食が代替タンパク源として注目されていることは第4章で述べた。コオロギせんべいを開発した食品部菓子・飲料担当カテゴリーマネージャーの神宮隆行氏と、同菓子・飲料担当の山田達郎氏が、食品としてのコオロギと出合ったのは、19年2月ごろのこと。同年11月にオープンしたフィンランド・ヘルシンキの無印良品店舗の立ち上げメンバーが持ち帰ったチョコ掛けコオロギ菓子がきっかけだった。

良品計画の「コオロギせんべい」

調べると、すでに欧州では多くのコオロギ菓子が販売されていたが、いずれも伝統的な菓子ではなく、ごく最近の商品だった。その背景には、タンパク源をめぐる食料危機の問題があり、「それは日本人にとっても対岸の火事ではない。『すぐそこにある危機』ということを伝えるきっかけになればと、商品化の検討を始めた」（神宮氏）という[3]。タッグを組んだコオロギ研究の国内第一人者である徳島大学大学院助教の渡邉崇人氏は、16年から食用コオロギの研究を本格化し、食用として知られるフタホシコオロギ原料の生産・販売を手掛ける、グリラス（徳島県鳴門市）のCEOも務める。そんな渡邉氏の協力を仰ぎ、二人三脚でコオロギ菓子の商品化プロジェクトがスタートしたという。

　このように、良品計画のような企業が、サステナビリティーの課題解決として、アカデミア系スタートアップと組みながら食品を開発・販売するという動きは非常に興味深い。

　また、サステイナビリティーをミッションにア

③ 日経クロストレンド2020年6月4日掲載「無印良品『コオロギせんべい』の衝撃　ネットで即日完売なぜ」

ウトドア衣料とプロダクト開発でも知られるパタゴニアは、Patagonia Provisions（パタゴニア・プロビジョンズ）として、食品製造、販売を始めている。スウェーデン発の家具大手IKEAも、店内のレストランで植物性代替肉を使ったバーガーを提供したり、植物由来の食材のみで作ったカップ麺の販売を始めたりしている。これまで食に注力してこなかったような業界でも、自身の世界観をもっと広げるうえで、食の持つ顧客接点のつくりやすさという観点から参入してきている。こうした、もともとのブランドが持つイメージがはっきりしているところは、食に関してもストーリーをつくりながら食品を販売している。生活者にとって、なぜそれを選ぶのかという理由付けがしやすく、同質な過当競争に巻き込まれないこうした異業種の取り組みは、食品小売り全体としては注目に値する。

では、最後に業態革新を考えるうえで大切な問いを3つ挙げたい。

①リアルであることの意味をどう考えるのか

食は日常生活の中で1日3回接点を持つ。間食や飲料まで入れればもっと多いだろう。ほとんどの生活者はこの1日何回かの食を何らかの形で購入している。スーパーマーケットで、コンビニで、カフェで、レストランで、様々な接点で食を得ている。食品ECが浸透しているとはいえ、〝今ほしいモノ〟は店舗でしか手に入れられない。

また、食を通じた価値、例えばイキイキとした生命感や活気に触れた高揚感、目新しい価値あるフード・ドリンクを発見する喜び、買い物時に人と会話する楽しさ、皆で一緒に食べる楽しさ、料理というクラフトの楽しさ、食のサステナビリティーへの学びや貢献の喜びなど、コト消費といわれる体験は、リアル店舗ならではのものだろう。

そうだとすると、リアル店舗の体験価値が増し、魅力的になるほど、私たちの日常生活はより豊かになるはずだ。ワクワクするような売り場に加えて、その場で出来たての食事が食べられるレストラン、寛げるカフェ、地域住民が企画・参加できるイベント、誰でも使えるシェアスペース、料理ができるシェアキッチンなど、従来にはない場を内包した、新しい店舗が生まれる可能性がある。購買の利便性に、食のリアル店舗ならではの価値が加わることで、店舗は食を得るという機能的な場所ではなく、食を通じてウェルビーイングを実現する場所にアップデートされるのである。

食品小売りは生活者の日常の動線上に位置しており、なくてはならない場所だ。新型コロナ禍において改めて感じた方もいるだろう。店舗は、食を通じてウェルビーイングを実現する場所になり得る。そのとき店舗は、地域に開かれたコミュニケーションハブとして、新しい役割を担う可能性を秘めている。

②外部コラボレーションをどのように進めていくべきか

注目すべきは、第7章で書いた、「アンバンドル化が進む外食産業」との融合だ。今後、食品小売りが食を買う場から、食を楽しむ場となり、またローカル性も考慮したときに、ビジネスモデルの前提が変わった新外食産業と組むことは不可避だろう。また、食品や家電メーカーなどとのコラボレーションも必須となる。テストマーケティングの場所を探すプレーヤーが急増していることは知るべきである。

そして、物流業者とのコラボレーションも重要だ。人の流れ、モノの流れが大きく変わるときに、店だけがアセットではなく、地域の人をつなげるものすべてがアセットと考えたときに、物流を担い得るプレーヤーとは新たなコラボレーションが生まれる可能性もある。

そして、こうした外部コラボレーションのための、必要な新しい機能を組織に持つことが重要になってくる。事業共創を行う機能であることは間違いないが、外部との協業をギブ&テークのバランスを保ちながら進めることができる人財を発掘・育成、あるいは外部から獲得することが重要である。社内と社外を有機的につなぐ新たな機能が、今後の食品小売りを革新していく原動力となる。

③ヒトが果たすべき役割は何か

新型コロナの影響もあり、食品小売りの現場でも、人との接触をできる限り減らそうと、自動化やロボットの導入がこれまで以上に進むだろう。デジタル活用もフードテック活用も、これまで以上に人の介在を減らすドライバーとなることは確実だ。しかしながら、今、読者の皆さんを含めて、〝人とのつながりの大切さ〟や〝何気ない会話の大切さ〟といった、誰かとつながっていることや対話がどのくらい大切なものかを改めて痛感している人々は多いと思う。

そこで、食品小売りを目的地化するときに、いい製品を見つけることができたり、いい体験ができたりするだけで、顧客は毎日来店してくれるだろうか。恐らく、一時的にはそれでも来てくれるだろう。しかしながら、この競争環境の中、フードテックの活用も2~3年すると、どの事業者も導入することは間違いないと思う。そうしたときに、5年後も10年後も「そのお店」が選ばれ続ける理由は、人とのつながりをどれだけプロデュースできるかにかかっている。店員と顧客とのつながり、顧客同士のつながり、地域とのつながりなど、小売りの要素だけではなく、コミュニティー化していく可能性もある。そのときに、従業員にどういう役割を担ってもらうのか、あるいは、顧客自身にもどういう役割を担ってもらうのかを考えていくことが、真の差別化につながるはずだ。

Interview

「スーパーマーケットはお客様と乖離している」業界への強烈な危機感

ユナイテッド・スーパーマーケット・ホールディングス
代表取締役社長

藤田元宏氏

1955年生まれ。78年にカスミ入社。人事部マネジャー、常務取締役などを経て、2012年、代表取締役社長に。15年にU.S.M.Hの取締役副社長に就任し、17年から代表取締役社長。イオン代表執行役副社長SM・商品物流担当、カスミ取締役、マックスバリュ関東取締役を兼任

「良いものをより安く」。米国で生まれた「スーパーマーケット」が掲げたこのスローガンを信条としてきた日本の食品スーパーが揺らいでいる。ライフスタイルの変化により、顧客側には「毎日、買い物に出かける」理由が薄れている。にもかかわらず、「新しい価値を提案できずにいるのがスーパー」と、ユナイテッド・スーパーマーケット・ホールディングスの藤田元宏社長は危機感を募らす。果たして食品リテール（小売り）は新しいビジネスモデルを生み出すことができるのか。改革に取り組む藤田社長に次の一手を聞いた。

（聞き手は、シグマクシス福世明子）

――藤田社長はここ数年、事業変革に取り組んできましたが、その背景となる業界が抱える課題を最初にお聞きしたいのですが。

藤田元宏氏（以下、藤田氏） 日本の食品スーパーの源流は米国で生まれた「スーパーマーケット」です。駐車場を有した敷地に大きな店舗を構えて食品や日用品を取りそろえ、お客様がセルフサービスでほしいものを購入するスタイル。この米国流スーパーマーケットをヒントに日本のスーパーマーケットも始まり、これまで発展してきました。しかし、ここ数年は、市場環境のみならず、ビジネスモデルそのものが揺らいでいます。

スーパーマーケットは典型的な労働集約型産業。「良いものをより安く届ける」ことができたのも働く人たちのおかげですが、経営の源泉となる人を集めるのに苦労するようになった。今後、事業の継続が脅かされるレベルになるでしょう。

もう1つの変化は、お客様の生活環境です。日常生活のデジタル化により、モノの買い方や情報収集の仕方が変わってきており、わざわざ店に足を運ぶ理由が薄れています。スーパーマーケットは、このようなお客様の変化に対応できておらず、お客様との乖離が起きています。「人生100年時代」ともいわれており、今後、お客様の価値観やライフスタイルはさらに変化を続けるでしょう。そのとき、スーパーマーケットは、お客様の変化に合わせた新たな価値提供をしなければなりません。それができて初めて、社会的存在意義が認められると思っています。

このような理由から、スーパーマーケットのビジネスそのものを考え直す時期に来ていると考えています。いずれにしても、我々に残された時間は少ない。ここ2、3年がスーパーマーケットの勝負時だと言っています。

――このような業界への危機感は、GMS（総合スーパー）やコンビニエンスストアなど、近接業界の経営者も同様に抱いているのでしょうか。

藤田氏　このままではだめだ、というのは流通業界全般の見方です。ただし、動き出す企業と動かない企業に二極化しています。

――どうして業界内でも反応が違うのでしょうか。

藤田氏　経営陣の危機感とその危機感を組織全体で共有できているかどうかの違いでしょうね。

――なぜ、藤田社長は強烈な危機感を持つに至ったのでしょう。

藤田氏　私はスーパーマーケット業界で40年以上勤めてきました。これまで、様々なことを市場に対して仕掛けてきましたが、ここ数年、何をしても思うように結果が出ないのです。こんなことは初めてです。ここに来て、スーパーマーケットはお客様から「要らない」と言われているのかもしれないとの思いに至ったのです。要するに、スーパーマーケットは「お客様と乖離している」のだと考えています。

――これまでのスーパーマーケットの価値は何だったのでしょう。そして、これからの価値は何でしょう。

藤田氏 これまでのスーパーマーケットの価値は、「お店に行けば、食料品や日用品が、いつでも好きなだけ買えること」でした。ある意味、画一的な価値を提供してきたのだと思います。ところが、今のお客様は一人ひとりスーパーマーケットに求める価値は異なります。例えば、商品に対しては食材、半加工品、すぐ食べられる総菜など、求める加工のレベルが異なる。買い方に対しても、スタッフからの説明やお薦め、さらには会話という温もりまで求める人もいます。

一方で、お店に行けず、家まで届けてほしいという人もいます。一人ひとりのお客様を理解し、異なるニーズに応えていくことが、食料品を提供するインフラとしてのスーパーマーケットの役割であり価値だと思います。

――新しい価値提供の肝はどこでしょうか。

藤田氏 よくスーパーマーケットにはPOSなどのデータが豊富にあるといわれてきましたが、「お客様を理解できているのか」といわれれば、「違う」と答えざるを得ません。お客様を理解するために、データの活用を進めなければならないでしょう。

例えば、「新型コロナ禍」で一家族の買い物点数は増えています。「平均して従来よりも2点ほど増えている」という報告を受けても、それで何が分かるのでしょう。普段から20点以上買っていた人と5、6点買っていた人では、増え方も違うはずです。お客様一人ひとりを理解できないと新しい価値にはつながりません。そういう視点で、デジタルテクノロジーを最大限活用し、お客様を理解できるようになることが重要です。

――日本のスーパーマーケットは米国の輸入モデルということですが、今後、日本ならではの価値を提供するスーパーマーケットは出現し得るのでしょうか。

藤田氏 それは、あると思います。米国のプレーヤーの動きの速さには感服しています。ただし、米国のモデルは同国の環境、生活者に合わせたものなので、日本の環境、生活者に合わせたオリジナルな価値を提供するスーパーマーケットが出てくる可能性はあります。

例えば、売り手と買い手の顔が見える、「お店に来たらほっとする」という安心感があるなど。こうした日本ならではの価値観が今後大事になっていくと思っています。お客様が雰囲気に浸りに来るようなスーパーマーケットができたら面白いと思っています。

――新しい価値提供に向けて、どのような変革を進めていますか。

藤田氏　これまでのスーパーマーケットのやり方を変えずに価値を上げようとすると、コストが膨大に掛かり、持続性のあるビジネスとは言えません。だとすると、スーパーマーケットの仕組みそのものを変えなければなりません。貴重な人財はお客様への接点にフォーカスさせ、現業の労働集約的なオペレーションは自動化や一部縮小させていきます。そのトレードオフを進めるために、オペレーションコストの可視化にトライしています。

スーパーマーケットの役割は「地域の一員」であること

――生鮮三品（魚・肉・野菜）はスーパーマーケットの主要商品です。今後、スーパーマーケットは生鮮三品に対してどう取り組むのでしょうか。

藤田氏　生鮮の中でも農業は、後継者問題や気候変動に伴う大規模自然災害など、事業継続が危ぶまれる厳しい状況に置かれていて、企業が支援すべき産業だと思います。特に、スーパーマーケットは、地域に根差すプレーヤーなので、その役目があります。食品スーパーに、わざわざ遠方から来る人はいませんから、今後もお客様は地元の人たちであることに変わりません。だから、地域の一員として、農業を含む地域経済の振興を願い、地域

19年10月、茨城県つくば市のカスミ本社1階にオープンした無人店舗の実験店「KASUMI LABO」。スマートフォンで商品登録・決済できる「U.S.M.H公式モバイルアプリ」と連動した新しい買い物体験を提供する

の皆さんと一緒に担いたいと思います。駅前商店街の皆さんが地域の発展を考えるように、地域の身近な相手として存在したい。

バーティカルファーミング（垂直農法）などテクノロジーを活用した農業は着目に値し、スーパーマーケットへの取り込みはあるでしょう。一方で、その価値は単体で見るよりも、農業という産業を支える視点で捉えるべきだと考えています。

――少し話を変えて、今回の新型コロナ禍により、スーパーマーケットのサービスはどのように変わると思いますか。

藤田氏　新型コロナ禍により、お客様のライフスタイルがまた変化をすると見ています。具体的には、「ラストワンマイル」に対するニーズの高まりです。スーパーマーケット以外の業態では、以前からデリバリーなどラストワンマイルのサービスが増えていましたが、我々の中では優先順位が高くありませんでした。この新型コロナ禍で考えを改め、優先順位を上げて取り組むべきことと捉えています。

――新型コロナ禍により、スーパーマーケットのマネジメントはどう変わりますか。

藤田氏　これから投資配分が変わる可能性があると思います。これまで、投資の多くは店舗を作ることにかけられていました。これからは、デリバリーニーズや健康意識の高まりを受けて、EC・配送の仕組み、健康サービスなどに投資が向けられると思います。

また、生活者のエンゲル係数が上がっているため、安さの実現もこれまでとは違うレベルで対応しなければなりません。これらは業界全体の動きになると思われるので、いかに早く動くかが重要です。

――藤田社長が変革を進めるうえでのポリシーは何でしょうか。

藤田氏　肝に銘じているのは、従来と同じやり方をとらない、ベンチマークを持たないということです。我々なりの新しいやり方を創り出したい。そのためには、社内外から知恵を出し合い、試行錯誤し、そこから学ぶしかありません。

――外部とのパートナーシップはどのように捉えていますか。

藤田氏　多様なお客様に合わせて多様な価値をつくるということは、我々自体も多様化しなければなりません。これまでの流通業界にはいなかった、フードテックプレーヤー、コミュニティーづくりに長けたプレーヤーなどとの連携により、新しい価値創出を図りたい。フードテックプレーヤーは、サービスプラットフォーム型のビジネスモデル志向や、冷凍技術、AIなど先進的な技術の活用など、見ている世界が我々とは異なると感じています。我々の経験と掛け合わせることで新しいことが生み出せないか、期待しています。

それに伴い、新しい組織体制も必要になります。これまでも、新しい商品・調達先の開拓を試みてきましたが、うまくいかなかった面があります。それは、商品や調達先を見つけたとしても、物流、加工、オペレーションなど、棚に並べるまでの中間工程を担う組織がなかったからです。これを変えるために、組織横断的に中間工程を作り変えるプロジェクトを立上げて進めています。オープンイノベーションと言っても一筋縄でいかないのは、例えば中間工程を検討する体制のように、新しい取り組みに必要な機能が社内にないからです。このような体制を敷くことで、外部パートナーとの連携の受け皿としていきたい。

――外部とのパートナーシップを構築するにあたり、心掛けていることは何でしょうか。

藤田氏　大切なのは、何を実現したいのか、どうありたいかです。そこをお互いに共有・共感できる相手がパートナーとして付き合えるのだと思います。これは、実際に様々なプレーヤーとお会いしながら模索しています。個々の取り組みはやってみないと分からないし、寄り道もあるでしょう。それでも大事なのは、必ず実現するという使命感を持って進めることだと考えています。

（構成／シグマシクス瀬川明秀）

Chapter 9

食のイノベーション 社会実装への道

1 事業創造に向けた5つのトレンド

これまで、なぜフードテックというトレンドが起こってきたのか、そして実際にどのような新しい動きが起きているのか述べてきた。全体を通して重要な潮流として存在するのが、食の価値の多様化だ。人々のウェルビーイングの向上、さらに社会課題の解決にとって、「食」がいかにその威力を発揮するかが、あらゆる領域におけるイノベーションで見えてきている。

700兆円ともいわれるフードテックの巨大市場に対して、これをどのようにビジネスとして持続可能な形で社会実装していくかが次なる論点であろう。第2章で少し紹介したように、こうした「事業創造の在り方」についても、これまでになかったような施策やトレンドが出てきている。ここで重要なのは、1社に閉じず、これまでの章で取り上げてきたような業種を横断する形で社会実装していかなければならないということだ。ポイントは以下の5つある。

まず挙げられるのは「①ベンチャー育成プラットフォーム」だ。多様な価値に対応するためにも自社のR&Dのスピードを加速化したり、プロダクトポートフォリオを広げたりするうえで、スタートアップやベンチャーとの共創が欠かせない。また、多様な価値に対応した新規事業、新サービスを世に広げていくためにも、本当に世のためになっているのかどうかいち早くフィードバックを得るためにも、スタートアップだけではなく、他産業、業態とのエコシステムを構築していく必要がある。

次に「②社会実装のエコシステム構築」。第8章でも少し触れたが、生活者への接点も変わる。新しい流通チャネルをどう構築するかということも重要な論点だ。また、「③新たなチャネルの登場」が見られる一方、生産の側面でも、生活者側から求められるパーソナライゼーションなどの要望にどう応えていくかということに対して、「④食品生産の分散化」という動きも起きている。

こうした動き全体を俯瞰して見ると、これまでのバリューチェーンに加え、産業全体のバリューチェーンがどう変わっていくのかという議論にもなる。これが、「⑤新バリューチェーンの構築」である。

実はこれら①から⑤のポイントは相互に関連し合っている。製造や販売チャネルが確立された流通システムではサプライチェーンという概念が使われる。それに対して、「新市場」が出来上がる過程では、エコシステム（生態系）という概念がしっくりくる。様々なプレーヤーたちが競争するのではなく、相互にメリットを享受し合い、良好な連携関係を築くことで小さな萌芽《ほうが》を育てていく姿勢を大切にした考え方だ。

これまで、さんざん競合してきた企業同士がこうした考え方にシフトしているのは、まさに時代の潮流と言えよう。「ほしいモノがない」時代において、製品単体あるいは組織単独ではユーザーを引きつける付加価値を生み出すことは難しい。であれば、複数の企業が連携し、得意分野を持ち寄ることで素早く多様なニーズに応えていくほうがいい。結果的に事業機会も増えブランド力も高まっていくからだ。

企業と企業の間には「競争」だけではなく「共創」もある。一緒にスタートアップを育成したり、他の企業と連携したり、エコシステムを構築したりなど、この5つのトレンドは共創という考え方をベースにした具体的な行動なのだ。

「共創」はこれまでのような企業提携の形ばかりではない。例えば、新たなチャネルという面では、第8章で取り上げたニューヨークのショールーム型デパートSHOWFIELDS（ショーフィールズ）。世界中の流通業者が「最先端」と注目するディスプレーには、トップブランドの最新製品が陳列されている。その一方で、生まれたばかりのスタートアップのフードサービスも紹介されているのだ。

何かと話題のシェアオフィス、WeWork（ウィーワーク）が、フードテックのスタートアップのために開設したWeWork Food Labs（ウィーワークフードラボ）もある。その受付ロビーにはスタートアップたちのプロダクトが並ぶが、実はその中のいくつかは、ショーフィールズでも陳列されている。こうしてスタートアップがD2Cチャネルを活用しているのは、街のいろんな場所で新しい食を体験してもらうことを大切にしているからだ。「ニューヨークは新しい食が生まれる街」としてじわじわと認知してもらうほうがプレーヤー全員に恩恵があることを知っているのだ。

このように地域全体でフードテックを盛り上げようとする取り組みは、ニューヨークに限らない。ドイツのベルリンでは、毎年9月に欧州最大の家電見本市IFAが開催されるが、その隣でスタートアップを集めた大規模なピッチコンテストも行われる。その中でもフードテックのイベント「Startupnight Bites（スタートアップナイト・バイツ）」は30社あまりのピッチや展示があって盛況だ。筆者らは、19年にこのイベントへ参加して驚いた。スタートアップのブースで試食していると、「この商品はここで買えるよ」と、会場近くのショッピングモールにある店を紹介されたのだ。早速訪れると、そこではカンファレンスで紹介された新製品をはじめ、欧州のフードテックスタートアップの製品がまとめて買えるコーナーがあり、試食もできる。スタートアップの商品を手に入れるとなると、今でもECが中心だけに、リアルな店舗で購入できるのはうれしい試みだ。

次節からは、冒頭に挙げた5つのポイントのうち、①ベンチャー育成プラットフォームの動きと、②社会実装のエコシステム構築を中心に、海外での取り組みを見ながら、日本での可能性を探っていく。

2 スタートアップ投資もオープンラボ型へ

スタートアップに対してサポートする環境が整いつつある。海外の食のイベントに参加すると、大企業やスタートアップ企業だけではなく、ベンチャーキャピタルやアカデミアからの登壇者が多いことに気付く。彼らは科学的な裏付けや投資実績に基づいた発信力があり、市場の課題を共有したり、業界としての方向性を示したりするうえで重要な役割を果たしている。

これまで食のスタートアップをブーストする役割を担ってきたのがCVC（コーポレートベンチャーキャピタル）だ。ネスレやカーギル、コカ・コーラは2000年代から、タイソンフーズやダノンもここ4～5年の間に立ち上げている。一方、ここに来て、CVC以外のスタートアップの囲い込み方法を模索する企業も現れている。その1つが、自社のR&Dや生産ラインをスタートアップに開放し、そこでスタートアップを育成しつつ、自社のR&Dや生産にも彼らのアイデアや技術を活用しようというものだ。

通常のCVCに加えて、R&D施設を開放しているのが、イタリアの老舗パスタメーカーBarilla（バリラ）のファンドだ。近年の世界的な低糖質ブームでパスタメーカーには逆風が吹いている。同社ではイノベーション専任の役員を置き、関連する技術トレンドをモニタリングしながらイノベーション創出を模索しているのだ。

その1つの施策として、17年11月にフードテック特化型のファンド「Blu1877」と、イノベーションハブを開設した。スタートアップにR&D施設を開放し、プロトタイプ制作を支援することで、パスタ事業および関連領域のイノベーションを加速させることを狙っている。

Blu1877は、食領域の専門家、フードテックの専門家はもちろんデジタル技術の専門家もアドバイザーとして加えている他、フードテックのグローバルコミュニティーと連携していることが特徴だ。この取り組みを統括するChief Global R&D and Quality Officerであり、Blu1877のCEO兼PresidentであるVictoria Spadaro Grant（ビクトリア・スパダロ・グラント）氏は、自ら世界中のカンファレンスに参加したり、登壇したりしている。筆者たちも何度も同じカンファレンスで見かけた。

そのたびに、彼女の強い想いや覚悟を聞く機会に恵まれた。非常に印象的だったのは、同氏が自らスタートアップ企業の展示を見て、その担当者にスペックや特徴についていろいろと質問をしていたことだ。100年続く企業の最高責任者クラスが、自ら現場まで足を運び、ベンチャーと協業する肌感覚を持って動いていることからも、同社の真剣さがうかがえる。日本でも、アクセラレータープログラムやCVCを導入している企業が増えてきている。だが、システムや機能をまねるのではなく、トップ自らが、どれだけこの取り組みを本気でやろうとしているのか、どれぐらい自社のアセットを開放し、新しいビジネスにつなげようとしているのか。まさにビジネスにかける真摯な態度が問われているのだと思う。

企業連合でスタートアップと組むジボダン

一方、自社の生産ラインを開放しているのが、米国新興ヨーグルトメーカーのChobani（チョバーニ）だ。同社は05年創業ながら、ヨーグルト市場にギリシャヨーグルトという新カテゴリーを創出し、創業100年を超える乳製品の巨人、ダノンからヨーグルト市場のシェア1位を奪ったとして一躍脚光を浴びた。そんな自らもスタートアップ精神の残るチョバーニは、スタートアップコミュニティーに対してこう呼びかけた。

「食の課題を一緒に解決しませんか？　私たちが目指すのは、次の6つです」

1　食の安全性の課題があったとき、リアルタイムに農場や工場で対応できるようにすること

2　畜産農家がよりよいデータシステムやモニタリングツールにアクセスできるようにすること

3　生産工程でCO_2排出や水の消費を減らすこと

4　保存期間を延ばしたり、フードロスを減らしたりできる原料、レシピ、パッケージのイノベーションを加速すること

5　製品を直接生活者に届けられるようにすること

6　より高い精度の予測や分析をするためにデータを使うこと

チョバーニは、解決したい課題をあらかじめ明確にしたうえで、これらの課題に貢献できる技術を持つスタートアップを募り、自社の工場で数カ月プロトタイプを作成したり、チョバーニの社員と交流できるようにした。こうすることで、自社の研究開発のスピードアップ、生産効率を向上できるだけではなく、スタートアップも早くから現場で自身の技術をテストすることができ、互いのいい補完関係が生まれているのだ。①

そしてスタートアップ育成組織の試みとして今最も注目されているのが、スイスに本社を構える世界的香料メーカー・Givaudan（ジボダン）である。19年に米国サンフランシスコに開設した「育

①
チョバーニ・インキュベーターにおいて、フードテック・レジデンシーが2018年に立ち上がっている

ジボダンのMISTAとは

組織	スタートアップ育成 オープンプラットフォーム
位置付け	ジボダン本体から切り出された 外部R&D組織
設立年	2019年
代表者	Scott May (Givaudan VP of Innovation兼務)
事業内容	研究開発、販売ルート確保、 協業提案支援 領域:飲料・食品
施設	場所:サンフランシスコ 製品開発施設、低温殺菌施設、 発酵設備、コーワーキングスペースなど

エコシステム

パートナータイプ	社名	事業概要
創設メンバー(4社)	Givaudan	香料
	Danone	乳製品
	MARS	菓子・ペットフード
	Ingredion	原料(コーン・イモ類など)
戦略パートナー(9社)	Pilot R&D	研究開発支援
	NewEdge	アイデア創出支援
	Fülle	脳科学知見
	Better FoodVentures	食・農VC
	Global RIFF	フードサイエンスVC
	The March Fund	Food Tech VC
	The Intertwine Group	食品VC
	NMI	ヘルスケア戦略コンサル
	How Good	リテールBigDataコンサル
スタートアップ(11社)	Wild Type	培養肉、培養サーモン
	Geltor	植物性プロテイン
	Five Suns Foods	植物性プロテイン
	Analytical Flavor Systems	AI型フレーバー分析
	Thimus	脳波による味覚解析
	Shameless Pets	グルテンフリーペットフード
	Sevillana	ーー
	Drop Water	パーソナライズドリンク
	Pop & Bottle	植物性ミルク
	SunRhize Foods	テンペを使った食品
	The Mochi Mill	グルテンフリー小麦粉

注)19年4月時点(出所:シグマクシス)

成オープンプラットフォーム」の成り立ちが興味深い。同社の研究開発機能の一部を切り出し、オープン型研究開発コミュニティー「MISTA(ミスタ)」として外部に開放したのだ。

施設内には、食品や飲料の製品開発までに必要な設備がそろい、プロトタイプ制作サポートなどをする体制も整っている。ここまでならば、バリラやチョバーニなどもやってきたことだ。注目すべきは創設メンバーとして、ジボダン単体だけではなく、他の企業の参画を積極的に募ってきたことだ。フランスが本拠地の乳製品メーカーであるダノン、菓子・ペットフードのMARS(マース)、食材メーカーのIngredion(イングレディオン)ら3社も創設メンバーになっている。

さらに、施設を利用するスタートアップを支援するため、戦略パートナーを招聘している。パートナーのジャンルは多様で、ヘルスケアや食品専門のVCの他、フードテック全般、脳科学、ビッグデータの専門家、戦略コンサルなどが入っている。第2章でも触れたように、「サイエンスの活用と生活者データの見える化」はベースとなる大きな潮流の1つだ。キーファクターとなる技術領域でのバックアップ体制を整えようとしているのは理にかなっている。複数社、複数分野の専門家を備えることで、1社独占という形ではなく、「共創」の形でプレーヤーの参加を促しているのだ。

ミスタを利用する食のスタートアップは19年の開設時は11社だったが、現在は40社までに増えている。「培養サーモン」「グルテンフリーのペットフード」「脳波による味覚解析」など、興味深いスタートアップたちもミスタを利用している。投資効果の評価に関しては、〝卒業生〟たちの今後の実績次第ではあるが、日本でも参考になる試みだ。

食の担い手たちを育てよ

もう1つ欧米でのスタートアップを育成する施策として注目されるのは、食のアカデミーやインキュベーターが、コミュニティー開設されていることだ。次ページの一覧にあるように、欧米を中心にアジアではシンガポールにも注目すべき施設がある。

本書ではそういった組織・団体を「新しい食のサービスを育成するうえで必要な機能」を視点に次の4つの機能で整理してみる。

①**課題定義**（社会課題、事業課題の明確化および事業計画策定支援）
②**食ビジネスの人財育成**（食を理解し、事業化に関連する知識の習得）
③**具現化支援**（新しい食・サービスを製造ラインに乗せるまでの仕様決定、試作までを支援）
④**社会実装**（販売ルートの開拓、テスト販売）

名称	主催	開始年	概要
The Future Food Institute (FFI)	イタリア	2014	2014年の発足から食に関してイノベーションにより社会課題解決やエコシステム構築を目指すグローバルネットワーク。イタリアのボローニャ、米国のサンフランシスコ、中国の上海などにオフィスを持つ。2020年、日本にも拠点を開設。世界中の起業家、研究者、エグゼクティブ向けに多様な学びと交流の機会を提供しながら、グローバルなネットワークを拡大し続けている。多くの食関連企業の新規事業開発支援や、FAOなど国際機関、政府機関の重大な意思決定の際の相談役としての役割も果たす。世界各地にLiving Labを設置し、スタートアップのプロトタイプ展示などもしている。
The Culinary Institute Of America (CIA)	米国	1946	プロフェッショナルな料理教養と技術教育を提供する料理学校。米国で初めて学位を取得できる料理大学として認可を受けた。"Culinary Arts"の準学士(2年制)、または学士(4年制)の学位を付与する。調理スキルだけでなく、ビジネススクールも併設しており、フードテックのエキスパートの講義も受けられる。店舗開発を想定したプロジェクトや、マーケティング、収支計画まで食のビジネスプロフェッショナルとして必須のスキルを総合的に学ぶことができる。企業や団体の要望に対して個別のプログラムを提供したり、コンサルティングにも対応する。世界中からアカデミア、ビジネスプロフェッショナルなどを集めたカンファレンスも開催する他、卒業生のフードテックプロダクトも一部販売している。
YFood	イギリス	2015	ロンドンを拠点とする「テクノロジーを用いた食のイノベーションを加速し、グローバルの社会課題を解決すること」を目指すフードテックコミュニティー。世界の食料問題を商業的で拡張可能な方法で解決することに取り組む。定期的なイベントにより、解決すべき社会課題を発信し、それに取り組むプレーヤーを結び付けイノベーションを誘発するエコシステムを形成している。特にLondon Food Tech Weekでは、1週間で2000～3000人が参加する規模のイベントを開催。先端プレイヤーによるトークセッションを軸に、スタートアップと投資家の"Link-up"の機会があり、多様なプレーヤーとつながり価値実装に取り組むことができる。

図9-1 海外のフード関連コミュニティー一覧

「人財育成」に重点
「ビジネスを育てる」ことに重点
幅広い支援

	FFI イタリア 2014	CIA 米国 1946	YFood イギリス 2015	トリノ食科学大学 イタリア 2004	BCC スペイン 2011	At-Sunrice シンガポール 2001	Kitchen Town 米国 2014	MISTA 米国 2019	Crowd foods ドイツ オーストリア スイスなど 2017
①課題定義	✓	✓	✓	✓					
②食ビジネスの人財育成	✓	✓	✓	✓	✓	✓	✓	✓	
③具現化支援	✓	(✓)	✓		✓	(✓)	✓	✓	✓
④社会実装(販売)	(✓)	(✓)					✓	✓	(✓)

出所：シグマクシス

■海外の主なアカデミー、インキュベーター、コミュニティー活動

名称	主催	開始年	概要
The University of Gastronomic Sciences（トリノ食科学大学）	イタリア	2004	イタリアのピエモンテ州に2004年設立された食科学学部・農業化学の学位課程を持つ私立大学（学士、修士、博士）で、スローフード協会のイニシアチブのもとに開設されため、「スローフード大学」とも称される。食、栄養学のみならず経済や哲学など、各専門分野の教員が常駐していることも特徴。学生の半数以上は国外からの留学生でほとんどの授業が英語で行われる。卒業生のキャリアは多様で、食品業界のみならず、教育、流通、観光など幅広い。起業家も多数輩出している。海外を含め企業や行政からの委託研究も多数実施している。
Basque Culinary Center（BCC）	スペイン	2011	スペインの美食の街、サン・セバスチャンに設立された食に関わる多様な分野について学ぶことができる4年制大学。スペイン政府、バスク州政府等の支援により設立された。調理に係る学習はもちろんのこと、食科学、経営、マーケティング、サービスの在り方などのビジネスを立ち上げ、遂行することに必要な事項を学ぶことが可能。また、研究開発センターも併設されており、学習に閉じず企業との共同研究や製品の共同開発、国内外のスタートアップとの実証実験等を通じて、価値の具現化にまで踏み込む。
At-Sunrice GlobalChef Academy	シンガポール	2001	2001年に設立。シンガポールで最初の料理アカデミーの1つで、料理人と、食品・飲料業界のプロフェッショナルを育成する政府認可の教育機関。シンガポール政府の新たな雇用創出を目的に社会人のキャリアチェンジも支援する。at-sunriceのコース修了後は、米国・英国・香港の高等教育機関とも学位連接できるなど密接に連携。家電メーカーや食品会社など多様な企業とパートナーシップを組んでおり、学生は最新の技術を使って学習する。
KitchenTown	米国	2014	フードスタートアップがビジネスを成長させ、スケールアップさせるために必要なリソースとアドバイスを提供するイノベーション施設で、サンフランシスコとベルリンに拠点を構える。商品コンセプトのプロトタイプ開発から、色・質感などの調整、生産プロセスの最適化、官能評価、栄養表示や保存期間の制定に至るスケールアップまでの段階で必要な機器を利用できる他、常駐のフードサイエンティストによるアドバイスを受けられる。定期的にワークショップやイベントを開催し、利用しているスタートアップ同士の交流も盛んだ。大手食品ブランドとのパートナーシッププログラムも実施している。健康的、自然派・オーガニック、持続可能な製品を生産する食品・飲料企業を重点的にサポートしている。
MISTA	米国	2019	サンフランシスコに立地。フレーバー大手ジボダンが立ち上げた食品業界向けの新しいイノベーションプラットフォーム。DanoneやMARS、Ingredionなど世界トップレベルの食品関連企業と共同で設立し、各社のアセットを用いながら、スタートアップの製品開発を支援する。650平方メートルの広大な敷地に製品開発施設、低温殺菌設備、発酵設備などを備え、市場開拓やリーダーシップ育成などの戦略に詳しい専門家の紹介や、世界的に著名なフードサイエンティストからの情報提供を行う。代替プロテイン、健康、福祉、バイオテクノロジーなど支援対象とするスタートアップの幅は広い。
Crowdfoods	ドイツ	2017	ドイツ語圏（ドイツ、スイス、オーストリア、リヒテンシュタイン）の200を超えるフードテック・アグリテックのスタートアップを投資家、食品製造、小売業事業者、研究者や政治家と結び付けるネットワーク。スタートアップが登壇するイベント「StartupBites」を中心にオンライン・オフラインで協業を促進。有料の会員制で運営しており、加盟スタートアップはCrowdfoodsのECストアに出品したり、スタートアップのピッチイベントへの参加ができる。提携先とスタートアップのプロダクト販売も行うなど、社会実装も支援している。

この視点で見ていくと、一覧で紹介した海外のアカデミー、コミュニティーなどは図9-1（294ページ参照）のように整理できる。ざっくり言うと、「人財育成」に軸を置く施設と、「ビジネスを育てる」ことを目的とした実践的な施設に分けられる。

「人財育成」に重点を置いている施設は、調理技術を教えるのではなく、フードビジネスを起こせる人財を育てることを目的にしている。フードビジネスというのも、飲食店経営だけでなく、食品メーカーや調理家電、小売りなど、食の絡む業種が幅広く視野に入っている。米国のCIA（The Culinary Institute Of America）、スペインのバスクにはBCC（Basque Culinary Center）、イタリアではトリノ食科学大学（The University of Gastronomic Sciences）、シンガポールのAt-Sunrice GlobalChef Academyが有名だ。これらのアカデミーでは多くが学士、あるいは修士の学位を出す。CIAなどを卒業したシェフたちは、レストランやホテルに勤めるのではなく、シリコンバレーでスタートアップのアドバイザーをしていたりする。いうなれば、第7章で紹介した「コネクテッドシェフ」の卵たちを養成するのが目標だ。

一方、「ビジネスを育てる」ことに重点を置いている施設の多くは、プロトタイプ制作の支援を中心に、人材育成や社会実装支援まで組み合わせている。米KitchenTown（キッチンタウン）はその名の通り、シリコンバレーのサンマテオ地区の道路沿いにラボや食品製造施設がある。スタートアップが小ロットで新しい食品を開発できる、フードテック専門のシェアオフィスだ。実は、第6章で述べた「パーソナライゼーション」を実現しようとするスタートアップが、ここに来て新食材開発に挑むスタートアップとパーソナライズドフード開発のコラボレーションを相談していたりする。そしてこの施設にはカフェが併設されており、食品も販売されている。

また、ベルリンを拠点とするCrowdfoods（クラウドフーズ）は、ドイツ語圏（ドイツ、オーストリア、スイス、リヒテンシュタイン地域）のスタートアップおよそ３００社の起業を支援している。前述したベルリンのフードテック展示会の主催者だ。彼らはスタートアップが大企業とコラボレーションできるよう様々な支援をしている他、提携先とともにスタートアップの製品販売ができる店舗にもかかわっている。

そして、課題提起から人財育成、具現化支援、社会実装まで幅広く行っているのが、イタリアのボローニャを本拠地とする、ＦＦＩ（The Future Food Institute）だ。彼らは社会課題解決とエコシステム構築を目指し、イタリア以外にも、イギリス、ドイツ、スペイン、米国、カナダ、メキシコ、中国、シンガポールなどに拠点を持つ。そして20年ついに日本にも拠点を開設した。ＦＦＩが強く発信しているのは、食が関わる社会課題の解決だ。国連食糧機関ともコラボレーションしながら、私たちが食で何を解決していかないといけないのか、発信を続けている。企業のエグゼクティブ向けに食の社会課題や、それを解決するためのデジタルテクノロジーをテーマにした教育プログラムを提供している他、企業に対してコンサルティング活動もしている。ＦＦＩの教育プログラムは、実に様々な国から多様なバックグラウンドを持つメンバーが集まっており、グローバルネットワークを構築するきっかけを与えてくれている。

これらのインキュベーションプレーヤーに共通しているのは、新しい食の担い手を生み出すのに必要な機能、①課題定義、②食ビジネスの人財育成（食の理解および事業化に関連する知識の習得）、③具現化支援、④社会実装について、すべてのステップが必要であることを理解しており、他のインキュベーターとお互いに連携しながら自身の強みを中心に活動を展開していることだ。ここが肝であると感じる。この思想がないまま部分的に支援しても、何も生まれずに終わることが多い。アクセラレーションだけではなく、社会実装まで見据えて全機能をそろえてイノベーションを生み出すという姿勢が大切だ。

3 日本でも始まった「食の共創」

米国や欧州、アジアの動きに刺激を受け、日本でもフードテックのコミュニティーが動き出している。日本で初めてフードテック関連のイベントが開催されたのは17年。米国のＳＫＳの日本版「スマートキッチン・サミット・ジャパン（ＳＫＳジャパン）」だ。

次の節目となったのが19年。この年には、新しい食の担い手たちが集まるリアルな場所が出てきた。代表的な事例は東京フードラボだ。フードテックなどの「テクノロジー・サイエンスによる取り組み」とシェフによる「新しい調理方法や食の楽しみ方の提供」など、双方のクリエーティブな取り組みを掛け合わせることで「世界の食をアップデート」し、〝食〟を中心とした社会課題の解決を目指すことをミッションと掲げるコミュニティー。京橋エリアにリアルな場所を持ち、1階が世界最先端の植物工場であるＰＬＡＮＴＯＲＹ ｔｏｋｙｏ（プランテックスの植物工場）を有する。また、2階にはＵ（ユー）というプロ仕様のキッチンスペースを備え、日本や世界で活躍するシェフや様々な専門家などが集まり、「世界の食をアップデートする」をテーマに新しい調理方法や食の楽しみ方などに関する知見を共有・体験できる「場」を構築している。

一方、東日本旅客鉄道（ＪＲ東日本）が進めているのが、山手線新大久保駅の改装プロジェクトで、２０２０年内に「新大久保フードラボ（仮）」をオープンする予定だ。今回、新大久保フードラボとして改装オープンするのは、新大久保駅の3階と4階だ。3階ではオレンジページと連携してフードロスなどの社会課題解決をテーマとしたワークショップや、生産者やシェフと直接会って食事ができるポップアップレストランなどを開催。また、料理人の挑戦の場として、シェアダイニングを設ける。シェアダイニングとは、厨房を複数の料理人がシェアし、客席スペースを共有して料理を提供する形態だ。新大久保では3つのキッチンを朝・昼・夜入れ替わりで最大9人の料理人が使い、約80席のスペースで客をもてなす。

そして新大久保フードラボの〝真骨頂〟といえるのが、4階に新設される食のコワーキングスペースだ。フードテック系のスタートアップやベンチャーキャピタルなどの入居を見込む他、商品パッケージのデザイナーや大学などの研究機関、食品メーカー、調理器メーカーなど、多彩な人財を集めて〝食のエコシステム〟を形成する。

4階フロアには、入居者が自由に使える業務用テストキッチンを複数用意する計画。また、オーブンやフードプロセッサー、冷蔵冷凍庫といった食品の製造・保管設備、パッケージングの機器も設置し、食品製造の小規模工場としての許可も取得するという。これにより、入居者は1000個単位などの小ロットで、本格販売前のプロトタイプの開発ができ、コワーキングの販売スペースやネット通販などを通して生活者の反応を見ることが可能になる。また、植物性代替肉や培養肉、完全栄養食のような先端的な食材であれば、3階のシェアダイニングとコラボして、メニューに加えることも可能だ。

もちろん、コワーキングスペースのコミュニティーを通して、大手食品メーカーとのコラボを実現したり、製造技術を吸収したりといったこともできる。「アイデア創出から実証、本格展開まで高速で回せるような、イノベーションが生まれる『場』づくりをしていきたい」（JR東日本[②]）。

また、菓子メーカーのユーハイムは食の未来をテーマにした施設名称「BAUM HAUS（バウムハウス）」を2020年末、愛知県名古屋市中区栄にオープン予定だ。1919年にドイツのヴァイマールで開校し、今日のアートとデザインに大きな影響を及ぼした学校「bauhaus（バウハウス）」

②
日経クロストレンド2020年4月30日掲載「JR東日本も『イノベー食』参戦 新大久保に食の“聖地”誕生へ」より

のように実験精神を持って、テクノロジーを用いながら新しい価値感にチャレンジできる、オープンイノベーションの場を目指す。

2階フロアには、アバターロボットを常設したスペースのあるシェアオフィス「BAUM HAUS WORK（バウムハウス ワーク）」を、1階フロアにはユーハイムの次世代オーブンで焼き上げるバウムクーヘンショップの他、参加企業と様々な取り組みを実践するスイーツショップ、デリ、ベーカリーを併設したフードホール「BAUM HAUS EAT（バウムハウス イート）」を開業する。これらは、海外に比べてフードテック系スタートアップの創出に乏しいといわれる日本にあって、好循環を生み出す可能性がある施設となりそうだ。

新たなエコシステム誕生への期待

国内において、この数年で立ち上がってきたカンファレンスやコミュニティーの特徴をまとめたのが次ページからの表だ。実に多様なプレーヤーが参加していること、そして、その中のいくつかはグローバルコミュニティーとも密接につながっていることが、まず特筆すべきことである。我々が把握している限りでも、15を超える集まりが日本各所でできつつある。

これらの集まりに、大手企業（家電メーカー、食品メーカーなど）の新規事業担当者やマーケティング担当者、ベンチャー企業、投資家、官僚、投資家、シェフ、生産農家、アカデミア・研究者、そして、最近は不動産・インフラ事業者、外食プレーヤーや卸・流通事業者、そしてメーカー系からも保守本流の部門の人たちが参加し出しており、食の進化は新しい外側の世界ではなく、食に関わるプレーヤーすべてに関係する動きとなってきている。

■国内の主なイベント、コミュニティー、事業創造活動

名称	主催	開始年	概要
Smart Kitchen Summit Japan	シグマクシス&The Spoon	2017	Smart Kitchen Summit（SKS）はフードテックメディア「The Spoon」が15年に米国で初めて開催したイベント。「食&料理×テクノロジー」をテーマに、フードテック企業、キッチンメーカー、サービスプロバイダー、料理家、起業家、投資家、デザイナー、ビジネスクリエーターといった幅広い分野の有識者のプレゼンテーション、パネルディスカッション、展示を通じ、食や調理の在り方を考え、そして社会への実装を進めることを目的としている。日本では、筆者らが属するシグマクシスとThe Spoonの共催。国内外の有識者やイノベーターとともに、食・料理がテクノロジーやサイエンスを通じてどのように進化し、より豊かな生活の創出の実現や社会課題の解決ができるかという議論を行う。SKS Japanでの議論を発展させる形で、後述の各種イベントやイニシアチブが生まれている。
日経フードテック・カンファレンス	日本経済新聞社&日経BP	2019	日本経済新聞社、日経BPが19年に初めて開催。参加者が世界のフードテックの潮流をキャッチし、日本型の食産業の未来を議論し、関係者の新たなつながりを生み出すことを目指す。これまでフードテック関連のカンファレンスにあまり参加が見られなかったITインフラ系、その他メーカー担当者なども参加している。
日経テクノロジーNEXT フードテックトラック	日経BP	2018	日経BPが主催する最先端技術カンファレンスとして、5G、モビリティ、ブロックチェーンなど、幅広いハイテク系テーマのセッションがそろう中、19年は「フードテック」のトラック（セッション群）が設けられた。事業開発コンサルタント、大企業のトップ、事業担当者、ベンチャー経営者など多様な顔ぶれが登壇。
テックプランター／フードテックグランプリ	リバネス	2020	大学や研究機関、企業の研究所では科学技術の「種」が生まれているが、実用化に向けて芽を出すまでに大変な努力を要する。リバネスならびにパートナー企業によって開催する「テックプランター」はビジネスまで芽吹かせるプランターとしての役割を担うことを目的としたプログラム。20年より「フードテックグランプリ」のカテゴリーが登場。リアルテック領域（ものづくり、ロボティクス、モビリティ、IoT、人工知能、素材、エネルギーなど）の技術シーズと、起業家の発掘育成を目的としたビジネスプランコンテストである。20年10月に初のDemo Dayが開催される予定。
FOODIT	FOODIT TOKYO実行委員会	2015	飲食店向け予約台帳サービスで高いシェアを誇るトレタを中心にFOODIT TOKYO 実行委員会が主催する、外食産業に特化したカンファレンス。日本国内の外食産業のリーダーたちが一同に集結し、飲食店におけるテクノロジーの最新動向やノウハウをシェア。飲食業界の未来について議論・提言をする。3回目の開催となった19年、会場には約1000人の来場者が集まるなど、業界での注目度も高い。
原宿食サミット	松嶋啓介氏	2018	外国人最年少でミシュランを取った料理人・松嶋啓介氏が主催する「食」をテーマに、様々な切り口からウェルビーイングの在り方について議論するカンファレンス。食に対する日本人のリテラシーの低さに対する松嶋氏の強い危機感を出発点に、18年からこれまで4回、そして特別編としてオンラインでも継続的に開催されている。トピックは食を起点として分野横断的に広がっており、健康、予防医療、コミュニティー、スポーツ、テクノロジー、デザイン、教育、サステナビリティー、家族、アートなど。食と密接にかかわる様々な論点から、問題意識や解決策などを共有し、そして未来の食文化の醸成やグローバル社会における私たちのアイデンティティーの見直しにまで発展させていくことを目指している。

■国内の主なイベント、コミュニティー、事業創造活動

名称	主催	開始年	概要
xCook Community	シグマクシス（運営）	2017	SKS Japanの参加者を中心としたコミュニティー活動。主な拠点はFacebookのグループであり、メンバーの活動に関する情報共有が活発に行われている。「オフ会」と称したイベントを定期的に開催（これまで7回開催）。オフ会では、都度テーマを設定し、領域のキープレーヤーの講演やパネルディスカッションを軸に参加者間で活発な議論をする。運営はシグマクシスが中心だが、オフ会の開催場所や懇親会の食事の提供など、メンバー同士が共に協働する形で行うのが特徴。参加者が同僚や、知り合いを呼び込む形でメンバーが増え続けており、現在Facebookのグループの登録者は400人超。
Foodtech Venture Day	シグマクシス、リバネス	2019	食&料理やその関連領域（製造、物流、ヘルスケア、農業など）で活躍する日本発のスタートアップやベンチャーと、大手の事業会社、投資家、研究機関などのコラボレーションを促進するためのイベント。シグマクシスとリバネスが主催するこのイベントは、ベンチャー企業のシェアアウト（活動ややりたいことを共有する）を軸に構成されている。19年6月に行われた第1回目で、本書でも織り込んでいるFood Innovation Map Ver.1.0が発表された。そのマップを埋めるだけのスタートアップを生み出していきたいという想いを持ち、不定期開催。毎回100人程度の参加があり、登壇者だけでなく参加者からも自己紹介や取り組みの共有の時間を設けるなど、インテラクティブ性も特徴的。このイベントでの出会いは、実際のベンチャーと事業会社、自治体の提携や、ベンチャー同士のコラボレーションにつながっている。
Venture Café – Future Food Camp	Venture Café Tokyo	2018	Future Food Campは、起業家、投資家、研究者など、多様なイノベーターたちのコミュニティーであるVenture Café Tokyo（米国東海岸に位置するイノベーションハブCambridge Innovation Centerが世界各地に開いたイノベーション支援のための拠点）が提供するイノベーションプログラムの1つ。食の現状課題と未来の可能性について専門家同士のセッションを通じ、コミュニティーとして理解を深め、アクションにつなげていくイニシアチブ。ベンチャープレーヤーだけでなく、省庁からの登壇もあるのは他イベントと比較しても特徴的。
Future Food Japan	The Future Food Institute	2020	Global Food Innovator育成機関である、The Future Food Institute（本拠地：イタリア／ボローニャ）の出先として、日本におけるグローバルフードコミュニティーづくりを目指す。20年3月発足。TOKYO FOOD LABとも連携し、今後様々なイベントや場づくりを行っていく予定。
Food Tech Studio	Scrum Ventures シグマクシス 田中宏隆、 岡田亜希子	2020	サンフランシスコにてアーリーステージのスタートアップ投資を行っているスクラムベンチャーズが推進する「Studio」は、スタートアップと大企業のオープンイノベーションを加速する取り組みで、これまでにもパナソニックや任天堂、電通などとともに、新規立ち上げの実績をあげてきたが、2020年夏から、日本を代表する複数の食関連企業とともに、フード分野における日本で初めての「Food Tech Studio」をローンチする。大企業の社員に起業家マインドを養成しつつ新規アイデアを短期間で数多く回すことができるのに加え、Sports TechやSmart Cityなどの兄弟Studioにて社会実装も素早く行えることが特徴。

■国内の主な団体・研究会など

名称	主催	開始年	概要
SPACE FOOD SPHERE	宇宙航空研究開発機構（JAXA） リアルテックファンド　他	2019	日本発の優れた技術や知見、食文化を最大限に活用し、宇宙と地球の共通課題である「食」の課題解決を目指す共創プログラムとして、19年3月にSpace Food Xとして始動。20年4月より、一般社団法人化。50以上（20年1月31日時点）の企業、大学、研究機関などのキーマン、プロフェッショナルが参画し、研究開発体制の構築や事業創造のためのグローバルコミュニティーの形成を推進。
TOKYO FOOD LAB	東京建物 PLANTX ケイオス	2019	フードテックなどの「テクノロジー・サイエンスによる取り組み」と、シェフによる「新しい調理方法や食の楽しみ方の提供」など、双方のクリエーティブな取り組みを掛け合わせることで「世界の食をアップデート」し、“食”を中心とした社会課題の解決を目指すことをミッションと掲げるコミュニティー。京橋エリアにリアルな場所を持ち、1階が世界最先端の植物工場であるPLANTORY tokyo（PLANTX）を有する。また、2階にはU（ユー）というプロ仕様のキッチンスペースを有し、日本や世界で活躍するシェフや様々な専門家などが集まり、「世界の食をアップデートする」をテーマに新しい調理方法や食の楽しみ方などに関する知見の共有・体験を進める。
フードテック研究会	農林水産省	2020	フードテックに関わる新たな産業における課題やその対応を議論するため、食品企業、ベンチャー企業、関係省庁、研究機関などの関係者で構成し、農林水産省が主催。民間企業や団体から約200人が参加する。農林水産省が掲げる「2030年までに農林水産物・食品の輸出額5兆円」という政策目標に向け、将来的なプロテインの供給に向けたルール形成や培養肉や昆虫に関する技術、代替肉などに対する社会的文化形成について議論する。
食の拠点推進機構	上村章文氏　他	2019	日本の都市、地域を世界的にも認められる「フードイノベーションの中心地」として発展させること、そのために食の伝統・安全・技術革新を促進させる各機能を持つ組織や施設を創っていくことを目指し、RRPF地域創生プラットフォーム（地域の創生を目指す企業、団体、自治体、専門家、個人をつなげるプラットフォーム）の代表、上村章文氏らが中心となり、19年に立ち上げたイニシアチブ。研究・教育機関、コンベンション施設、飲食・小売施設、ミュージアム、スタートアップ支援などの機能を持つことを想定し、料理人、研究者、文化人、デベロッパー、食品メーカーなど多様なプレーヤーが協業する。
細胞農業研究会	多摩大学 ルール形成戦略研究所（CRS）　他	2020	培養肉など、細胞培養技術によって製造される製品が、数年のうちに世界各地で一般小売店に並び始めることが予想される中、細胞培養肉などの食品としての安全性の確保、一般生活者が適切な判断をするための食品表示の方法、関わるステークホルダーの明確化など、市場に出るまでに解くべき論点を明らかにすべく、有識者同士が議論をする場として多摩大学ルール形成戦略研究所（CRS）が20年1月に設立。産官学の多様なプレーヤーが参加しており、政策提言、国内・世界でのルール構築を行う入り口としている。培養肉以外にも、医薬品、素材など幅広い細胞農業（※1）技術の利用方法や、日本の細胞農業製品や技術が国際競争力を持つために何が必要か、という長期的な視点の基づく議論も行う。
分子調理研究会	冨永美穂子准教授（広島大学）、 石川伸一教授（宮城大学）	2017	料理に対する新たな科学的知見を集積すること（分子調理学）と、分子レベルに基づいた新しい料理、新しい調理技術の創成を目指すこと（分子調理法）を目的として創設された。研究者・技術者だけでなく、調理師・料理人、関連企業等の連携を通じ分子調理法にかかわる振興と研究推進を図る。

（※1）この分野は広く、培養肉以外にも同種の技術で培養肉以外に、移植用臓器、健康成分、毛皮、皮革、木材なども製造可能とされており、これらは総称し「細胞農業」と呼ばれている。

大企業にはフードイノベーションは無理なのか

私たちは、新しい食の担い手たちを育成している事例を日本企業に説明する機会が少なからずあるのだが、実はこの説明の途中で、必ず聞かれる質問がある。

「世界の動向は分かったが、結局、我々はどうすればいいのだろうか」

また、もう1つ聞かれるのは、「大企業から本当にフードイノベーションは生まれるのか」という疑心暗鬼にも似た声だ。

大企業では新規事業は生まれない――。過去、企業の経営幹部たちは、そう自嘲してきた。だが、新規事業の立ち上げが難しいのは、何も日本だけの話ではない。米国や欧州とて同じ。これまで見てきたように、今のフードテックを先導しているのはスタートアップであり、欧米の巨大企業も追従する立場なのだ。

出遅れた理由はいくつもある。「マーケットシェアで勝つこと」「スケールを追い求めること」を重要視する大企業においては、まだ確固たるマーケットがなく、市場規模をも測ることができないフードイノベーションをどう捉えていいのか分からない。意思決定がなかなかできないのだ。

だが、これも「昔の話」になるかもしれない。海外動向を見ていると、明らかに海外の大企業の動き方が変わってきている。一言でいえば、大企業であることを捨て、スタートアップと同じような動き方を始めているのだ。

例えば、16年に中国家電大手のハイアールに買収された米GEアプライアンスは、フードテック領域の新規事業に積極的なことで知られている。「イノベーション・ラボ」とマイクロファクトリー（小規模製造施設）機能を中核とする「ＦｉｒｓｔＢｕｉｌｄ（ファーストビルド）」という外部組織を構築した。ここには外部のエンジニアやサイエンティスト、デザイナーなどを呼び込み、本体とは切り離された組織でＩｏＴ調理家電などの開発に挑んでいる。同社によれば、試作に至ったアイデアは５００に上り、15製品が販売に至っている。「１０００ユニット販売できたら、本体のラインナップに組み込まれる」という仕組みになっているのだ。

前述したバリラにしても、ジボダンのミスタ創設メンバーにしても、創業１００年超えの大企業たちが、新しい動きをしかけてきている。皆必死である。変化が激しい市場、生活者の嗜好も多様化している。既存市場のように競合相手を気にするよりも、生活者をより深く知るほうが大事だ。であれば、企業同士で連携し、サービスを実装するための道筋づくりに努力したほうが「事業」に育つ可能性が高い。

フードテックやスマートキッチンのカンファレンスでも、単に「情報収集」のために参加する人たちが多かったが、担当者自身がビジョンを語り、多くの企業と知り合い仲間を作っていくほうが事業に成長する可能性がある。巨大企業の中には、「投資家」の立場を捨て、コミュニティーの一員として、新しいバリューチェーンをつくったり、エコシステムをつくったりし始めているのだ。

最後に１つ。食のエコシステムが動き出すには、もう１つ条件がある。「共創には、共感するビジョン、目指すサービスのイメージを語ることが欠かせない」のだ。あなたが実現したい社会は何か。フードの何を改革したいのか。スタートアップはもちろんのこと、巨大企業も、エコシステムの一員となるには、「理念」が問われている。

4 企業の枠組みを超えたフードイノベーション

フードテックを通じた新たな事業創造に関しては、現状の企業単体の枠組みだけでは乗り越えられないことは、多くの人たちが肌感覚で感じていると思う。具体的にどのような事業体や枠組みがカギとなるのか、まとまった議論は第10章に譲るとして、ここでは、日本においても企業の枠組みを超えた動きの具体的な事例について紹介したい。地域と宇宙という一見、突拍子もない2つの事例であるが、今後こうした切り口から、産官学がつながり、新しい動きになっていく可能性が高い。「従来のテーマ」×「食」を組み合わせることによって、これまで食と関係なかった人々が「食」と関わるようになり、改めて、「食」の可能性が再認識され始めている。要は「食に無関係な人間はいない。食はあらゆるビジネスとつながる可能性を秘めている」ことに気づき始めたのだ。

まちづくり（地域）×食の可能性

まずは、食が広げる可能性を考えるために、食がまちづくり（地域）にどんな影響を与えているのかを考えてみる。地域という観点では、人口数十万人単位から数万規模の市区町村を有する地域まで当てはまるが、今回は、「食を通じたまちづくりが成功している」という点から、長野県の小布施町を一例として見ていきたい。

小布施町は約20平方キロメートルで人口約1万1０００人と小規模な自治体ではあるが、代表的な特産品である栗に加えて、リンゴやブドウの生産も盛んであり、町には果樹林が広がっている。また、日本酒の酒蔵やワイナリーも存在する。さらに葛飾北斎が晩年の一時期を過ごした地域でもあり、食以外も含めて、文化にあふれる町である。ちなみに、日本には約1700の自治体（市区町村）が存在しているが、そのうち人口5万人未満の自治体が約70％を占める（消費者庁令和元年度地方消費者行政の現況調査より）。小布施町と同じような小規模自治体が多数存在することが分かる。第1章で、食のロングテール化について紹介したが、ロングテール化はニーズだけでなく、ユニークな地域によっても起こるものだと考えられる。

小布施町は、戦後りんごの町として栄えていたが、その後、高度成長期に都市部への人口流出が起こり、過疎化が進んだ。そのような状況の中、1969年に「文化立町」と「農業立町」をキーワードに、まちづくりに力を入れ始めた。80年代には、「町並み修景事業」に取り組み、町並みを変えて、同時に住民の景観に対する意識も変えることで一丸となり、小布施町独特の空間をつくり上げてきた。2000年ごろからは、「協働と交流のまちづくり」を旗印とし、「4つ（町民、地場企業、大学や研究機関、町外の志ある企業）の協働」と「交流産業」の創造が進められている。また、自然エネルギーにも着目しており、18年には、民間事業者と協働し、小布施松川小水力発電所を建設している。このような結果、現在は、観光客が年間100万人も訪れる地域である。

こうした地域の発展に対して、「食」が与えた影響について、小布施町地方創生推進主任研究員の大宮透氏に話を聞いた。

「小布施町の栗は江戸時代から続く特産品。ただ、60年代までは地元に観光資源はなく、地元のお菓子屋さんも近隣の温泉地やスキーリゾートなどへ卸すことが中心でした。しかし、76年に北斎館が開設され、北斎晩年の傑作を展示したこの美術館に観光客が訪れ始めたのと同時期に、それまで卸が中心だっ

小布施町　栗の小径

た栗菓子屋数社が独自のブランドで土産物販売やレストラン事業を始めたのです」

日本全国各地に「特産品」はある。特産品を利用した土産物販売やレストランを開設しているところもある。一見、条件は同じようでありながらも、小布施町が他の町よりも抜きん出た存在になったのは、まさに「食」のコンテンツづくりにある。そのキーコンセプトは「産地から王国へ」。中途半端な取り組みではなく、「王国へ」という言葉が象徴するように、プライドを持った食への取り組みこそが、町の質を高める基礎を築くことになった。

続いて大宮氏は、「小布施堂社長の市村次夫氏が主導し、民間事業者と行政が連携しながら町並みを修景しました。また、象徴的な建物である小布施堂では料理に力を入れ、料理研究家の土井善晴さんを招聘し、自社の料理人たちをトレーニングしてもらい、料理の質を向上させました。農産物の生産地としてではなく、その土地で採れた食材を生かしながらも一流の料理として提供する場になる。ここでしかできない体験を提供し、特産品を魅力あるコンテンツに昇華させるという思いがあったようです」と話す。

まちづくりの基礎は、土地の使い方・建物・交通網のハードが中心になるが、小布施町では、食に注力することで、ソフト面としての体験（コンテンツ）をパワーアップさせてきた。「他の栗菓子屋でも、それぞれ違ったアプローチで質を高めています。それらの店で修業した料理人が、その後独立し、町内で別の飲食店を始めることも少なくありません。こうした動きにより個性ある店が複数生まれました」（大宮氏）。

小布施町は、面積として大きな町ではない。実際に、訪れてみると分かるが、町の中心部と周辺を含めても狭い。その限られたエリアに和食、フレンチ、イタリアンなどの個性的な飲食店が何店舗も共存していることに驚く。この独特の環境が、小布施クオリティーを生み出している。

競い合っているのは飲食店ばかりではない。小布施町では農業が重要な産業基盤である。約3800世帯あるうちの3分の1が何らかの形で農業に関わっている。名産品である栗については「地元産業を守る」観点から、地元業者は他の産地よりも高い価格で購入しているが、生産者同士が競い合う関係になっている。栗の品質を向上させるための品質研究会を定期的に開いているが、あくまでも品質向上の責任はそれぞれの農家に委ねられている。ある種の緊張感がサービスの質を高めているのは確かだろう。

食を軸にして、他の産業へ波及する可能性も秘めている。観光はもちろんのこと、例えば、エネルギーとの連携が考えられる。小布施町で「ながの電力」を開設、18年には自然電力として初となる小水力発電所[3]が稼働した。この電力は県外関係者でも利用できるので、電力利用者には小布施町のレストランなどの地元住民の他、小布施を訪ねたことをきっかけにファンになった人たちも利用者にいるだろう。食などの地域の魅力から〝関係人口〟になってもらい、他の産業へつなげることは十分可能なのだ。

③
小水力発電所は自然電力（福岡市）の100％子会社である長野自然電力合同会社（長野県小布施町）が建設（正式名称は「小布施松川小水力発電所」）。年間発電量は一般家庭約350世帯分に相当する約110万kWhを見込んでいる。電力の販売は、小布施町らの「ながの電力」が担当

人口減少・高齢化が到来した今、一度きりの観光客を頼りにしているだけでは、地域生産者も限界がある。大型台風による水害、新型コロナなどのパンデミックもあるなど、何が起こるか分からない時代だ。生活者も多様なつながり、コミュニティーを持つことは大きな安心感につながるだろう。

ここでは小布施町の話を事例として挙げたが、元来「地域」と「食」の親和性は高く、「食」を地域振興に掲げる自治体は多かった。だが、このフードテックが浸透する昨今、食を通じたまちづくりにも変化が出てきている。従来のおいしいものを作れば売れるという時代から、食を通じた地域インフラの在り方、産業の在り方まで変えていく可能性がでてきたのだ。

筆者らは19年にスペインのバスク自治州にある、食品産業クラスター組織を訪問した。同地域はサン・セバスチャンが「美食の街」として有名であるが、実は州都ビルバオなどを起点として、食品に関わる、製造業、流通業、水産業、研究所、料理大学（BCC）などの100社程度が食の進化に向けたプロジェクトを組成し、「食」をバスク州の重点クラスターに推し進めるべく強力に推進している。

日本では、地域ごとの産業クラスター化は課題も多く、十分発展してこなかったが、小布施町やバスク自治州の取り組みを見ていると、「地域」という単位が食およびフードテックをきっかけとして、新たなイノベーションの着火点となる可能性も感じている。新型コロナの影響もあり、都市の役割、地方の役割が見直され始めている。その問いを追求するためにも、地域の盛り上がりはカギを握るだろう。

「宇宙」×「食」～究極の食ソリューションへ～

19年から、宇宙航空研究開発機構（JAXA）の菊池優太氏とリアルテックホールディングスの小正瑞季氏が中心となり、Space Food X（スペースフードエックス）という取り組みを始めた。

20年4月からは、一般社団法人SPACE FOODSPHERE（スペースフードスフィア）として活動しており、筆者の田中宏隆も理事として参画している。

この活動は未来予測と具体的な活動を想定している。2040年代に月面に1000人が居住できる月面基地を構想し、宇宙という極限的な環境で暮らすときの課題を抽出していく。同時に究極の食を共創する。宇宙環境という資源が限られている究極の環境で、課題解決をしていくことは、結果的に地球が抱えている課題を解くことにつながるとの発想だ。宇宙基地の課題としては「食料不足」「資源不足」「生物多様性」「閉鎖隔離環境のQOL（クオリティ・オブ・ライフ）」「人財不足」を挙げている。これらの課題を解決するためにも完全資源循環型かつ超高効率な食料供給システムと、閉鎖空間のQOLを飛躍的に高める食のソリューションを社会実装する具体的方法を考えていくのだ。

宇宙という資源がない中で、いかに効率良く食料を生産するかという視点は、地球に置き換えてみればフードロスの削減の取り組みにつながる。また、宇宙船内の閉鎖空間のQOLを高めるということは新型コロナの影響を受けている現代社会にも役に立つ。厳しい宇宙空間で考えれば、制約条件が〝ゆるい〟地球での解決策を導くことができるのだ。

極限環境であるからこそ、心と体の両面からより自分に適した食が求められ、資源循環の観点も必要となる。このように、食は他産業とつながり広がる可能性を大いに秘めている。それは、やはり食が、人の基本行動であるということを表している。

スペースフードスフィアのように、会社を超えた共創型の取り組みでビジネス領域を広げるときには、「食」が持つメリットを発揮しやすい。食のメリットは、誰にとっても身近なテーマであることだ。会社という枠組みを越えて個人としても考えやすいテーマなので、新しいビジネスを立ち上げるとき、食が話題だと関心を持ってもらいやすいし、熱意を持つ仲間を探しやすい。

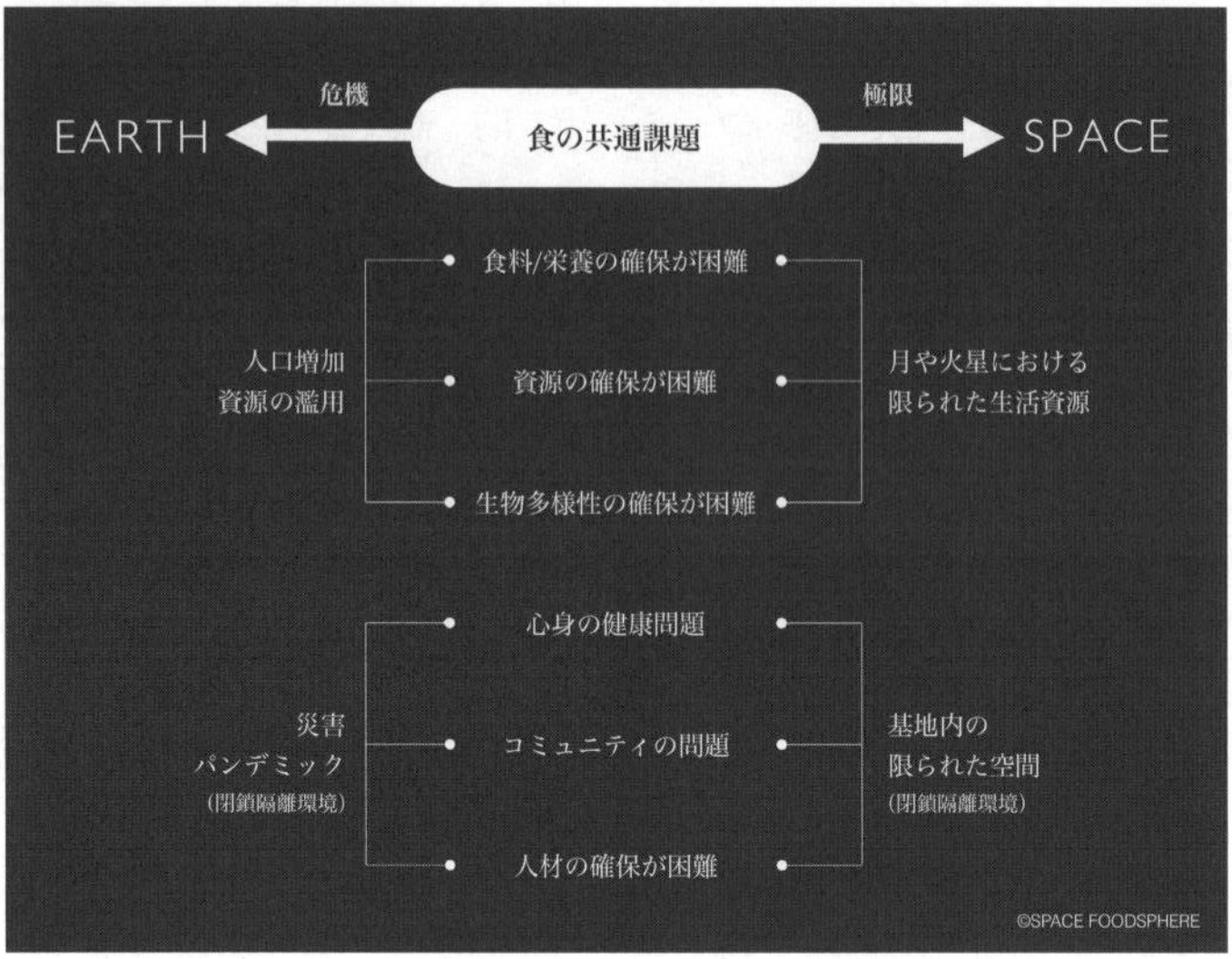

出所：SPACE FOODSPHERE

ちなみに、スペースフードスフィアの場合は、宇宙という未来の話題に加えて、「食」で解決する試みに対して面白いと思っている人が多いようだ。実際に、大企業からスタートアップ、大学教授、個人実業家など、様々な方面からメンバーが集まり、宇宙での食、およびそこから地球にどうつなげていくか話し合うことで、新たなビジネスチャンスを模索している。理事には、南極地域観測隊経験者の村上祐資氏も参画しているが、大企業から個人まで幅広く参加しているコミュニティーは珍しいだろう（しかも、村上氏の話は、実際に極地を経験しているため、リアリティーがあり、本当に面白い）。

メリット2つ目としては、大局と局所の両方の視点で、アプローチできることだ。フードロス削減などの社会課題に加えて、高齢化といった人口動態の変化などのマクロ的な課題をも食は解決できる。その一方で、生活者一人ひとりが持つニーズからもビジネスを広げられる。さらに、サイエンスやテクノロジーの進化の視点からも考えられる。スペースフードスフィアにおいても、宇宙と地球の共通課題（災害対応や食料危機など）という大局を見ながら、一方で個人のＱＯＬに着目し、それらに関わる課題を解決するために、サイエンスやテクノロジーを活用することを探っている。

具体的なテーマとしては、「超高効率植物工場」「バイオ食料リアクター」「拡張生態系」「日常の食卓ソリューション」「特別な日の食体験ソリューション」「単独の食事ソリューション」などがある。こうしたテーマに対して、例えば、プランテックスの植物工場技術を生かした「密閉型植物工場」、ユーグレナの微細藻類を利用した食料不足の解決策、ＯＰＥＮＭＥＡＬＳ（オープンミールズ）と一緒に３Ｄフードプリンターを活用した宇宙食のデリバリーなども検討している。

もちろん、テクノロジーだけあれば良いというわけではなく、食を通じて宇宙生活（閉鎖隔離環境）を、どのように楽しむかという視点からも考えられている。料理人の桑名広行氏らと一緒に、月面での地産地消を想定した「月面ディナー１・０」を発表している。このように、食は大きな変化を捉えながら、同時に食べる瞬間を楽しむという局所的な部分にもアプローチできる。課題に対する具体的な解決策を提案しやすいのである。

「地域」と「宇宙」という、一見すると極端な事例から、私たちが改めて伝えたいのは「食はビジネスチャンスを広げ」、「多様なプレーヤーを巻き込む」ということだ。食は日常・非日常あらゆるところで関わってくる。そして、食は生産から口に入れるまで、非常に多岐にわたるプレーヤーとの関わりが多い。「〇〇〇」×「食」ということを考え出すと、無限の事業の可能性が生まれてくる。ぜひ読者の方々も一人ひとりが掛け合わせを考えてみてほしい。新しい地平が開けてくるはずである。

Column

世界屈指の美食の街から生まれる「フードテック」の未来

ピレネー山脈を隔ててフランスと接するスペイン北部のサン・セバスチャン。人口僅か18万人ながらミシュランの「星密度世界一」で、美食の街として知られるこの地に、スペイン政府やバスク自治州政府などが出資して2011年に設立されたのが、「バスク・カリナリー・センター(BCC)」だ。「el Bulli(エル・ブジ)」を率いた伝説の料理人、フェラン・アドリア氏や日本の成澤由浩氏をはじめとする世界9カ国のトップシェフ「G9」がアドバイザーを務めた同校は、当時、欧州初の4年制料理専科大学として注目を浴びた。

普通、食の道に進む場合、料理学校で技術を学ぶというイメージがあるかもしれない。もしくは、日本では栄養学部や農学部、レストラン経営を目指すのであれば経営学部に進むのが一般的だ。しかし、このBCCでは調理技術だけでなく、食文化の研究からマーケティング、そして飲食店のデザインまで、食の世界を360度の視点から学ぶことができる。

例えば、学生たちは統計学や生物学など、一見料理とは関係なさそうな学科も受講したり、国内外から招かれた著名シェフの特別講義を受けたりすることが可能。さらに一般の人たちも食事ができる学内のレストランで提供されるメニューは、学生たちが授業で考案して調理したものだ。また、〝現場〟ではテーブルセッティングから接客まで教師たちの指導の下、学生たちが行っている。そうすることで、自分の専門分野だけでなく、「食」という経験を包括的に理解するのだ。

大学設立の目的に、「学位を持った料理人を育てること」、そして「食業界におけるイノベーション促進」を掲げるBCC。学長の Joxe Mari Aizega(ホセ・マリ・アイゼガ)氏は、こ

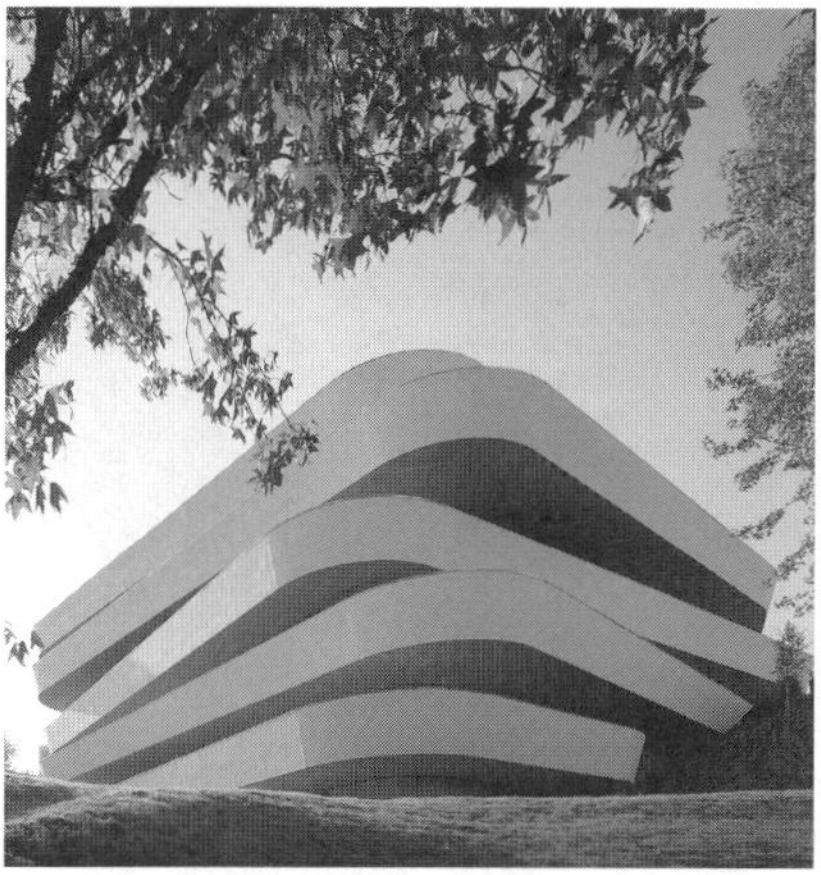

皿を5枚重ねたようなデザインの校舎。スペインの著名な建築事務所「VAUMM」が設計を手がけたキャンパスは、総工費は1700万ユーロ（約20億円）（出所：Courtesy of Basque Culinary Center）

LABeの広々としたワーキングスペース（撮影：上田紋加）

10人まで入れるLABeの「360°エクスペリエンス・ルーム」では、特別な食体験を演出するための実験が行われている（出所：Courtesy of Basque Culinary Center）

う話す。「一番の成果はガストロノミーに特化した学部を設立したことですが、18年には世界で初めて食に特化した技術の研究機関『BCCイノベーション』をオープン。さらに、19年には世界初の調理科学の博士課程を立ち上げました。私たちは常に、この業界に革新を起こそうと前進しているのです」。

BCCイノベーションでは、現在3つのプロジェクトがある。①発酵や野生植物、食品廃棄に特化した研究を進める「BCulinary LAB」、②サステナブルな食の未来を構築する「プロジェクト・ガストロノミア」、③スタートアップ支援プログラムの「カリナリー・アクション」だ。

こうした取り組みの中で、彼らが全体を通して力を入れているテーマは2つ。1つはフードロスを減らし、持続可能な食を目指すこと。例えば、果物の皮や種など普通は捨ててしまう部分の再利用方法を研究し、「アーティチョークの葉を使ったコンブチャ」や、「海老の殻を使った塩」といったレシピをまとめた。そして2つ目は、私たちが健康的な食生活を送れるようにすることだ。同機関では、シェフだけではなく、栄養士や技術士、エコノミストなど様々な分野の専門家が集まり、多角的な視点から研究を進めている。例えば、現在BCulinary LABでは、「肉を使わない生ハム」を研究中だ。ドングリを食べて育った豚の生ハムを「ハモンイベリコ・ベジョータ」と呼ぶが、ドングリを発酵させてうまみ成分を抽出することができれば、豚肉を使わずしてもそのフレーバーを楽しめるというわけだ。

一方、19年7月にオープンした「LABe」は、BCCが運営するデジタルガストロノミー・ラボ。タバコ工場の跡地に建てられたカルチャーセンター「タバカレラ」の最上階にあり、オフィスとしての機能はもちろん、スタートアップの研究所としての役割も果たしている。

視覚・聴覚・嗅覚に刺激を与えて特別な食体験を演出する円形の「360。エクスペリエンス・ルーム」や、プロトタイプの作成に使われる実験用のキッチン、さらに一般客も利用できるレストランを併設。フリーランスも利用できるが、中心はサン・セバスチャン内外に拠点を置く27のスタートアップ企業だ。彼らが取り組む分野は、IoTや室内農業、スマートレストラン、3Dフードプリンターの食事などと幅広い。

そもそもデジタルガストロノミーとは何か。彼らはこう定義している。「人間が良い食料・飲料を作り、変化させ、創造し、広め、消費する手段となる新しいデジタルテクノロジーの利用であり、身体、精神そして社会的健康につながる潜在力のあるもの」。

LABeに併設されたレストランで、その一端が垣間見える。ここでは、BCCの卒業生でもあるシェフたちが考案した、旬の地元食材を使った料理を楽しむことができる。例えば、「今日の一皿」は、タブレット端末を使ってグラム単位で食材を選択し、パーソナライズされたワンプレートをオーダーできるもの（テークアウトも可能）。現在の健康状態に応じた栄養分を、自分が必要だと思う分だけ選択して摂取できるというわけだ。また、食べ切れない量が出てくることもないので、フードロスの削減にもつながる。

提供する料理の中には、植物性プロテイン「Heura（エウラ）」など、LABeを利用するスタートアップの製品が使用されていることもある。そうすることで、企業側は直接生活者からフィードバックを得ることが可能になり、製品のクオリティー向上や、新しいアイデアを得ることができる。また、このレストランには、スタートアップのtSpoonlab（ティースプーンラボ）とLABeがコラボしてローンチしたキッチンのマネジメントシステムも導入されている。つまり、ユーザビリティーテストが日々行われている状態なのだ。

料理学校がフードテック企業向けのコワーキングスペースを運営するのは、世界においても珍しい。食関係の企業とつながりのある人や、ベンチャーキャピタルと出合えるLABeは、スタートアップにとって魅力的な場所だ。LABeのイノベーションマネージャーを務めるJosé Francisco Pelaez（ホセ・フランシスコ・ペラエス）氏は、こう話した。「2023年までに、ガストロノミー界に付加価値を与えるようなテックベースの製品、サービス、ビジネスモデルの国際的な基準になることを目標にしています。もちろん、我々がミッションに掲げているように、私たちの健康、サステナビリティー、そしてこれが一番大事なことですが――〝おいしい〟未来を追求しながらね」。

BCCが専門家と打ち立てた10カ条の誓い

「デジタルガストロノミー」を成功へ導くためには、どうしたらいいのか――。20年2月25日にマドリードで開催された「デジタルガストロノミー・ホスピタリティー・スタートアップフォーラム2020」では、BCCによる10カ条の誓いが発表された。これは、BCCリサーチシェフ、Estefania Simon（エステファニア・シモン）氏がファシリテーターを務め、ヘブライ大学のコンピューターサイエンス教授や投資家兼アドバイザーなど、ジャンルの異なるエキスパートたちとブレストを行い、まとめたもの。元エバーノートジャパン会長で、スクラムベンチャーズのパートナーなどを務める外村仁氏も参加した。

【10カ条の誓い】

一．今日（こんにち）のエコロジカル・フットプリントを減らすべく、デジタルガストロノミーをポジティブな影響を与える「道具」とする。

二．テクノロジーを、私たちの環境に対する姿勢を改めさせるために使う。

三．より健康的な食事をするという、カルチャーシフトの触媒となるような、個人の食事・食習慣に合わせてよりパーソナライゼーション・推奨に力を入れるものとしてテクノロジーを使う。

四．従業員を励まし、育て、維持する道具、そしてクリエイティビティを高めるものとしてテクノロジーを利用する。

五．立場の弱い人やギグエコノミーに従事する人を含むすべての人に、テクノロジーに基づいた公正さと透明性を通じて、倫理的な労働基準を保証する。

六．強引だったり、変わらない方法にしたりするのではなく、伝統的な料理の多様性を維持するのと同様に、新しい料理や調理法の押し上げを図る。

七．人々を阻害するのではなく、文化を広め、人々をつなぐ手段としての食品の価値を促進。

八．ユーザーが初めから関わるオープンイノベーションのプロセスとともに、現在および将来の世代のニーズに対応するため、様々な研究領域にわたるアプローチも推奨する。

九．財政発展可能な基本的なツールとして、常に人間の能力を最大限に引き出す、測定可能（拡大縮小可能な）テクノロジーを選択する。

十．透明で公正な慣行、実行可能なビジネスモデル、そしてテクノロジー主導のツールと快適なカスタマーエクスペリエンスとのバランスをとることで、持続可能なビジネスを構築・維持する。

マドリードで2020年2月に開催された「デジタルガストロノミー・ホスピタリティー・スタートアップフォーラム2020」の様子。左から2番目がスクラムベンチャーズの外村仁氏。日本の先進事例として、OPEN MEALSが開発した「Cyber和菓子」や、ニチレイ発のレコメンデーションサービス「Conomeal（コノミル）」などの取り組みを紹介した（出所：Courtesy of Basque Culinary Center）

参加した外村氏は、「10カ条を考えてただホームページなどで発表するだけではなく、世の中を変えていこうとフォーラムの場で実際のホテルやレストランの経営者、現場のマネージャーに訴えかけることを、スペインの、それも地方にある料理学校が、当たり前のように取り組んでいる姿勢がすごい」と強調する。

日本の料理界では、新米シェフが先輩から「技を盗む」ことは長年当然のこととされてきた。しかし、外村氏はそこに「科学的、合理的な要素が足りない」と指摘する。「先輩のコピーをすることが良しとされてきたが、それだけではダメ。もともとあったよいものに、新たな素材や技術を融合させ、自分が向上させていくことが大切。日本の料理界は、伝統を守ることが重荷と思うのではなく、逆に、伝統は自ら創り出すものだと、自信を持って世界に向かっていってほしいと思う」。

外村氏いわく、昔ながらの伝統を守りつつ

も、新しいチャレンジをするためのツールとして、科学やITがある。そうした分野に積極的に取り組んでいるのは、やはり米国だ。しかし、LABeのスタッフのレベルの高さには驚いたという。「今回、LABeで行ったブレストのモデレーターや、フォーラムの司会者は、全員が元シェフで、その後学位を取り直してBCCに入った人たち。彼らは自分たちで文章を考えてスライドも作っていた。しかも、母国語のスペイン語ではなく、流暢な英語を操って。これは、日本では考えられないこと。『超才能』のある人ではなく『普通の』シェフこそ、彼らのように成長していってもらいたいし、また、そういうシェフをサポートする教育機関を、ぜひ日本で作っていかねばと思います」(外村氏)。

(取材・インタビュー協力/スクラムベンチャーズ外村仁　文/上田紋加＝バルセロナ)

Interview

味の素も新時代に向けた「スタートアップ」の一員
生活者のUXを激変させる食の新事業を創造していく

味の素
代表取締役社長
西井孝明氏

1959年生まれ。82年、同志社大学卒業後、味の素へ入社。2004年、味の素冷凍食品の家庭用事業部長、09年、人事部長などを経て、13年にブラジル味の素社社長に就任。15年から現職。サプライチェーンや研究開発など、デジタルトランスフォーメーション（DX）を軸に全社の構造改革を推進する

世界で急速に進む食のイノベーションの中で、日本企業はどう立ち向かうべきか。デジタルトランスフォーメーション（DX）の取り組みをベースにイノベーティブな新事業を生み出そうと、大変革を実行している味の素は、どこへ向かうのか。

（聞き手はスクラムベンチャーズ外村仁）

――世界ではスタートアップも大企業、異業種プレーヤーも巻き込み、フードテックの一大潮流が巻き起こっています。

西井孝明氏（以下、西井氏）　ここ数年、プラントベースの代替肉がフードテックの代表格となっていますが、実は、一部ではすでに当社の技術が活用されています。我々は、アミノ酸を軸とした「おいしさ設計技術」の蓄積には膨大なものがありますから。プラントベースの代替肉においては、グルタミン酸などによるうま味の部分だけではなく、代替肉の歯ごたえや香りを含めて、トータルで本物の肉のようなおいしさを構成する重要な技術を我々が担っていると自負しています。

そういう面では、これから登場してくる培養肉など、いわゆる食資源の課題解決のために出てくる新しい食材と我々の技術力のマッチングは非常に相性がいい。

――植物肉は世界中から注目が集まっていて、日本メーカーは蚊帳の外かと思っていたら、すでに黒子として手掛けていると。その事実を初めて聞き、非常に誇らしくなりました。

今回、会社の体制としては西井社長直下に、DX推進委員会を土台とした全社オペレーション変革タスクフォースと事業モデル変革タスクフォースを新設し、横軸で企業文化の変革を推進する仕組みを整えられました。その狙いについて、教えてください。

西井氏　19年にDX推進委員会を立ち上げ、福士博司（副社長）をCDO（チーフ・デジタル・オフィサー）に任命しました。そこから、本格的に味の素のDXの基本構想を練り上げ、部分最適ではなく、会社全体がフレキシブルに変革できる体制づくりとして、社長直轄の2つのタスクフォースを立ち上げました。

1つは全社オペレーション変革タスクフォースで、組織の生産性や従業員エンゲージメント向上、サプライチェーンマネジメントの高度化をデジタル活用で図るもの。もう1つが、まさにフードテックに大きく関わる部分で、新事業モデル創出やスタートアップとの連携を強化していく事業モデル変革タスクフォースです。

当社は今1兆1000億円規模の売り上げがあります。例えば、そのうちの10％程度、1000億円規模を狙った新しいビジネスモデルの準備が、常にできていることが望ましい。それにはフードテック企業と協働することが、必要だと考えています。

我々はメーカーなので、どうしても、いい商品を作ればお客様に買ってもらえると考えがち。ですが、今はもうそれでは通じません。商品に様々な情報がプラスされ、ユーザーエクスペリエンス（UX）が高まっていく状態でないと、生活者にとっての価値を生まなくなっています。この世界は当社単独での実現は難しい。だから、フードテックの皆さんとのつながりの場を社長直轄で全部統括し、横串で社内共有しながら我々もエコシステムの一員として参画していきたい。その中で、自分たちの新しいビジネスモデルも作っていければと考えています。

――抜本的な構造改革にまで踏み込み、イノベーションを必要とされている背景は何でしょうか。

西井氏　すごくショックだったのは、16年の12月にニューヨークで開催された「The Consumer Goods Forum」で、食品や消費財、小売りのグローバルトップ50社のメンバーとボードミーティングをしたときのこと。米ケロッグの前CEOと話していたら、15年のたった1年間で、米国ではシリアルやスナックバーの領域だけで500社の新しいスタートアップが生まれたという。500SKU（商品管理の最小単位）ではなく、500社ですよ。彼は、「これが今、起きていることなんだ」と。デジタル革命によって食の分野でも大変革が起きており、急成長のチャレンジャーが続々と出現する。ともすれば大企業という立ち位置も簡単に失われるでしょう。この衝撃が頭の中に残っていて、変革スピードを上げなければという強烈な危機感を抱いています。

また、世界を見渡せば、ネスレやユニリーバのようなグローバルジャイアントの成長モデルの作り方が、この数年で明らかに変化してきています。単純に規模拡大のためだけにめぼしいスタートアップを買収するのではなく、生活者に向けた新しいバリューをつくるために必要な投資を行っている。例えば、18年にネスレが米スターバックスからスーパーや百貨店で扱う商品の販売権を取得しましたが、狙いはコーヒーの体験価値を拡張することにあるはずです。

ダノンCEOのエマニュエル・ファベール氏とは年数回会っていますが、彼も同じようなことを言っています。ダノンは食と健康にフォーカスしながら生活者の新しい経験をどうつくっていくかにものすごい関心を持っていて、またサステナビリティーの観点でも世界をリードしている。これは味の素の目指す方向とも合致するので、非常にシンパシーを感じています。

――味の素としては、フードテックの潮流とどのように向き合っていきますか。

西井氏　我々のビジョンは、食と健康の課題解決をし、グローバル企業として持続的な成長を続けることです。特に得意分野であるアミノ酸については、まだそのはたらきを社会に十分還元できていないと思っています。アミノ酸はうま味に代表されるように食を豊かにする味付けの役割もありますし、人間の生命活動をつかさどるプロテイン（タンパク質）をつくるという意味では、栄養そのもの。消耗回復や睡眠など、体調を整える役割もあります。つまり、アミノ酸が担うのは健康的な食生活であり、「Eat Well, Live Well.」というメッセージを実現することが我々の存在意義であり、強みです。

これは今の事業構造のまま、現状のポートフォリオを広げるということではなく、フードテックを推進している方々とイノベーティブな事業モデルを作りながらアミノ酸の世界を拡張し、世界中の人たちの健康寿命を延伸することに貢献していきたいと思っています。

キーワードの1つは「パーソナル栄養」

――これから手掛ける事業モデル変革タスクフォースでは、具体的にどのようなプランがありますか。

西井氏　20年7月1日に、新たに任命したCIO（チーフ・イノベーション・オフィサー）の児島宏之（専務執行役員）の下、まずは3つのことをやろうと考えています。1つ目は、我々のコア技術、ノウハウにひも付いた新たなビジネスモデルをローンチすること。例えば、アミノ酸の知見を生かしたパーソナル栄養および、それを支えるデータ・マネジメント・プラットフォーム（DMP）の構築です。

アミノ酸を研究する中で、がんや脳卒中、心筋梗塞の三大疾病のリスクについて血液検査で評価する「アミノインデックス」を2011年から始めていますが、認知症のリスクも対象に加える予定です。我々は、いわゆる軽度の認知障害になりやすい特定の人を見つけることができるし、それに陥らない状態をつくる食生活の改善指導、必要なアミノ酸の提供までをセットにしたソリューションを2020年度中に展開する計画です。

先ほど述べたように新事業は生活者のUXを変えるものなので、この事業の中でも様々なタッチポイントが考えられます。それを全部自前でやろうとすると、既存のチャネル、お客様に限られてしまうので、テック企業と組んで世界をターゲットにして広げていきたい。

2つ目は、これまで近未来研究といっていたものを「近未来事業」と捉え直し、外部企業との協力の下、新たなビジネスに育てようというもの。2030年に必要となる食と健康課題からバックキャストして、今何から始めるべきか、精査している段階です。

そして最後は、社内の若手をエンカレッジする観点で、社内ベンチャー制度を立ち上げました。これらをパラレルで進めて最後ビジネス化する際は、スピード感がすごく大事になる。経営会議や取締役会に稟議を諮るという従来の枠組みでは限界があるので、ある程度の資金を決裁できるコーポレート・ベンチャー・キャピタル（CVC）を立ち上げ、社長のタスクとして早く事業をスタートできる仕組みも設けていきます。

――CVCでは外部企業への投資も行っていきますか。

西井氏　もちろん、フードテックのスタートアップの皆さんに出資することも含め、より提携関係を深めて協働できる形を数多くつくっていきたい。また、7月1日には、調査部という社長直轄の新組織を立ち上げました。外部の専門家と社内の混成メンバーで、世界の最新フードテックの動向に目を光らせ、1000社程度のスタートアップをカバーできる体制です。それに先んじて北米にはNARIC（North American Research Innovation Center）というイノベーション・ハブを立ち上げていて、これと連動しながら鮮度の高い情報を集め、我々のビジネスとの相性を考えていきます。

日本では新しいビジネスモデルを実験するのにも、いろいろな規制や心理的な障害が立ちはだかり、時間がかかることが多い。その反面、米国ではいいアイデアはまず実行し、後で判断するという風土ですから、圧倒的にスピード感が異なります。だから、日米で同時に動ける体制を整えることが重要だと考えています。

――数多くの実験を短時間で回していく重要性を認識し、クリアしようとしているのは、特に食の業界では珍しく、他社の刺激になりそうです。一方で、日本の大企業とスタートアップの関係性で言うと、これまで対等の立場、真の意味でパートナーとして接することが大企業は苦手としてきました。例えば、味の素が過去にある研究の知見をスタートアップに共有したり、研究所の一部を開放して高価な測定器の利用を認めたり、一歩も二歩も踏み込んだ関係は築けないものでしょうか。

18年には、味の素川崎事業所内にオープン＆リンクイノベーション推進拠点となる「クライアント・イノベーション・センター」を開設した

西井氏　それは非常にいいアイデアだと思うので、ぜひ恐れずにやっていきたい。我々は1909年に事業を開始し、世界初のうま味調味料「味の素」を発売したわけですが、もともとはラボのような小規模なところから始めました。創業者の鈴木三郎助は、最初から世界で量産化できる技術を実現するという夢を持ち、起業した。これは、今のスタートアップの方々と同じ思いであり、新事業に当たって我々は、今も創業時と同じ立ち位置、我々自身がスタートアップだと考えています。

すでにスタートアップとの協業でウィン・ウィンの関係を築けた例もあります。米国のキャンブルック社はアミノ酸代謝異常患者向けの医療食品を開発・製造するスタートアップです。同社は、フェニルケトン尿症（食品中のタンパク質に含まれているフェニルアラニンというアミノ酸を代謝する酵素の働きが先天的に弱く、正常に代謝されず体内に蓄積されてしまう疾病。この状態の長期継続で脳障害を引き起こす可能性があるため、摂取するフェニルアラニンの量をコントロールする治療法が必要）の子供を持つ両親が、他の子供たちと同じようなおいしい食事、普通の生活をさせたいと家族で始めたビジネス。必要となるリソースや実現したいビジョンが当社と高い親和性を持つことから、私と福士で直接アプローチし、17年に完全子会社化に至りました。

その後、商品改良や新製品開発、海外販路（中国、日本、欧州）の面で、人財交流や技術、マーケティング協力などを行ってきており、ビジネスが年率20～30％で伸び続けており、競合のネスレなどに一目置かれる存在に成長しています。

――これからの変化は、スマートフォンや自動車産業と同じように、食品業界に閉じた戦いではなく、異業種プレーヤーが競合相手になったり、逆に異業種との連携により新たな食の価値が拓かれたりする世界だと思います。その中で、味の素はどう存在感を示していくのか。最後にお聞きしたい。

西井氏　例えば、トヨタ自動車がモビリティカンパニーへの脱皮を宣言しているのは、自動車が単に移動する「箱」ではなく、様々な「体験」を生み出すものだと捉え直したということだと理解しています。我々も、食の価値を再定義して生活者のUXを高めるために何が必要か、考え続ける必要があります。また、異業種のプレーヤーは競合するというより協調していく存在だと捉えていて、積極的に連携していく動きをつくっていきたい。

その意味では、やはり食を通じた幸福感、ウェルビーイングの実現が1つの目指すところです。もともと2030年の姿として、食は従来のウェルネスからウェルビーイングに価値が移行していくと考えていましたが、今回の新型コロナウイルスによって生活者の意識が変わる中で、その方向性が急加速すると思っています。バーチャルで経験できることが増える一方で、リアルに相対して好きな人と食事することや、一緒にいる時間の価値がものすごく高まるということです。また、やはり食はエンターテインメントであるという考えも持っています。これらの観点で、我々がスタートアップの方々とともにつくれる価値は数多くある。そう考えています。

味の素
代表取締役副社長／CDO

福士博司氏

グローバルの知見も生かしてDX推進

――事業変革のコアであるCDOとしての役割をどうお考えですか。

福士博司氏（以下、福士氏） 19年にCDOに就任した後、全社のデジタル変革に向けた構想を練ってきました。組織としては、デジタル時代の成長スピードに合わせて変化していくため、社長直轄の全社オペレーション変革と事業モデル変革という2つのタスクフォースを新たに設け、既存の事業部門に横串を通して全社のDXを強力に推進していきます。

それぞれCXOとCIOを立て、私が統括するDX推進委員会と連携しながら事業を引っ張っていくスタイルは日本初で、事業変革の1つのモデルとなるのではと思っています。また、意思決定の仕組みもしっかりしていて、西井社長と私の縦軸の下、ブレなく迅速に判断、実行していきます。

――味の素は変われますか。

福士氏　会社の文化を変えること自体、まだできてはいませんが、必要であればデジタル人財を外部から迎え入れることにも前向きです。我々は海外拠点も多くあり、特に米国はデジタル活用の面で先進的な取り組みを先行して進めています。そうしたグローバル資産を共通リソースとして他の拠点にシェアすることもできる。社内の公用語を英語にしてすでに2年経ちますから、グローバルの意思疎通は問題ありません。また、人財育成に関しても、ポリシーをつくり、階層ごとのプログラムを用意してデジタル教育を進める環境を整えました。

――スマートシティやスポーツテックなど他産業で変革を進めるプレーヤーに話を聞くと、一様に食のイノベーションへの期待が高いです。味の素はどう向き合いますか。

福士氏　我々が目指すのは、食と健康の課題解決です。スマートシティやスポーツテックなどが根ざす課題感は、大きくは高齢化や都市化といったものだと思うので、そういう観点で我々が貢献できることもあるのではと思います。また、今後、食領域でも存在感を増すであろうデジタルプラットフォーマーとは、対抗するというよりも、DXの文脈で共存していく関係になるでしょう。いずれにしろ、我々が率先してDXを推進し、世界の食品業界を牽引していく存在になれればと思います。

味の素
専務執行役員／CIO
児島宏之氏

パーソナライゼーションが1つの鍵に

――CIOという重責を担い、これからどんなビジネスをつくり出しますか。

児島宏之氏（以下、児島氏） 最も大事なのは、まず当社がこれまでの自分起点の発想ではなく、顧客起点でどういう価値をつくるべきなのか、よく見定めることです。5年先、10年先の生活者や社会環境の変化を予測し、そこからバックキャストして我々が達成すべき社会価値を考える。それは、「Eat Well, Live Well.」、別の言い方なら健康寿命の延伸という大きな目標の下、それに資するビジネスを様々な切り口で打ち立てるということです。

その中で1つのキーワードが、「パーソナライゼーション」。例えば、西井社長が挙げた認知機能維持のためのソリューションのように、膨大なアミノ酸や食生活についての知見をデータ化し、サプリメントを売るだけではないトータルなサポートの中で、個々人の健康を実現していくという発想です。生活者の消費行動が個々の事情に根ざしたものになり、ECのようなダイレクトな販路も成長するでしょう。そのとき、一人ひとりの生活者に最適なものを我々が提案していければ、大きな差別化になります。

――スタートアップとの協業については、どうお考えですか。

児島氏　昔と違って、自前主義では事業のスピード感が遅すぎて、話になりません。今はオープンイノベーションを進める環境も整っているので、当社に足りないテクノロジーについては他社の力を借り、いかに早くビジネスを起動するかということに主眼を置く必要があります。その際、テクノロジー活用という手段ではなく、いかに生活者にとってのバリューを出すか、目的を見失わないことがCIOとしての1つの責務です。

これから立ち上げるビジネスのサイズは様々だと思いますが、1回出して終わりではなく、継続的に成長の種を見つけ、増やしていきたい。もちろん、すべてが最初計画した通りにうまくいくわけもなく、失敗を許容しながら、チャレンジを優先していく。先述した通り、未来の価値を定めて新しいことに挑戦するというのは我々自身がスタートアップそのものだということ。今アクションを起こさなければ、20年もしたら当社は存在しなくなる、そこまでの覚悟と危機感を持っています。

（構成／日経クロストレンド勝俣哲生）

Chapter 10

新産業「日本版フードテック市場」の創出に向けて

1 フードテックの本質的な役割と未来の姿

最終章を始めるに当たり、今一度、そもそも「フードテックの役割は何か」ということを考えたい。「○○テック」という言葉は、なかなか使い方が難しい。というのも、○○テックとつけると途端にバズワード化し、あたかも市場が生まれたかのような錯覚を持つ。また、一部のプレーヤーは○○テックという言葉を巧みに操り、市場価値を上げてイグジットを狙う。イグジットを狙うこと自体が悪いわけではないが、売れることが価値判断になるため、往々にして分かりやすいニーズに収れんしがちだ。例えば、便利さを訴える一方で、長い目で見ると人を怠惰にしてしまうサービスになっているかもしれない。こうしてつくり上げられたサービスは、生活者目線から見て本当にいいものになっているのだろうか。ひょっとしたら、利便性を追求し過ぎた先にはディストピア（ユートピア：理想郷の正反対の社会）が待っている可能性もあり得るのではないか。バズワードが先行した先にあるものは、豊かな生活者の未来では必ずしもないことを、まずは理解すべきだと思う。

私たちは、フードテックは手段にすぎず、そのあるべき目的は、「食および調理を通じて、生活者と地球にとって明るい未来を創り出すこと」であると考えている。食に起因する社会課題、つまりフードロスやフードウェイスト、人口増に伴ってタンパク源が枯渇する問題（プロテインクライシス）、栄養素の過剰摂取がもたらす生活習慣病（マル・ニュートリション）、格差に起因する食のアクセス問題（フードデザート）、プラスチックによる環境破壊などを解決すること。さらに、食や調理という行為が本来持つ多様な価値（食べるという行為だけではなく、生活の多様な目的を解決してくれること）の再定義・再発見を通じて、人々がこれまでよりも心身ともに豊かな状態にすることに他ならない。こうした課題や創りたい未来を実現する手段がなかったところに、現代はフードテックという素晴らしい武器あるいはツールが与えられた状況であると捉えている。

筆者らが、「スマートキッチン・サミット・ジャパン（ＳＫＳジャパン）」の開催や各所で情報発信をする中で、様々な企業や個人から、「フードテックの未来予測を教えて下さい」「今後のシナリオはどうなりますか」「ズバリ、今後伸びる市場はどこですか」という質問を受けることが増えてきた。特に、新型コロナウイルスの影響が広がる中、食の価値が高まりつつあることなどもあり、そのような質問はますます人々の関心事となりつつある。

もちろん、人口動態やテクノロジーの到達度、社会課題と絡んだ緊急性などからある程度の未来予測はできる。今後この辺は伸びそうだ、こういう変化が起きてくると伝えることも可能だ。「フードロボット」「パーソラナライズドフード」「代替プロテイン」など、まさに本書でこれまで見てきた領域について、それなりに今後の予測はできる。しかしながら、我々は食・調理という領域に関しては、「予測ではなく、『創りたい未来』を思い描くこと」が、今後の市場創造にとって極めて重要であると考えている。

必要なのは「意思」「想い」「パッション」

食という分野は、世界中の人が十中八九、必ず毎日関わっている行為だ。そのため、ある程度主体的に自分の困りごとや、やりたいことを想像でき、誰もが「自分ゴト化」して考えられる極めてまれな市場なのである。私自身（田中宏隆）は、パナソニック時代、マッキンゼー・アンド・カンパニー日本支社時代を含めて、ハイテク通信分野で20年以上戦略策定や新規事業開発に携わってきたが、自分ゴトとしてアイデアを出せないケースが多々あった。自分が必ずしも普段使わないサービスのニーズを一生懸命考えてみたり（もちろん、プロとしてユーザー調査や様々なファクト収集をしてきっちりとアイデアを出したし、クライアントと気持ちを一つにして自ら行う事業として伴走していたことは断っておく）、あるいは半導体産業のように、装置産業の枠組みの中で考える事業戦略については、個人の想いよりも競合他社の動向や覇権争いの中で、まさに「勝つか負けるか」という戦略を考えることが求められていた。

ところが、食分野は全く違う。自分や身近な人々が必要としているもの、やりたいことが製品・サービスに直結するケースが多いため、「未来を自ら創る」という意思を持つことで無限のアイデアが生まれる。そして、そこには必ず利用者（エンドユーザー）の顔が見えるのだ。当たり前のように聞こえるかもしれないが、「自分のやりたいこと、ほしいものを仕事にできる可能性がある」と考えてみてほしい。一人ひとりの想いが世の中をつくっていく可能性を持つのである。

未来を創ることに関して、計算機科学の巨人であり「パーソナルコンピューターの父」といわれるAlan Kay（アラン・ケイ）氏は次のような有名な言葉を述べている。

「未来を予測するのに最善の方法はそれを発明することだ（The best way to predict the future is to invent it.）」

また、マッキンゼーを経て、現在は慶應義塾大学環境情報学部教授であり、ヤフーのCSO（チーフストラテジーオフィサー）を務める安宅和人氏は、20年2月に上梓した『シン・ニホン』（NewsPicksパブリッシング）の中で、未来の方程式として、次のような考え方を提示した。

「未来」＝「夢」×「技術」×「デザイン」

世の中の先を見ている人々は、未来は自ら創ること、自分自身の夢などを持つことが重要と考えている。このように一人ひとりが創りたい未来、実現したい世界・体験を思い描くことが、「食分野に与えられた特権」と考えることで全く違う未来が見えてくる。悲観的な未来も、楽観的な未来もあり得るが、大切なのは「自らの意思」「想い」「パッション」を持つことに尽きるのだ。

2 12項目のフューチャー・フード・ビジョン

このような想いを強く持つようになり、私たちは19年8月に開催されたSKSジャパンにおいて、創りたい12の食の未来を『Future Food Vision（フューチャー・フード・ビジョン）Ver.1.0』として発表した（図10－1）。

このビジョンには12のテーマがあるが、これらは私たち自身が「こうあってほしい」という社会や個々

図10-1　Future Food Vision Ver.1.0

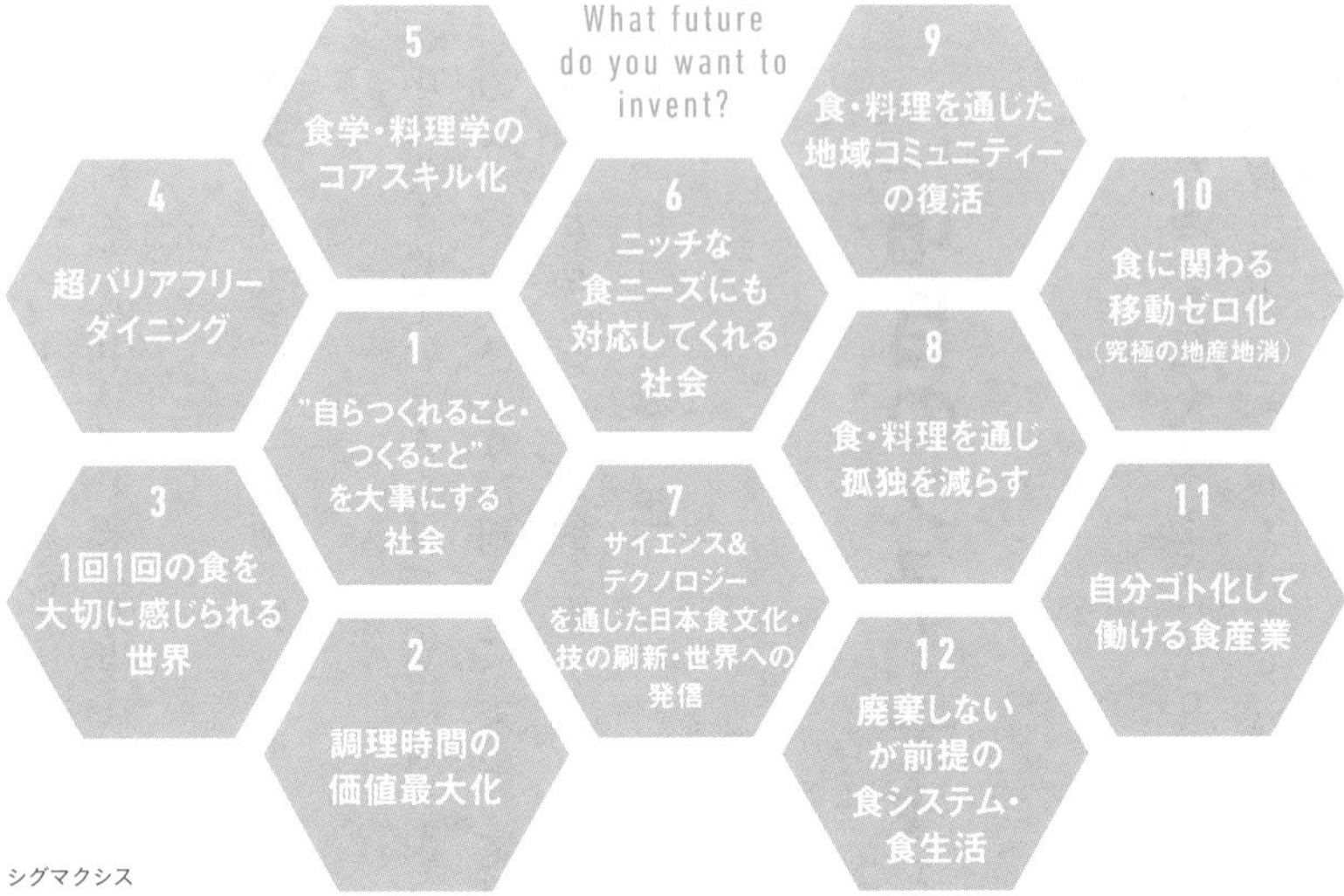
What future do you want to invent?
1
"自らつくれること・つくること"を大事にする社会
2
調理時間の価値最大化
3
1回1回の食を大切に感じられる世界
4
超バリアフリーダイニング
5
食学・料理学のコアスキル化
6
ニッチな食ニーズにも対応してくれる社会
7
サイエンス&テクノロジーを通じた日本食文化・技の刷新・世界への発信
8
食・料理を通じ孤独を減らす
9
食・料理を通じた地域コミュニティーの復活
10
食に関わる移動ゼロ化
（究極の地産地消）
11
自分ゴト化して働ける食産業
12
廃棄しないが前提の食システム・食生活

出所：シグマクシス

人の状態を一文で表現したものである。どのように策定したかというと、①ファクト分析、②国内外の専門家やイノベーターの方々との対話、③グローバルカンファレンスやコミュニティーを通じて得たインサイト、そして④これまで出会った方々の願いやパッションを総合的にまとめ上げたものである（なお、この順番で検討しているわけではない）。

現在の食のバリューチェーンは高度に最適化されており、新型コロナの影響で生産農家などに影響が出ているものの、我々の日々食べるという行為自体が極端に脅かされることはないくらい、いつでもどこでもおいしいものが食べられる素晴らしいシステムとなっている。しかしながら、この50年程度で急速に構築された現代の食のバリューチェーンは、効率化を追求するあまり、分業化が進み、もともとは人々を豊かにするはずであったその目的は、関連する企業の利益を最大化することに重きを置くシステムに変わってしまったといえる。

もちろん、個人単位、個社単位では「そんなことはない」と主張する方もいるが、食品ロスの状況（例：売り上げを最大化するために廃棄率目標を設定する）や、現代のサプライチェーン・販売方法に合わせる過程で、食品の棚における保存期間の最大化を追求した結果、必ずしも体に最適とは言えない成分などを増やしたり、棚持ちがいいからと言って、体にとって取り過ぎるとよくない製品を多めに並べて購買を促進したりするケースなどがある。当然、生活者のためをベースに考え、食品メーカーも流通も最大限知恵を出して取り組んでいるものの、どうしてもマクロ的に見ると不健康な生活者を増やすという事態を招いていることも事実である。こうした状況を踏まえてみても、必ずしも地球環境や生活者にとってベストな商品・サービスのみが提供されているとは言い難い。

以前、海外の外食チェーン経営者と話をした際、こんな話を聞いた。

「食材を廃棄することが心苦しすぎて、廃棄を減らそうと努力したら、その結果売り上げが激減した。慌てて廃棄率目標を元に戻すと、瞬く間に売り上げも元に戻った。経営者という立場で考えると、廃棄率を高める方策しかない。つらいがこれが現実だ」

この方自身は、企業の利益最大化のため、また従業員の雇用なども考えたときに、廃棄率目標を減らすのは難しいという判断をした。これは悪いことをしているというよりも、利益と廃棄率がトレードオフの関係になっており、短期的なロスをどこで許容するかという問題なのだと思う。このような（まじめな行動規範に基づく）利益追求の個別最適化が、社会全体で見るととてつもないマイナスインパクトを生み出しているのである。一方で、食や料理の価値がロングテールに広がっていることを第1章で見てきたが、我々が創造力を働かせれば、食や料理を通じてより幸せになる世界もあるということは本書の重要なメッセージである。

創りたい食の未来像とは

フードテック市場が、今後本当に創出されるか否かは、「この領域に関わりたいと思うステークホルダー＝まさに本書を手に取った皆さん」が、新しい未来を自ら率先して創っていけることに気付き、未来を創る意思を持てるかどうかにかかっている。ここでは、私たちが発表した12のフューチャー・フード・ビジョンについて簡単に説明をしたいと思う。あらかじめ断っておくが、このビジョンは私たちが見えている世界観で描いたものであり、ある人にとっては関係ないものも含まれるし、他にいくつあってもいいと考えている。

Future Food Vision 1

〝自らつくれること・つくること〟を大事にする社会

『サバイバルファミリー』[1]という映画をご存じだろうか。17年に公開されたこの映画では、便利な生活になれたごく普通の家族の生活を描くことから始まる。実家から新鮮な魚が数尾丸ごと送られてくるが、妻も子供も魚などさばいたことがなく、臓物を取り出すことも嫌がり、「こんなのもらっても困るのよね……」と手を付けたがらない。

そんなある日のこと、突然世界中で電気が使えなくなる緊急事態に。これまで依存していた機器や社会インフラが全く機能しなくなる。当然、食料品を店で買うこともできず、すべての人類が食べ物を求めて動き出す。その途中で、野草を食べられることを知り、初めて生きている豚の捕獲に大けがをしながらトライする。そんなとき、助けてくれたのは「自ら食をつくる農家の人々」であった。

①
「サバイバルファミリー」（2017年、原案・脚本・監督：矢口史靖）

私はこの映画を見たとき、食をつくり出すことがとてつもなく崇高な行為に見えたことに加えて、自分も含めて食にしてもモノにしても、本当に「つくる」という行為から離れてしまっていることを痛切に感じた。いつからこういう社会になったのだろう。そういうときに、現代の経済モデルを考えてみると少し答えが見えてくる。経済を表す「エコノミー」という言葉は、元来の意味は「家庭を運営し、管理するための法則」だった。昔は、家庭では自らが生きるために必要なものをつくり、生活をしていた。貨幣経済が浸透していく中で、交換経済が生まれ、その中で人々は、貨幣さえ持てばありとあらゆるものが手に入るようになった。その結果、貨幣の保有量の最大化を目指すため、効率化の追求を目指していく。世の中は工業化とともに分業をはじめ、人々は稼いだお金で他者がつくったものを購入できるという、非常に暮らしやすい世界になった。そのぶん、生き延びることではなく、より豊かな生活を送ることに時間を使えるようになったのだ。

そういう流れの中で技術進化が進み、高度経済成長期のころから「家事=負担・時間を奪うマイナスなもの」と位置付けられ、「家電=自動化」に切り替わる動きが出てきた。日本の家電メーカーが世界的なポジションを高めたころである。その家事=マイナスという価値観の余波を受ける形で、調理という行為も負担という位置付けに押しやられてしまい、自動化ないしは人の手の介入を減らすことが大きなトレンドとなった。

しかし、モノが満たされた時代、本当に今の状況をどの程度の人が幸せに感じているのだろうか。また、人として本当につくるという行為を他者に委ねることが良いことなのだろうか。

映画『サバイバルファミリー』の話に少し戻ると、最近の調査では、日本人の70%超の人が魚のさばき方を知らない。また、時短ニーズが多いと思われている日本の働く母親たちにおいても、「もっと料理に時間と手間をかけたい」という人々は70%近く存在している。もともと調理という行為は、ルネサンス時代には学術、芸術、技術を総合的に駆使して行うかなりレベルが高いものだったといわれている。それがいつしか、なくすべきもの、極力短くすべきものになってしまっていることは、人間の可能性を狭めていると考えてもよいのではないだろうか。

また、少し異なる観点からは、将来の生活に対する不安は究極的には「食べることができるかできないか」ということがベースにある。もし多くの人が自分でものを育て、つくること（調理など）ができれば、究極食べるものに困ることはない。便利さの追求、表面的なスマート化の追求による、「つくる機会を消していくこと」は、結果として人々から生きていくため、そして生活を豊かにするための叡智・技量を奪い取ることになる。もっと一人ひとりが〝つくる〟ことに時間を使え、〝つくれる人〟が増えていく社会になれば、いろんな課題も解決されるのではないだろうか。

Future Food Vision 2

調理時間の価値最大化

もういい加減、〝時短〟という30～40年前の社会情勢に照らした提供価値の呪縛から脱すべきタイミングだ。もっと利用者のロングテールニーズに耳を傾けよう。もはや単純な時短は、これまでのテクノロジーで十分実現できているのではないだろうか（時短サービスをなくそうということではない）。料理にもっと時間と手間をかけたい人が相応に存在することや、時短料理に〝罪悪感〟を感じるなど、実は時短に伴う副作用は存在する。それを説明するなら、次のように考えられる。調理で得られる満足度（CS：Cooking Satisfaction）を分子に取り、調理時間（CT：Cooking Time）を分母に取ると、「CS／CT」の関係は、CTが下がるとCSもつられて下がる可能性がある。つまり、時短にすると調理で得られる満足度は下がるという仮説だ。時間をかけない料理、ショートカットする料理は、本来やるべきプロセスやステップを便利な家電や調味料などですっ飛ばす。そのため、手抜きと見られてつくり手の罪悪感を醸成し、食べ手も手抜き料理を食べさせられていると一抹の寂しさを与え得る。最近では、冷凍食品に最後ひと手間をかけるという解決策も提示されているが、もっと創造的な解決策もこれからは生み出せるだろう。

例えば、センサー付きフライパンの「Ｈｅｓｔａｎ Ｃｕｅ（ヘスタンキュー）」は、フライパンの表面温度を精密にコントロール可能で、レシピに合わせて温度と時間がアプリ経由でコントロールできるため、ＩＨもしくはガスコンロを使いながらも、途中手を放して他の作業ができる。料理の出来上がりの質は折り紙付きだ。さらに、各ステップのガイド動画が付いており、野菜などの食材の切り方、味付けの仕方、ひっくり返し方、盛り付け方などを実践しながら学べる。つまり、「効率的」であるにもかかわらず、「調理スキル」を伸ばすこともできるツールなのだ。こうすると、ＣＳ（調理で得られる満足度）が「料理体験」＋「調理スキル獲得」＋「空いた時間で好きなことができる」という重ね合わせで構成され、調理時間自体は短縮されなくても実は満足度が高くなる。単位時間当たりの満足度が高まると、幸福度合いを感じることができるのだと思う。こういう考え方をもっと追求した製品やサービスが出てくる社会にしたいと思う。

Future Food Vision 3

1回1回の食を大切に感じられる世界

「あと何回食事をすることができるだろうか」

そう考えた途端、あなたが食に向き合う姿勢も異なってくるはずだ。人生１００年とすると、１人の人が一生に食べる食事の回数は、１日３回として約11万回である。毎日の食事を作業的に流し込んでいる人も多いと思う。日々が忙しすぎるため、1回1回の食事に気を配ることはほぼ不可能という人、あるいは、食べることに意義を見いだせず、「餌」のように食事を流し込む人たちもいるのではないだろうか。

最近になり世の中を見ていると、面倒くさくても、健康を担保する、短時間で食べられるけど健康なものなど、どんどん〝便利〟な食サービスが出てきている。そういうニーズは確かにあるが、それが本当に人を幸せにしているのだろうか。日曜日の昼どきにふと自分に問うてみたいものだ。「この1週間何を食べただろうか」「何が良かったかな」、そして「来週は何を食べようか」「誰と食事に行きたいか」と。

少しでも多くの食事に意義が生まれやすくなる世界は、きっと心豊かな世界になることだろう。

Future Food Vision 4

超バリアフリーダイニング

アレルギーを持つ子供の割合が増えている。日本では94年から14年の間で7%から17%に増え、米国でも07年に4%だった数値が16年には8%まで増えている。[2] ネットフリックスのオリジナルドキュメンタリーである『食品産業に潜む腐敗~ROTTEN』の中でも、19年のシリーズ2では食品アレルギーがテーマになっており、アレルギーが引き起こす重大な問題は、今やグローバルイシューである。そうした安全性としての食のオプションを考える流れだけでなく、宗教上の禁忌食の認知の拡大、個食主義(ヴィーガン、ベジタリアン、ペスカトリアン、フレキシタリアンなどなど)の広がりのように、個人の思想・信条・ライフスタイルを反映した食生活も、世の中に広がってきている。『美味礼讃』(岩波文庫)の著者である美食家のBrillat-Savarin(ブリア=サヴァラン)氏が、「どんなものを食べている

② 日本のデータは東京都福祉保健局、米国は Food Allergy Research & Education 調べ

かを言ってみたまえ。君がどんな人であるかを言い当ててみせよう」と言ったことは有名だが、今はまさに何を食べているかが、その人を表す時代になってきている。

こうした中、これまで以上にきめ細やかな食ニーズ、食スタイルに合わせたサービスが必要となってくる。とあることがきっかけで、筆者も一瞬だがヴィーガンになってみようと思ったことがある（日本で）。だが、あまりにも私の生活圏に選択肢がなく、2、3日で諦めてしまった。どんな主義を持っていても、どんな国籍でも、自由に食を楽しめる。そんな環境が整うと、様々な人たちとのコミュニケーションやコラボレーションが可能となるだろう。

新型コロナの影響でグローバル化に一時的な陰りが見えているが、人々のやり取りはオンラインを通じて、ますます国を超えてつながり出している。いずれコロナの影響が収まったとき、これまで以上に世界中の人々との連携が増えてくるだろう。そうしたとき、食の体験が分断されていては世界の様々な人々とのコラボレーションに水を差すことになりかねない。超バリアフリーダイニングというのは、そこまで見据えた世界づくりなのである。

Future Food Vision 5

食学・料理学のコアスキル化

料理や食に関して最後に学んだのはいつだろう。

食事や調理にかける時間が減少し、便利な食サービスが増えてきていることもあり、どのような食事を取るべきか、どのように料理するのが正しいかなど、基本知識が低下しているといわれている。また、科学的な解釈は特に弱く、実際何が体に良いのかが個人レベルではなかなか分からない。機能性食品の表示を見ても、その内容を正しく理解できる人は日本では15％程度しかいないという状況だ。また、先に述べたように、食・調理は対象が多岐にわたるリベラルアーツ的な学問とも言え、現在の縦割り的なカリキュラムでは体系的に学習することはできない。

そこで世界では、食・調理の教育機関&ビジネススクールのような存在が出てきている。米国のCIA(The Culinary Institute of America)、スペインのBCC(Basque Culinary Center)、イタリアのトリノ食科学大学(The University of Gastronomic Sciences)、シンガポールのAt-Sunrice GlobalChef Academyなどであり、そこでは学位を取得できる(各団体の詳細については第9章を参照)。

残念ながら日本では、食学・料理学を体系的に教える教育機関はほとんど存在しない。立命館大学や宮城大学が少しずつ取り組みを開始しているものの、これを本格的な動きにするためにも、食学・料理学、そしてその裏にあるサイエンスについての知識を社会人としてきっちりと身に付けるべきコアスキルとして定めることが重要だ。そうすることで、より毎日の食に詳しくなり、賢く食べものを選び、食生活を送ることができるだろう。そして、もっと主体的に食に関わることができるようになるだろう。

Future Food Vision 6

ニッチな食ニーズにも対応してくれる社会

ビジョン4で示した「超バリアフリーダイニング」とも一部の要素が重なるが、一番のポイントは「食が持つロングテールニーズ=多様な価値[3]」に対して、サービスが次々と出てきている状態を目指すことである。ビジネス上の効率を考えると、最もユーザーが多そうで頻度が高そうなニーズ、すなわちビジネスとしての〝うまみ〟が最も大きいかたまりを目がけて製品・サービスが開発され、販売されていくのが自然だ。これ自体はもちろん悪くないし、これまではそこで実現される提供価値が人々の健康や生活水準の向上にも直結してきた。しかし、飽食の時代に人々がモノに価値を見いだし切れず、「コト」

③
第1章の図1-6参照(31ページ)

デリソフターで調理したブロッコリーのイメージ
（出所：GIFMOホームページより）

GIFMOのデリソフター
（出所：GIFMOホームページより）

や「トキ」という体験に価値を移すようになり、これまでとは異なるサービスが求められる。

例えば、ギフモ（GIFMO）という会社が提供する「デリソフター」という圧力鍋型デバイスは、見た目はそのままの状態で、食材や料理をものすごく軟らかくするというものだ。この製品の着眼点は、嚥《えん》下《げ》障害に苦しみ、家族と同じものが食べられないことにより、食卓を共に囲むことを避けがちだった親を救いたいという開発者の〝優しい想い〟にある。

筆者も17年より開発の初期メンバーである水野時枝さん、小川恵さんから、この熱い想いを伺ってきた。極めてニッチな食ニーズではあるが、「ニッチ」という言葉を皆さんの「大切な人」と読み替えてみると考え方は変わるだろう。2人の言葉はそのくらい、優しさと情熱にあふれており、その想いに心を打たれた人々は私たちだけではないはずだ。嚥下障害を克服するデバイスと言ってしまえば簡単だが、この製品を生み出す環境をつくり、それを実現させた企業文化はやはりすごいと思う。この会社、パナソニックからスピンアウトしたのだが、今後もこういう会社が増えてきて、そして今度はデリソフターのような製品をきちんと販売し、生活者とつなげていく企業・個人が増えてくると、それは理想の社会の第一歩になる。

Future Food Vision 7.

サイエンス&テクノロジーを通じた日本食文化・技の刷新、世界への発信

フードテックの動向の中で私たちが面白いと思うことの1つが、これまで接点がなかった食起点の人々などと「テクノロジー起点の人々（テック系、IT系、エンジニア系など）」が、コラボを始めていることだ。代表的なのが、新しい調理方法を模索していた先進的なシェフと、アマゾン・ドット・コムやマイクロソフト出身のエンジニアが手を組み、誰もが正しく調理できるスマート家電を生み出した動きである。これは、再現性を高めるという目的だけではなく、調理の過程で温度や時間の関係や、食材の生かし方などへの理解を深め、新しい調理文化の伝承手段となりつつある。これまでは、師匠から弟子へ、親から子へ伝えられていた食・料理が、フードテックというサイエンスに基づくコミュニケーションツールを得ることで、時空と空間を超えて伝わり得る時代になったということだ。

ならば改めて、日本で育まれてきた食に関わる文化や技を、より確実に伝えていくことができるのではないだろうか。発酵を科学した書籍が、いくつか出てきている。『発酵の技法 ―世界の発酵食品と発酵文化の探求』（オライリージャパン）という書籍は、Sandor Ellix Katz（サンダー・E・キャッツ）氏という米国人によって書かれており、19年に角川書店で邦訳された『ノーマの発酵ガイド』はデンマ

ークのコペンハーゲンにあるミシュラン2ツ星のレストラン「NOMA」によってまとめられたものである。

こうした書籍がなぜ日本からまず出てこないのかということを論じるつもりはないが、日本には在来菌が数多く存在しており、発酵食品も多い国である。また、数多く存在する食品メーカーにもサイエンスを徹底活用した調理・調味ノウハウが眠っている。そうした、技をしっかりとテクノロジーとして様々な作り手に開放していくことにより、本当においしく、健康で、環境にも優しい食体験を世界に発信できるし、日本という国自体が世界に大きなインパクトを与え得るはずだ。この点については、本章の最後でも改めて触れていく。

Future Food Vision 8
食・料理を通じて孤独を減らす

人はどんなときに孤独を感じ、どんなときに人とつながっていると感じるだろうか。

SNSはヒトのつながりを助ける半面、ストレスを高め、「SNS疲れ」が叫ばれて久しい。「SNSでの食べ物の自慢大会はもうたくさん！」という声も一部では聞こえてくる。また、過度に行動履歴・属性分析を行うことで、本人が望まない写真や広告を出すケースも問題視されている。Facebookの思い出機能は、人によっては思い出したくない過去を呼び起こす悪夢となる。リアルコミュニケーションや、ささいな人とのつながり、対話が、実は人には大切であり、20年の新型コロナ禍の最中でも、そのことの大切さを改めて感じた方も多いと思う。

最近、筆者が家の近くを散歩していると、警察官が初老のご婦人に道を案内している姿を見た。その姿を見て、懐かしさと共に温かさを感じた。今はほとんどの人が、ルートを確認するのにグーグルマップなどのアプリを使っている。非常に便利ではあるが、1人で済んでしまうし、そこには何のつながりも感じない。日本における単身世帯が2030年までに40%に達するという予測はよく知られているが、その手前でも、孤独を感じるケースは現代のあらゆるところで増えてきている。

「隠れ孤独」をどう捉えるかが大切だ。単身高齢者の孤独問題は明らかだが、それ以外にも、独身の働き盛りの男女で他人とのコミュニケーションが苦手な寂しがりの人、専業主婦で夫や子供が仕事や学校・塾に行っており、平日のほとんどは誰とも話さないという人たちが存在する。社交的で誰とでもつながれる人たちはさほど問題ではないが、多くは「適度なつながりを求めているが、それを実現できないケース」が多いと見ている。世の中には、マッチングアプリ、シェアダイニングサービスなど、様々なサービスが出てきていたり、1人でも食事に行けるように「おひとり様席」を店内に作ったり、1人でも行きやすいソリューションを提供したりする店舗も出てきている。一見、解決策になっているようだが、露骨なソリューションはプライドなどが邪魔して受け入れられないケースが多い（し、人を傷つける）。

孤独をなくすために、わざわざ行動を起こせる人はわずかであると考えたときに、もっと日常の動線上に人とつながる場面をつくれないだろうか。例えば、職場や家の近くにもっと皆で一緒に料理を作る場所や一緒に食事する場所を持つのはどうだろう。新型コロナの影響で、安全性の問題など克服すべき課題は増えたが、いずれ安定化することを考えたときに、新しいサービスが次々と出てきてほしいと感じる。

日本では核家族化が進み、少子高齢化、共働き、ライフスタイルの多様化から地域活動への関心が低下してきている。特に都市部の孤独化は進み、最近はマンションはおろか、一戸建ての場合でも、隣人とあまり会話しないという人も多いのではないだろうか。先に述べた孤独な状況も、こうした社会背景の中で加速していくと考えられる。

以前は、地域での食材のおすそ分けや、豆腐売りのリアカーや石焼き芋のトラックが来たら、そこに人が集う光景があった。最近になり、また地域を盛り上げようという動きが各所で出つつあるように感じるが、その1つのコンテンツが食ではないかと考えている。イタリアで開催されている「Seeds & Chips（シーズ&チップス）」に18年に参加した際、CO-OP（生協）から来た事業担当者が、「Food Connects People」というキーワードを語っていた。また、一橋大学名誉教授である石倉洋子氏は19年11月のThe Japan Timesで「Food as a 'connector' between people」という記事を書いている。あくまでも限られた事例でしかないが、食が人をつなげ、地域をつなげていく可能性を感じている人が多いことは確かだと思う。

日本においても、食が人と地域をつなげていく面白い事例はいくつか出てきている。「okatteにしおぎ」は、食を中心としたまちのパブリックコモンスペースである。皆で使えるキッチンがあり、そこでご飯を作ったり、作ってもらったりできる。また、サルベージ・パーティは、自宅で余った食材を持ち寄ってシェフに作ってもらう中で、フードロスをなくしつつ、人とつながる場をつくってくれるサービスだ。場所は毎回変わるが、こういう食を通じて人をつなげていくサービスが出てきているのは勇気づけられる。

また、伝統的な地域の助け合いの仕組みが、食を通じて地域を助け合うという取り組みに進化している事例もある。無尽《むじん》という活動をご存じだろうか。山梨県特有の習俗で、一種の金融相互扶助組織なのだが、参加者が日ごろから少しずつ積立金を出し合い、いざというときに資金を拠出して一緒に食事をしたり、イベントを開催したりする動きが今も続いている。飲食店には「無尽承ります」などの表示がなされている。食事会などが代表的な取り組みのようで、結果、無尽の集まりがあるから出掛けるといった形で地域住民同士のつながりも増えるという。山梨県は孤独死の割合が少ないといわれているが、このような習慣があることも影響しているのではないだろうか。この新型コロナ禍の状況において、やまなし観光推進機構が運営する観光サイトの中で、苦境にある飲食店をサポートしようという動きも始まるなど、食というものが、地域をつなげ、地域を助け合っている状況に驚きとともに期待を感じた。

このような伝統的な取り組みにも改めて注目が集まり、そこをテクノロジーがつなぎ、より自分の地域で食材を育て、あるいは食材をシェアし、それを皆で調理する場がもっともっと増え、そして無理なく地域のつながりが醸成されていくといった世界を妄想してみるのも悪くはない。

Future Food Vision 10

食に関わる移動ゼロ化（究極の地産地消）

フードマイレージの問題や、東京の食料自給率が1%であることなど、日々我々が口にしているものは、想像を絶するほどの距離を移動してやってきている。その過程で当然ながら莫大な輸送エネルギーを使っており、長期間にわたる移動による品質劣化、破損を回避するために多大なコストをかけている。その中には人体や地球環境にとってマイナス影響を与えるものも含まれている場合がある。さらに、移動の過程において様々な事業者を経由するため、それぞれにおいて莫大なフードロスが発生する。フードロスに関しては、食がもたらす大きな課題の1つであることは明らかだ。

なぜこんなにも移動しなければならないのか。なぜ毎日食べる物をはるか遠くから持ってくる必要があるのか。もちろん、その地方でしか食べられないものを取り寄せたいという理由もあるだろうが、例えばなぜ鶏肉をはるか遠くの国から持ってくる必要があるのだろうか。

これらは難しい問題だが、その要因は「個別最適化された経済合理性の追求」に帰結すると考えている。企業は毎年利益を高めていくために売り上げを上げて、コストを切り詰めていく。毎年原価を下げることが求められる。そのため、少しでもより安いところに供給元を求める(実際は、それ以外にも手を打つが割愛する)。その結果として、現状の長く複雑なバリューチェーンが世界に張り巡らされ、様々な不都合な真実が散りばめられる結果となった。この辺のファクトについては、先述したネットフリックスの『食品業界に潜む腐敗~ROTTEN』にも、多様な切り口でまとめられている。

この問題を本質的に難しくしているのは、それぞれの主体は必ずしも悪い行ないをしているわけではないということだ。しかし、食料自給率の低さは災害時の食料調達問題にも影響する。また、生産者の顔が見えづらく、食の作り手の方々への思いやりや、ひいては食材への感謝への気持ちが薄れてしまう。私たちが考えるのは、今こそ進化したテクノロジーを活用して、ほとんど移動することがない地産地消の食システムを構築できないかということだ。地域で取れた食材は自ら調理する。場合によっては、地域の人たちと一緒に調理すれば負担も減る。もし、その地で取れない食材を食べたければ生産地まで赴く。

パンデミックを引き起こす真因として、過度な動物の家畜化に言及する声も出てきているが、現代の集約型生産システムの追求が様々な不都合を生んでいるのであれば、それを是正していく動きが出てきてもいいと思う。前章で述べたSPACE FOODSPHERE(スペースフードスフィア)という宇宙航空研究開発機構(JAXA)が主導している取り組みは、こうした地産地消を支えるシステムづくりにも貢献していくだろう。単なる妄想ではなく、実現する技術開発も進みつつある中、それを用いてどういう社会をつくるかは我々に委ねられている。

Future Food Vision 11

自分ゴト化して働ける食産業

やや哲学的な問いをさせてほしい。

「あなたは何のために仕事をしているのだろうか」

やりがい、生きがい、困っている人を助けるため、お金を稼ぐため、人によっていろいろあるとは思う。最近、悲しいと感じるのは、日本において仕事にやりがいを感じていない人が多いことである。次のような調査結果は、もはや目新しいものではないが、つらい現実だ。

- **世界仕事満足度調査で、日本は世界35カ国中「最下位」（Indeed調べ、16年）**
- **日本の正社員は世界26カ国中、最も「やりがいを感じていない」（LinkedIn調べ、14年）**

こういう状況に希望の光が差してきたのが、食の領域である。私たちは、SKSジャパンなどを通じて、様々な人と出会い、議論をし、さらに食の価値を考え抜いてきた。そこで気が付いたことは、「Food matters to anyone（食はあらゆる人にとって大切なこと）」であるという事実だ。食事をしない人はいない。そして、毎日の食で困っている人、食を通してやりたいことを持っている人は一定量いる。そして、これからはモノではなく「コト」「トキ」という体験に価値がシフトする。そのとき、食が究極的に価値を持つ時代が、再び訪れる。そのときに、新しい食サービスをあらゆる作り手が創り出せる世の中になっていればいい。それぞれの作り手が、自分が創りたい体験を世の中に出していける。多くの人たちが、熱量高く仕事をする世界だ。

こういう世界を実現していくには、食品づくりのノウハウ、販売チャネル・販売方法、各種ツールが開放されていることが重要であると考える。誰もがハードウエアをつくれる時代が来ると、WIRED US版元編集長のクリス・アンダーソン氏は『MAKERS－21世紀の産業革命が始まる』（NHK出版）という書籍の中で訴え、その時代は実際に来た。そして今、食づくりの民主化が始まろうとしているが、それは誰もが料理を作れるということではなく、「誰もが自分がほしいと思う食体験をつくることができる」ということなのだ。

自分が取り組んだこと、自分の仕事により、毎日の自分の生活がどんどん良くなっていく。生きるために仕事をしていた時代から、よりよい生活をつくるためにお金を稼ぐ時代を経て、今はよりよい生活・社会をつくるために仕事を通じて直接貢献できる。シンプルだけど、パワフルな産業をつくっていきたいと思う人はたくさんいることを確信している。

Future Food Vision 12

「廃棄しない」が前提の食システム・食生活

フードロスは喫緊の課題である。すでにフードロスの削減に取り組んでいる大手企業、スタートアップは数多くおり、「Reuse（リユース）」「Recycle（リサイクル）」という従来の再利用・再循環に加えて、「Upcycling（新しい価値に変える）」という考え方が生まれ、デザインフェーズからフードロスが出ないようにするなど、取り組みは加速している。

イギリスを拠点に置くエレン・マッカーサー財団は、Regenerative（リジェネレーティブ）社会の創造を訴えており、その中でフードやプラスチックの循環型システムなどを実現していくモデルの構築と啓蒙・実践を推進している。18年に参加したSXSWでは、フードロスをなくす最善のアプローチは「Culinary Approach（料理を通じて解決するアプローチのこと）」であることを、関連セッションでニューヨークのHearth Restaurantのシェフ、Marco Canora（マルコ・キャノーラ）氏は述べていた。その際、Culinary Approachの6つのステップとして、以下を示した。

① **Buy it with thought**
② **Cook it with care**
③ **Serve just enough**
④ **Save what will keep**
⑤ **Eat what would spoil**
⑥ **Home-grown is best**

また、20年2月に行われたxCook Communityというイベントでは、プラスチック問題をどう解くかというテーマで議論が行われたのだが、そこで登壇者から出てきた提言は、ごみをゼロ化すること、ごみ箱をなくすことであった。フードロスで言えば、視覚が邪魔をして本来食べられるものを捨てているということも指摘されている。

これに関連し、最近は真っ暗な中で食事をする食事会が増えている（食べられないものを入れる〝闇鍋〟の類とは全く異なる）。面白かったのは、ナスがへた付きの状態で出ても、見えないので皆ぺろりと食べてしまったということだ。こうした形で可食部の幅を増やすことも可能だろう。また、17年に参加したYFood（ワイフード）がロンドンで開催したイベント（詳細は第9章を参照）で、本来捨てられる食材部分を使って作るヴィーガン料理をVRグラスを付けながら食す会に参加したことがある。VRグラスをかけてニンジンの映像とニンジンをかじる音を流しながら、実際はニンジンとは違う根っこを食べるというものだが、筆者はすっかりニンジンだと思って食べてしまった。

このように、廃棄をゼロにすることまではいかなくても、今起こりつつある様々な取り組みやテクノロジーを活用していくことで、廃棄しないことを前提とした社会システムはつくることができるのではないだろうか。そこに、ツールはある。それをどう使うかは我々の意思である。

実現したい未来は無限にある

これまで、我々が考える12のフューチャー・フード・ビジョンが実現される世界を見ていただいたが、その中で少しでもワクワクしたもの、自分の状況に照らし合わせたときに「うんうん」とうなずくものはあっただろうか。私たちも、改めてビジョンの中身を書き下ろす中で、その可能性の広さ、そして想像される世界観、こういう話を共にしてきた様々な人たちの顔がよぎり、ワクワク感とともに安らぎを感じた。少しでも、読者の皆さんにも、その躍動を共有できればこの上ない喜びである。

実は、SKSジャパン2019の会場で、この12のテーマのどれに関心があるかをオンライン投票で聞いてみた。いくつかの偏りはあったものの、すべてのテーマに対して参加者が関心を持つことが分かった（図10－2）。食を通じて実現したい世界のすごいところは、前述の通り、誰もが自分ゴトとして捉えられることであると考えている。本来、創りたい未来自体を妄想し、そして構想することを、企業ではなく、その中の個人単位で具体的に想起できる、とんでもなく楽しい産業なのである。やりたいこと

図10-2　**参加者の関心テーマ**

共感するFuture Food Vision（185名；回答数275；複数回答；Sli.doを使い会場の参加者にヒアリング）

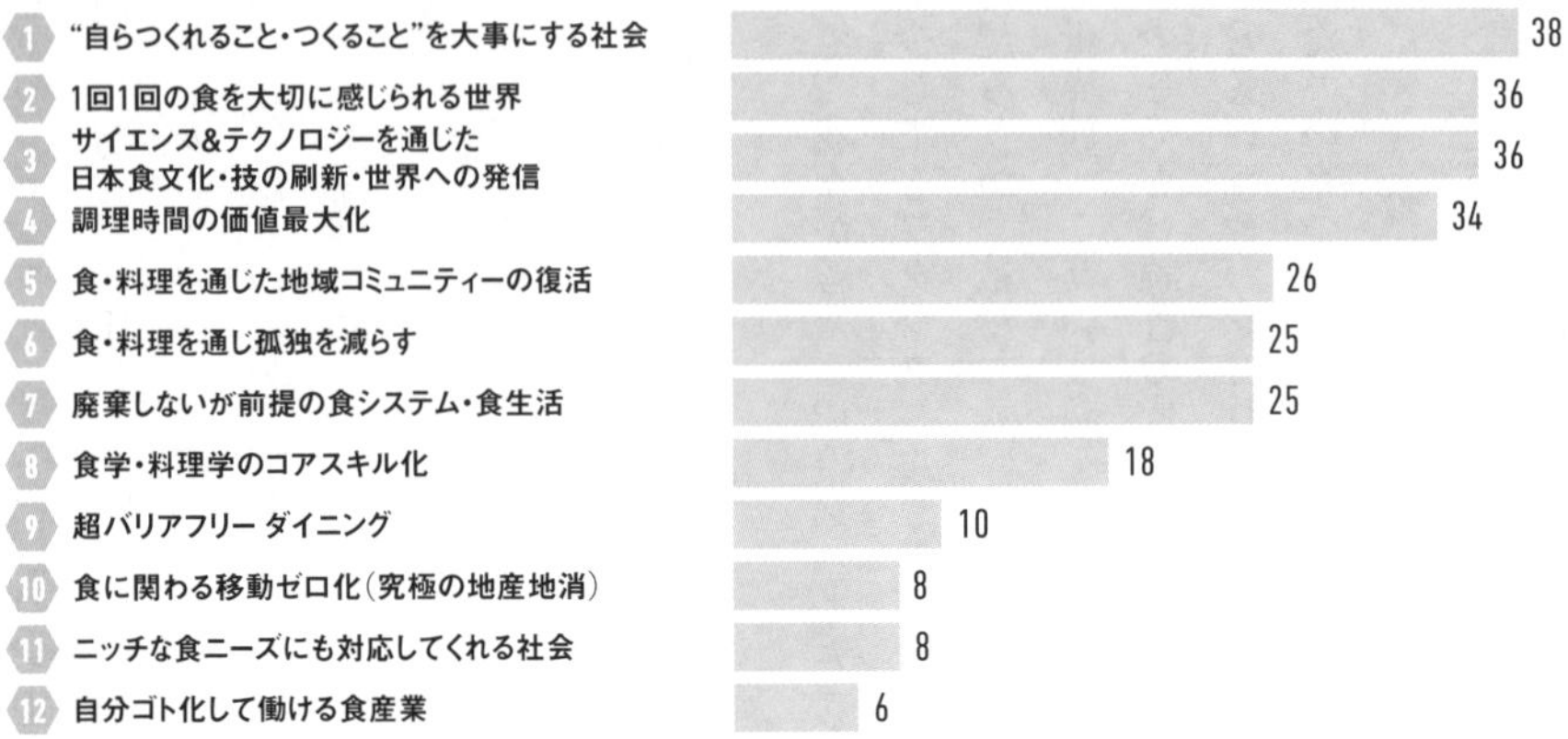

出所：シグマクシス

を仕事にするのはぜいたくと言われた時代から、やりたいことをやらないと仕事にならない時代、食はその「一丁目一番地」と言える産業だ。

そして、これまで本書で見てきたフードテックの数々をもう一度思い出してほしい。フューチャー・フード・ビジョンに照らし合わせると、それぞれがどのような体験や世界に結びつくものだろうか。例えば、12のビジョンを縦にとって、横軸にここまで出てきたフードテックを並べてみてほしい。そのうえで、どこに使えそうなのか、ぜひここまでお読みいただいた皆さんご自身、あるいは同僚の皆さんと、チェックをするエクササイズをしてみてほしい。フードテックを通じて、新しい世界が実現されていく可能性を感じることができるだろう。フードテックは、テクノロジーアウトではなく、実現したい体験や世界を思い描く、手段であるのだ。

3 求められる食の進化とカギとなる取り組み

日本には食の進化を押し進めるための数多くの〝財産〟が眠っている。おいしさと健康を両立する食品加工技術、原料技術、優れた開発技術を有するハイテク企業群、技量に優れたシェフ、熱量高い人財、そして和食という本来持続可能であり、多様性を尊重する食文化・技などなど、本当にいくらでも挙げることができる。しかしながら、これらのアセットが「いまだ眠っている状態」だったり、あるいは「起きているが動く場所がない状態」だったり、はたまた「起きているけど気付かれない」など、実力はあるものの、その可能性を活用しきれていないのが現状だ。

私たちは、日本のアセットの存在に気付き、目覚めさせ、開放していくことが、とてつもない市場を切り拓き、かつ世界をリードし得る可能性を持つことを理解するのが重要である。フードテックは、そうした日本に眠る財産を拡大再生産していくための手段でもある。それでは、今後、食の進化を加速していくフードテックという領域が、本格的に日本で立ち上がるために、どのような取り組みが必要となるのか。4つの提言にまとめた。

提言① 共通のテーマを掲げる

食によって引き起こされる社会課題は、単独の企業が悪意を持つことにより引き起こされているわけではない。個別最適化を追求してきた結果が、合成の誤謬《ごびゅう》を起こしているケースが大半である。先に挙げたフードロスの問題に関しても小売り、卸、食品メーカー、外食、生産農家の方々と話すと誰もやりたくてやっている人はいない。とある大手企業の方と話すと、「本当は誰かが手を挙げるとフードロスはなくすことができるけど、それをやる人がほとんどいない」と嘆いていたことが、今の状況を正しく言い表している。皆、問題に気が付いているものの、四半期ごとに押し寄せる収益目標達成プレッシャーなどにより、身動きが取れない状況にあるのだ。

私たちがテック系大手企業主催の招待制カンファレンス（北米開催）に参加した際、現状のフードシステムの課題を解くためにどのようなマインドが必要かという議論があった。その際、テキサス大学の先生が、「フードシステムを最適化するには、短期的には局所的にＷｉｎｎｅｒとＬｏｓｅｒが生じることを理解すべきである。でもそこで止まっていては問題を解くことはできない」とコメントしていた。シンプルだが、本質を実に捉えている回答であった。既存の食のエコシステムは複雑化しすぎていて、分業が進んでいる。そうしたときに、何かを解こうとすると、それにより恩恵を被る企業と、被害を受ける企業が出てくるのだ。あるいは、地球環境を守るために、企業全体がマイナスを被るケースも出てくる。このようなトレードオフが原因となり、誰もが一歩踏み出すことを躊躇する。

そうした状況を打破するために、産業として、人類として解くべきテーマを掲げて、ステークホルダーを動かしていくことが必要な時代となっている。実際に、共通のテーマの代表格としてはＳＤＧｓ（持続可能な開発目標）があるが、もっと食にまつわる具体的なテーマを共通のテーマとして掲げることにより、動きは加速していくはずだ。私たちも、ＳＫＳジャパンを立ち上げたとき、日本発で食の進化を発信したいという想いだった。それに賛同してくれた一人が、味の素食品事業本部生活者解析・事業創造部の佐藤賢氏である。いわく「ＳＫＳジャパンに参加して新しい視点が社内に持ち込まれ、田中氏はじめとして皆さんの熱量高いプレゼンをいろんなところで聞く中で心動かされ、動き出した人も結構存

図10-3 業界・企業を超えて解くべきテーマは数多く存在する- Examples

医食同源サービスの浸透	フードテックベンチャーの育成	持続可能な外食産業構築	新たな顧客接点の構築
Food As Medicine	Foster Foodtech ventures	Sustainable Restaurant	New Channel Creation
食を通じて人々を健康にする。医薬からの自然な脱却を目指しつつも、おいしさも追求するサービスを導入する（無理せず自然体で実現するため）	日本におけるフードテックベンチャー企業を育成する仕組みを構築する。投資環境が整い切らない中、大企業とのコラボレーションの在り方を抜本的に再定義する必要	少子高齢化時代のあるべきレストランの姿を想像～感情労働への人財シフト＋廃棄ゼロ＋新型コロナウイルスのインパクトを乗り切るエコシステム形成	新たな食の体験を届ける新しいテストマーケティング&顧客接面の立ち上げ
食育・食学プラットフォーム	**持続可能な水産業の構築**	**パッケージの価値再定義**	**日本からの食の新たな進化モデルの発信**
Food Education PlatForm	Sustainable Fisheries	Redefine the value of Package	Disseminate the new food value from Japan
人が賢く食事を取っていける&食の起業家が正しく食品生産・提供を行っていけるための学びの場を立ち上げる	漁獲高の激減・水産業の消滅の危機を回避すべく、産業システムの改革および生活者のマインドの変化を推進する	脱プラスチックということを超えて、本来パッケージが持ちうる可能性を追求し、必要な産業を超えたエコシステム＋ビジネスを構築	日本として世界に発信すべき食のコンテンツ・テーマ（高齢化社会の食の在り方、バランス食など）の探求と発信の場を構築

出所：シグマクシス

在する」という。同氏が19年のSKSジャパンの場で、先に挙げたフューチャー・フード・ビジョンを見たときにつぶやいた言葉を今でも覚えている。「田中さん、あのビジョンは本来私たちが発信すべきものですよね」。こういう想いが連鎖し、世界はもとより、日本各地でも様々なイニシアチブが立ち上がりつつある。本書自体も、非常に彩り豊かなインタビューや、随所にコメントを様々な方からいただいているが、これは「食のイノベーション」を通じて、より良い社会をつくりたいという、共通の想いが紡がれていったものであると思う。

想いは連鎖し、人をつなげ、想像を超えた力へと進化する。本書を読まれている皆さんも、どのようなテーマを掲げて世の中を動かしたいか考えてみてほしい。参考に、最近とあるコミュニティーミーティングで出した共通のテーマを図表で紹介しておく（図10－3）。このような業界・業種を超えて解くべきテーマが、今後のカギを握る。なぜならば、想いを持った人々をつなぐからである。

提言② 企業の枠を超えた事業創造の枠組みを構築する

提言①で挙げた共通のテーマを解くために必要なことは何か。それは、企業の枠を超えた事業創造の枠組みを構築することである。しかしながら、この手の取り組みは容易ではなく、様々なプレーヤーにより試行錯誤が続いている状況だ。

なぜ難しいのか。その答えは単純で、企業という主体が存在しているからである。今、人財と企業の分離が起きつつあるが、全員が副業できたり、自由に動けたりするわけではない。また、人は動けても、知財は簡単に企業を超えて動くことはできない。そのような中、いくつか面白い形が見えてきたので紹介したい。我々は企業の枠を超えた事業創造のフレームを現時点では以下の6段階で捉えている。

1．新規事業部門の創出

いわゆる、既存のオペレーションと切り離されて、新しい事業創造をミッションにしている部門である。トップが参加すべき、外部人財を登用する、既存オペレーションとは異なるＫＰＩを設定せよ、予算を確保せよなど、今ではどの企業もおおよそのやり方を理解しつつあるが、大半の企業で立ち上げに苦労しているのが実態だ。とはいえ、後述する事業創造の枠組みにおいて受け手側の組織として新規事業部門は重要であり、この動きは各社加速していくべきであると考える。

2．出島部隊の創出

これは新規事業部門よりも一歩踏み出した組織であり、既存の枠組みの外側に置いている組織である。パナソニックが主導するゲームチェンジャーカタパルト（GCC）は、こうした取り組みの代表的な事例と言える。様々なところで記事化されているため、ここでは詳細を割愛するが、取り組みから出てきたアイデアを事業化すべく、サンフランシスコに拠点を置くスクラムベンチャーズと合弁で立ち上げた会社がBeeEdge（ビーエッジ）である。アイデアと熱い情熱を持つパナソニック社員が移籍し、独立したスタートアップとして製品やサービスを迅速にマーケットに投入していくための会社だ。先述したGIFMOはこのビーエッジの枠組みの中で生まれたスタートアップの1つである。

一方で、あまり気付かれていないが、新規事業部門および出島組織において、成功に向けて重要な要素として挙げられるのが、①プロフィットセンターとすること、②法務・経理のプラットフォームを切り離すことである。

①については、こうした部門は固定予算をもらい、それを切り崩す形で事業を行うケースが多い。いわゆるコストセンターである。この際、売り上げを立てる機能を持っていないケースが多く、その途端、売上計上することにより得られる限界利益分を活動に充てることができなくなる。結果として、小さく生んで育てるという取り組みを繰り返しているうちに、コストを食いつぶす結果になり、せっかちな経営陣から「成果が出ていないからやめるべきである」という評価をもらってしまう。

②に関しては、新規事業だからこそリーンに運営するという名目で、社内のバックオフィス機能をシェアするケースが見受けられる。ところが、このバックオフィスのシェアリングプラットフォームは、既存事業のルールに最適化されており、新しい事業を生み出すという観点では呪縛になるケースが多い。法務政策の観点もあるので、一概に既存のプラットフォームを使うなとは言えないものの、例えば機密保持契約（NDA）の契約プロセスを簡便化するなど、いくつか機動的に行わなければならない事柄は

ある。NDAを締結するだけで数カ月を要するケースもあり、それではスピード勝負のスタートアップとのコラボレーションは難しくなる。

3. プロジェクト化

プロジェクト化の動きは、この数年加速化してきている。近年、個としてのスキルやブランドが立っている人財が、会社の枠を超えて個人事業主となり、プロジェクト起こすケースが増えてきていたが、それが企業の単位でも起こりつつある。

具体的な例でいうと、宇宙×食の事業の可能性を考えるSpace Food X(スペースフードエックス)がある。これは、19年3月に発足したプロジェクトで、JAXA、リアルテックファンド、シグマクシスが発起人となり、最終的には50を超える企業・団体が参画し、宇宙における食ビジネスのビジョンづくりに取り組んだ。各社のコミットは人財の拠出であり、短期的、直接的なリターンは追求しない。共通のテーマを掲げて、そこに企業・団体が集い、情報交換し、新しい活動をデザインしていくものだ。世界からも注目度が高く、様々なところで登壇し、情報発信を行った(本取り組みは、1年のプロジェクト期間を経て、20年4月にスペースフードスフィア[4]と名を変え一般社団法人化)。

また、OPEN MEALS(オープンミールズ)という活動も興味深いプロジェクトである。これは、電通のアートディレクターの榊良祐氏が発起人となって、一言でいうと「食のデジタル化」を推し進めるプロジェクトであり、彼らはそれを「第5次食革命」と定義している。そのコンセプトに基づき、第1弾のコンセプトとして3Dフードプリンターをつくり、現在は未来のレストランをつくってしまうことを目指した企画(SUSHI SINGULARITY)が推進中である。SXSW(サウス・バイ・サウス・ウ

[4] 第9章「食のイノベーション社会実装への道」参照

エスト）に2年連続出展し、世界中のメディアから注目を集め、20年の初頭にはスイーツをプリントできるマシンを開発し、期間限定で販売も行っている（20年6月現在）。アートディレクターである榊氏のリアリティーとクリエーティビティーが同居するコンセプト画像や動画を駆使することで、具体的にそれぞれの技術を持っているプレーヤーを巻き込み、世の中に新しいプロダクトを提示していく。そうすることで、企業そして個人を動かしていく。こうした動きは、これからも加速していくと考えて間違いない。強烈な発想や、テーマを持った人財を囲んでプロジェクトが組成されていくのである。

4．ラボ・研究会運営

この動きも、ここ数年加速している。具体的には、プラットフォームを持っている企業（外部に開放可能な場所やデータを有している）が、様々な企業・個人を手繰り寄せ、共創を模索しているのである。こうしたラボ・研究会活動から、プロジェクトが組成されることも多い。

国内での事例としては、第9章で紹介したTOKYO FOOD LABおよび、近隣に位置するキッチンスタジオであるSUIBAなどをイメージしてもらえると分かりやすい。シェフや新しい食の作り手が集い、メニューの蓄積や新しいコンセプトの食サービスなどのプロトタイプを行っている。また、海外ではパスタの老舗のBarilla（バリラ）が、Blu1877というイニシアチブを17年から行っている。[5] 具体的にはイタリアのパルマにあるR&D拠点にある研究施設、プロトタイプ装置をベンチャーに開放したり、トレーニングプログラムを提供したりしている。また、バリラが有する専門家ネットワークへの紹介などの活動を通じて、自社の製品パイプラインの強化を進めているのだ。

このように公開されている取り組みもあるが、企業によっては公開していないものも存在する。とあるグローバルテック企業は独自のフードラボを数年にわたって運営しており、かなり多くの企業・専門家が集い、食の課題解決のイニシアチブを立ち上げたりしている。日本でも大手流通プレーヤーが研究会の運営を行っており、スタートアップのみならず大手企業も含めて、様々な企業との共創を模索している。ラボ・研究会活動は、インフラ事業者、不動産事業者や流通系など何かしら実装できる場を有しているプレーヤーが主催するほうが、（メーカーが主導するものよりも）今後注目されていくだろう。

5．一般社団法人などの設立

複数企業のプロジェクトが一定の活動水準に達したときに、一般社団法人の設立を行うケースは多い。前述のスペースフードスフィアが好例だ。その活動を加速している。社団法人は参加しやすいというメリットはあるものの、参加する人財のリソースを本当にどの程度使えるのか、また売り上げが立ってい

⑤ Blu1877の詳細は第9章で紹介

ない状況で立ち上げるケースが多いため、活動原資の確保が課題となる。しかしながら、箱を持つことで緩やかではあるが、資金の受け取りができるようになり、また様々なところで訴求がしやすくなるため、立ち上げ初期には有効な手段である。

6. 新ビークルの設立

この段階は未踏の領域であり、ここだけでもいくつものパターンを描けるが、参考になる事例は出てきている。例えば、TerraCycle（テラサイクル）が手掛ける「Loop（ループ）」という取り組みは興味深い。スタートアップが掲げる「再利用パッケージプラットフォームを構築する」というビジョンに賛同し、日本でも味の素、I-ne（アイエヌイー）、イオン、エステー、大塚製薬、キッコーマン、キヤノン、キリンビール、サントリー、資生堂、P&Gジャパン、ユニ・チャーム、ロッテといった13社が参加している（19年12月時点）。強烈なパーパスを持つテラサイクルCEOのTom Szaky（トム・ザッキー）氏の下に、企業が集うという新しい流れである。

前述したスクラムベンチャーズが推進する「FoodTech Studio（フードテック・スタジオ）」も、「食品事業を通してヒトと地球を持続的に幸福にすること」という目的のもと、食を超えたテーマを持たせながら複数企業の新規事業開発を加速化させる取り組みと言える。ビジョンを共有する複数企業が集まることによって、良質なエコシステムの構築を高速で立ち上げることができる。そして、キクチ・シン氏が立ち上げた「いきもの Co.」も、その傘下の活動である「chiQ（チキュウ）」において、プロジェクトを組成し、様々な企業とのコラボを推進している（20年6月時点では4つのプロジェクトが進行中）。この取り組みにおいても、基本的にビジョンを持つチキュウがリードするプロジェクトに、企業が参画するというモデルである（1社向けのエクスクルーシブプロジェクトも組成可能）。

最後に紹介したいのが、ＳＵＮＤＲＥＤ（サンドレッド）である。新産業共創スタジオ（Industry-up Studio）を立ち上げ、１００の産業をつくることを目的に、レノボ・ジャパンＣＥＯや資生堂のＣＳＯを歴任した留目真伸氏が19年に設立した。20年2月の同社主催のカンファレンスでは、導入として6つの産業とプロジェクトの進め方が提示された。食分野では「リジェネレーティブフードシステム産業」というプロジェクトが発足しており、新産業創造のステップにおいて同社が最初に挙げたのは、「目的の共創」であった。留目氏は同社Ｗｅｂサイトのメッセージで、次のようなコメントをしている。「すべての企業・個人がフレキシブルに協業し、社会起点で産業創造を行い、自信を持って前を向いて進んでいく世界を皆さんと一緒に実現していくことができたら、これに勝る喜びはありません」。

こうして見てきたように、とんでもなく高いビジョンを掲げるスタートアップに大手が集うモデルや、共通の目的を掲げて様々なプロジェクトを組成する会社など、今後は個人の力が高まり、そして企業の在り方も大きく変わっていかざるを得ないと思う。いずれの場合も、主体となる母体に強烈なビジョンがあるということが、成功のカギとなるのではないかと我々は考えている。

提言③　食に携わる人財の発掘と育成の仕組みづくり

共通の目的を持ち、事業共創の枠組みができたとしても、やはりカギを握るのは人である。食づくりに携わる人々が、地球および人々にとってより優しい食体験を構築していこうと思い続け、実行していけるように、啓蒙・育成していく仕組みが必要だ。同時に、若い世代を巻き込むことも重要となる。海外では、食・調理に特化して教育を提供する機関・大学などが存在する。先に紹介したように、米国のCIA、欧州のBCCやトリノ食科学大学、アジアではシンガポールのアット・サンライスなどだ[⑥]。

食を学問として教えているだけでなく、研究活動やビジネススクールを有しているところもあり、大手企業からも協賛を集めつつ、食づくりの担い手を輩出している。CIAでは、卒業生が料理人としての実践を積んだ後、スタートアップに参画してレシピ開発を担うなど、調理×ビジネス人財を輩出しているケースも多々見られる。これらの機関は大学として機能しており、学位はもちろんのこと修士を取ることができるところもある。ビジネスの経験を積んできた人財がキャリアチェンジのために参加するケースもあり、食・料理というものが職人の世界に閉じず、ビジネスと密接につながっているのだ。

筆者も18年11月にCIAで開催されたイベント「Rethink Food（リシンクフード）」に登壇したことがあるが、3日間にわたり、食×テクノロジーについてのセミナー、ネットワーキング、実食が行われるという極めてユニークなカンファレンスに驚きを覚えた。登壇者も実に多岐にわたり、グーグル、アドビ、IDEO（アイデオ）、カーネギーメロン大学、MIT、スタンフォード大学、タイソンフーズのイノベーションラボの所長、ソニー、フードロボットスタートアップの開発支援をしているシェフなどがそろった。非常に多面的なプレーヤーがフード領域に注目していることを痛感する場であった。

では、日本はどのような状況だろうか。残念ながら、海外の足元にも及ばないほど、遅れているといわざるを得ない。辻調理師専門学校などを始めとした伝統的な料理学校は存在しているものの、食・料理に特化したプログラムを持つ大学はまだほとんど存在していない。日本で調理学を教えているのは、宮城大学の食産業学群に所属して分子調理学の研究をしている石川伸一先生や、立命館大学の食マネジメント学部といった新しい動きが始まったところである。

また、発信力のあるシェフや社会起業家が、食育・食学を発信する動きも立ち上がりつつある。原宿

⑥
第9章「食のイノベーション　社会実装への道筋」参照

食サミットを主催している松嶋啓介シェフはUMAMIに関するセミナーを開催し、UMAMIが持つ力などを実演も含めて伝えている。また、サルベージ・パーティの平井巧氏は、20年にフードロスを考える学校であるフードスコーレを立ち上げ、フードロスをなくしていくための行動のみならず、食べ物全般についての教養を身に付ける場を立ち上げた。こうした動きがつながり、いずれ大きくなることを期待したい。

繰り返しになるが、日本には食に関する知見がたくさん存在しており、また食品づくりのノウハウも数多く存在する。そうしたことをしっかりと伝えていく、そして学ぶことができる場が今すぐにでも必要だ。前述のコミュニティーやラボの中には、将来学校のようなものをつくりたいと標榜しているところもあり、いずれ大きな仕掛けが始まる可能性は高いと考えている。

提言④　新しいバリューチェーンの構築&既存のアセットの再定義

私たちがこの3年超にわたり、食の進化の最前線を見る中で感じていることは、日本において制約条件がある中でも、新しいコンセプトの製品やサービスが生み出され始めているということだ（もちろん欧米と比べるとまだ少ないが……）。スタートアップはもとより、食品メーカー、家電メーカーなど、新規事業部門や出島部隊の活動が増えてきたこともあり、モノやサービスは出てくるようになったと感じる。しかしながら、最近次のような相談を受けることが多くなった。

「とにかくテストマーケティングをする場所がほしい。既存のチャネルではテストマーケティングをすることはかなり難しい」（大手企業）

図10-4 日本における状況:作り手問題×ラストワンマイル問題

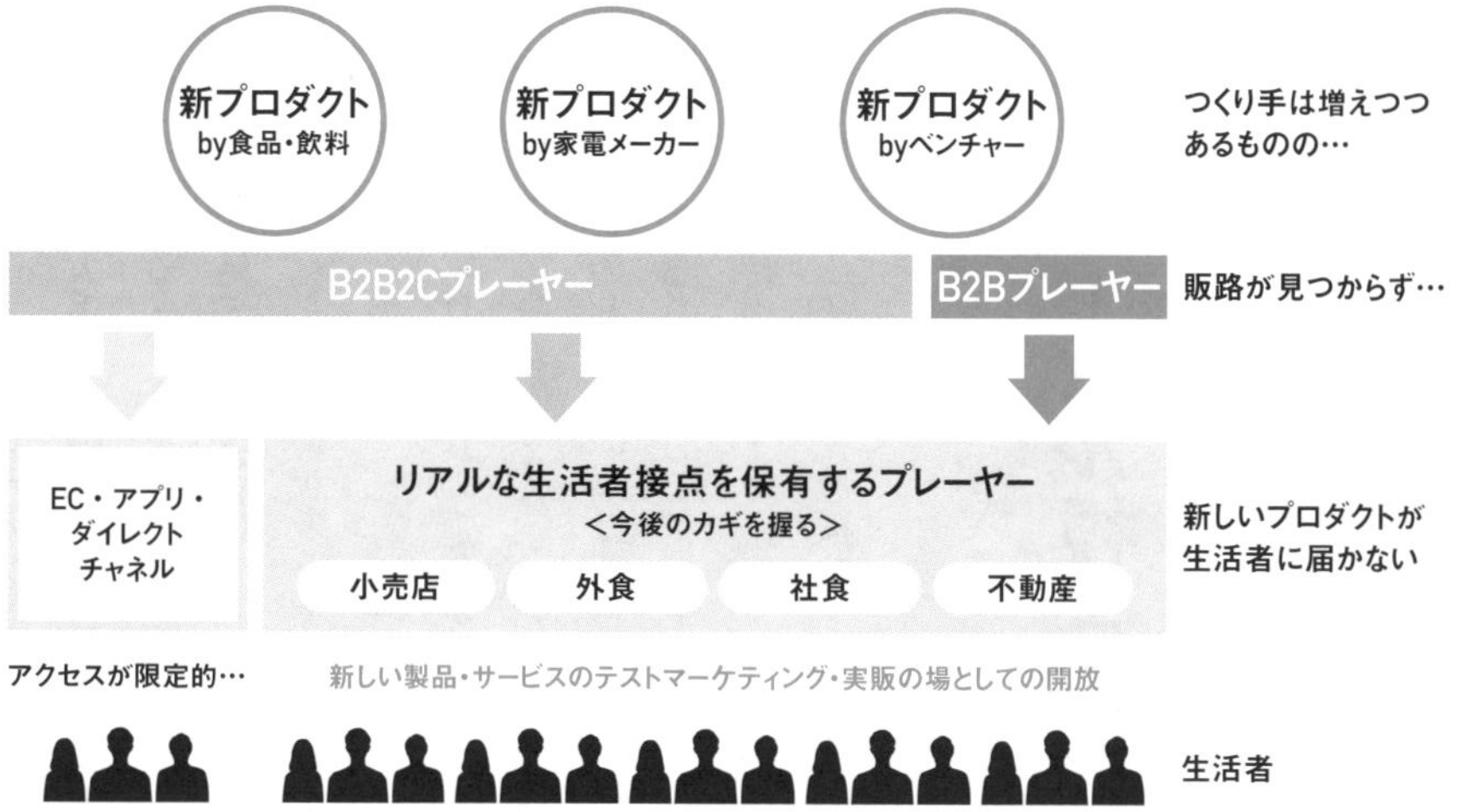

出所：シグマクシス

「販売をするチャネルが本当に限られている。どうやってマーケティング含めてやっていけばいいのかやり方が見つからない。どこか、いいところがあれば紹介してほしい」（スタートアップ）

日本においては、業界構造が確立され過ぎていることに加えて、低成長・低マージンであるため新しいことをする余白が少ない。また、組織的に縦割り構造であり、新規事業部門と既存事業部門のあつれきなども依然大きく、既存チャネルが新製品・サービスに開放されにくい構造になっている。こういう状況を打破しようと、新たな取り組みが始まっている。

オイシックスはスタートアップ向けに「Craft Market（クラフトマーケット）」というECサイトをオープンした。スタートアップがテスト販売をしやすいように設計されている。最近は、このチャネルを使いたいという大手企業からも相談が来ているとのことだ。また、クラウドフード（CROWD FOOD）という会社は、もともと食品製造業のオンライン商談システムを提供していたが、近年スタートアップや地方の食品メーカー向けに、大手流通の棚を自社で買い取り、彼らに開放するサービスを提供し出している。社長の中間秀悟氏によると、まだ試行錯誤の段階ではあるものの、通常の枠組みでは棚は取れないが、流通側のバイヤーから見ても生活者にとって魅力的な製品を提供したいという思惑と合致し、活用が広がり始めているという。また、ポケットマルシェや食べチョクなど、生産者と生活者をダイレクトにつなげるサービスも出てきている。

しかしながら、日本の食の進化を加速させるためには、現在、生活者とリアルに接点を有しているチャネルの再活用手段を考えることが重要だ（図10－4）。具体的には、小売店、外食、社食、不動産などである。これらのリアルの場は新型コロナの影響も受けて、大きくその価値が変わりつつある。新型コロナ以前は、一部の先進的なプレーヤーだけが「場」の再定義を主体的に進めていたが、この状況下でリアルな場所を持つプレーヤーが、強制的にその価値を再考する必要に迫られている。私たちは、これは新しいバリューチェーンを構築するチャンスだと考えている。

4 グローバル視点で日本市場の可能性を考える

新型コロナの影響で、食のバリューチェーンはローカルシフトが進むと考えられる。これまでのグローバル輸出入に大きく依存するモデルは見直しを余儀なくされるだろう。さらに、ロックダウンや外出自粛により、否応なしに在宅を余儀なくされる層が増えることもある。いざ在宅勤務となり、オンライン環境で仕事を進めてみると、劇的に仕事の効率性が高まることに気が付く層が現れ出している。新型コロナがある程度おさまった後でも在宅勤務の割合が増加する可能性は高く、そうすると家の中における食の在り方や、その価値を見直そうという動きは一過性のものではなく、今後のライフスタイルの変化として定着していくと考えられる。

さて、このような状況下、改めて日本におけるフードテック市場の創造を考えたときに、日本市場のことだけを考えればよいのだろうか。一見すると、脱グローバル経済という名の下、日本の食の進化はローカル性を追求すればいいと考えるべきなのかもしれない。しかしながら、私たちは、2つの観点により、グローバルの視点を持つ必要があると考えている。

1つ目の観点であるが、言うまでもなく新型コロナのインパクトは、世界中の人々が直面している共通の課題だ。それを解決するテクノロジーやサービスを発信していくことは、人類にとって非常に重要である。世界に先駆けて、新しい食サービスの開発と実装、今後必要とされる技術の研究・開発を進めていくことは、技術立国ニッポンとしての位置付けを考えた際、重要である。

具体的には、次のような領域が挙げられる。バーティカルファーミング技術、医食同源のエビデンス構築、食に関わるデータ構築・アルゴリズム開発、フードロボット・自販機3・0の開発、次世代プラスチック技術、センシングデバイス開発、代替プロテイン（タンパク質）技術（調味・味付け技術、装置産業としての培養肉製造システム、発酵ベースのプロテイン開発など）、次世代小物家電の開発、急速解凍技術などだ。このような領域を、先行的に研究・開発していくことにより、世界に向けて日本のテクノロジーや人財を展開していくことが可能となる。

また、2つ目の観点としては、豊かな未来を創るには日本の食の世界観を世界に発信すべきだという点である。ちょっと踏み込んだ発言だが、これはあえて伝えたい。宮城大学食産業学群教授である石川伸一氏は、著書である『「食べること」の進化史』（光文社新書）の中で、食の進化の「多様化と均質化の循環サイクル」について述べている。マクドナルドに代表されるハンバーガーチェーンが米国から世界に輸出された際に一旦はグローバルでの均質化が進んだが、その後日本においては日本風の味付けであるテリヤキバーガーが登場した。それが今度はグローバルプラットフォームとなったマクドナルドで世界に拡散していく。そして同氏は、このサイクルはハンバーガーに限らず、他の食べ物、あるいは食べ物以外にも適用される事象であり、そのサイクルが永続的に続いていくだろうと述べている。

実際に、世界中で普及しつつあるフードテックを使った新製品・サービスは、細かく見ると地域ごとに少しずつ浸透の理由は異なっていることが見えてきている。北米は、より人々がやりたいこと、あるいは欲求・欲望を満たすために様々なテクノロジーが活用されている傾向にある。一方で、イタリアのシーズ＆チップスに代表されるように、ＳＤＧｓが市場導入のドライバーとなっている。また、中国は他の技術分野でも見られるように、独自のエコシステムを構築することで新しい動きを仕掛けることができるため、全く違ったスピード感でデリバリーチェーンの進化や、キャッシュレス店舗などの市場実装が効率化・便利さを追求しながら進んでいる。

それぞれの市場ごとの導入背景について善しあしがあるわけではない。感覚的ではあるが、私たちが訴えたいのは、「もっと食の多様な価値を深く考え、世界に伝えていくことが重要ではないか」ということである。菅付雅信氏の著書である『動物と機械から離れて』（新潮社）では、行き過ぎた機械化や便利さの追求は人間の動物化（＝考えることなく与えられたものを食べてしまうこと）が進み、人間が人間であり続けられなくなると述べている。コークッキングの共同創業者である伊作太一氏も、いくどとなく「スマート化するのはヒトか家電・サービスか」という問いかけを、様々な場で問うている。

また、大手メーカーで新たな価値創造に挑む、先述した味の素・佐藤賢氏は、グローバルのフードテックトレンドを見ている中で次のようにコメントしている。

「米国のフードテックは、こんな所までテクノロジーを使うんだ、というところに驚くことが多いし、派手さがあり、一見進んでいるように見える。しかしながら、例えば、高度にパーソナライズされたサービスが出てきたとしても、本当にそのサービスが私たちの食の未来を豊かにしてくれるかと疑問に思うことが多々ある。自分にとって見えるもの、見えていないものまで含めてニーズが満たされたときに、初めて豊かさを感じるのではないか。多様なものは多様なままでよく、それでも回るような仕組みがあり、選択肢を提示できる状態が一番いいのではないかと考えている。テクノロジーを活用した解決策の提示に振りすぎて、本来の目的が何だったのかということを見失わないようにするのが大切だ」

今の機械化・効率化・便利さの追求の先には、人は〝賢くなくなる可能性〟が存在する。そういうときに、昔から多様性に富み、自然との調和を重んじ、多様な食文化を育み、そして志高く、技を持つ人財にあふれる日本が、多様化と均質化のサイクルが起こるこの時代に、食の価値を再定義していき、地球も個人も幸せになっていく、世界観を発信する必要があると考えている。

日本から何を発信するべきか？

それでは、フードテックというトレンドを重ね合わせたときに、日本からはどのようなモノ・コトをグローバルに発信することができるのか。その可能性の広がりを提示したいと思う。ここで挙げるものは、残念ながら今すぐに輸出できるというような類のものではない。この領域の可能性を信じて、共通の課題を掲げ、事業創造の枠組みを構築し続け、人財を育み、新たな実装の場を構築していく中で、初めて発信できるものもあるし、大手企業が自らのアセットを外部に開放できるかどうかにかかっているものも多い。それでは、私たちが考える日本からグローバルに価値を提供し得るモノ・コトとしては次の4つを挙げていきたい。

①課題先進国としてのポジショニング

人口減少社会、高齢化社会、そして4割に迫る単身世帯という日本の状況は、事業存続に向けた省人化対応を余儀なくし、右肩上がりの成長を描くことは難しい。そういう環境下における企業の取り組みは、世界から注目を集めている。日本で先進的なソリューションを活用した新店舗の取り組みを行う、とある外食チェーンの経営者の方は、中国で1000人規模の外食経営者を前にプレゼンテーションをした際、聴衆が真剣に話を聴いていること、そして様々な質問をしてくることに驚いたという。正直、先進的な取り組みが多い中国が、日本から学ぶことがあるのかと聞いたところ、帰ってきた答えは、「日本は高齢化など、これから中国が直面する課題の先を走っている。その時代に合わせたソリューションを学び、来るべき時代にしっかりと備えたい」というものだった。

私たちはこの話を聞いたとき、課題先進国としての役割と責任があると改めて感じたし、正しく発信をしていけば日本型のビジネスモデルが輸出できる日が来る可能性がある。さらに、高齢・単身化社会により、孤独、退屈、不安に押し寄せられる社会が、定年退職を迎えた（もちろんそれ以外にも）層を中心にまん延すると見られている。そのとき、人はどのようなことに生きがいを持つのか。どうやって先の不安を払しょくするのか。どうやって他者とつながり続けることができるのか――。新型コロナで直面している課題と近いものがあるが、社会構造として日本は、この状況に立ち向かうべき国なのである。日本において真に生活者視点で製品・サービスを打ち出すことができれば、世界中から注目される可能性があるだろう。

②大手食品企業に眠る技術力・人財

繰り返しになるが、この話はあえて強調して伝えたい。というのも、この日本の強みには鮮度があるからである。今この瞬間でいうと、日本の大手食品企業に眠る技術は様々な食の作り手にとって、極めて活用したいものだろう。大手企業が持っている装置などはもとより、狙ったおいしさや食感を設計・実現する技術、食品づくりに関する原料の組み合わせなどのノウハウ、大量生産になっても品質を損なわない品質管理技術、安全性を担保するノウハウや技術。また、科学的な観点だけではなく、力学などの観点なども含めた本当に再現性の高い食品製造力、包装や物流に関するノウハウ、さらには食文化などに関連するノウハウや、健康と食に関する研究データ、そして何よりもこれらの装置やノウハウを使いこなせるプロフェッショナル人財、感応試験をこなすことができる絶対味覚を有する人財群などなど、ほぼ無限に挙げることができる。

ところが、こういうアセットは今、ほとんど外部には開放されていないのが事実である。海外を見ると、数年前から欧米でも大手企業が自社のアセットを外部に開放し始めているし、あるいは、スタートアップでも食のプロフェッショナルを巻き込んで食品設計の支援をする会社などが登場してきている。例えば、北米のロサンゼルスとシカゴに拠点を置くスタートアップ、Ｊｏｕｒｎｅｙ Ｆｏｏｄｓ（ジャーニーフーズ）は、顧客が商品で実現したい栄養素をアレンジする開発支援サービスを提供している。また、日本においても、キリンからスピンアウトしたＬｅａｐｓＩｎ（リープスイン）という企業が、スタートアップと地域の食品工場をマッチングさせるサービスを展開しており、最近は企画や商品開発支援サービスまでも提供し出している。

この動きは、ＷＩＲＥＤが巻き起こしたＭａｋｅｒｓ Ｍｏｖｅｍｅｎｔ（ハードウエアづくりが企業から個人にシフトした流れ）と重なる。それまでモノづくりは大手企業の専売特許だったものが、いろいろなものが安価に手に入るようになり、３Ｄプリンターのようなものまで登場し、作りたい人がほぼ誰でもデバイスを作れるようになった。その結果、これまでモノづくりにひも付く領域で差別化をしていたメーカーの優位性が一気になくなり、事業構造転換できなかった企業は業績が伸びず、いまだに成長軌道に戻れないケースも多い。

私たちには今、日本の食品企業が、当時の日本のハイテクメーカーに重なって見えている。門外不出のノウハウと言って社内に閉じ込めておく、あるいは権利関係を解きほぐすのを嫌がって聖域扱いしてホコリがかぶったままにしておく。そうこうしているうちに、世の中に代替手段が数多く登場し、いざというときにほぼ競合優位性がない状況に陥る可能性が高い。しかしながら、今ならばまだまだ強力な武器として、様々な食の作り手に対して価値を提供することができるのである。本章を読んだ大手企業の方々が、恐れずに外部にアセットを開放していくことに踏み出してほしいと強く願う。

③和食が持つポテンシャルの最大化と開放

和食は、寿司やてんぷらなどの料理が世界中に輸出され、そのおいしさは支持されてきているものの、近年海外から必ずしも健康的ではない、サステナブルではないなど様々な意見が出ている。しかし、私たちがこの領域を見るようになり、識者の方々と話をすると、元来日本食は、おいしく、健康的で、かつ持続可能性が高い食事であることが見えてきた。日本が持つ、気候、地形、地域文化の多様性がもたらす多種多様な食材や調理・保存方法が存在し、それらが自然と調和し、食べ合わせや食べるタイミングなどを含めて、健康になるノウハウが詰まっている料理が和食ではないかと考えるようになった。

実際に、そうした和食の持つ多様な価値を可視化して伝えようという動きはある。例えば、公益財団法人味の素食の文化センターは、食を文化と言い出した先駆者であり、文化の裏側にある、様々な日本食に関わる文献、ノウハウを探求・追求できるライブラリ・アセットが存在する。これは、あまり多くの方に知られていないが、すごい情報量がある。公益財団法人であるため、誰でも活用できるのだが、その価値をまだ我が国として活用しきれていないのではないだろうか。あるいは、山形県でアル・ケッチァーノという有名レストランを運営する奥田政行シェフは、『食べもの時鑑』（フレーベル館、16年刊）において、旬と食材の関係性を「食べものの地球暦」というマップで表現している。どの食材がいつ食べごろなのかを確認できるマップで、四季どころか1～2週間単位で旬が変わっていることが見て取れる。ここまでの英知を日本は持っているのかと、感じ入るはずだ。

また、先に出てきたコークッキング共同創業者の伊作太一氏は19年、「和食ランゲージ」というものを創り出し、和食が持つパワーをカードおよび冊子の形にして、世に伝えようとしている。さらに、発酵デザイナーであり、発酵研究の第一人者である小倉ヒラク氏は、『発酵文化人類学』（木落舎）や、『日本発酵紀行』（D&DEPARTMENT PROJECT）などを通じて、発酵が持つ可能性について言及している。これ以外にも、日本の食文化や食技術が持つ力を海外に発信しようという動きはあるが、こうした取り組みや知見は意外に知られておらず、かつ社会実装しやすい形になっていないという課題がある。

しかし、だ。今こそ、私たちは和食×サイエンス×デジタルを掛け合わせることで、和食がグローバル・フードイノベーションの「ＯＳ」として広がることができると見ている。今後の動きに期待したい。

④食の価値の再定義の発信拠点

そもそも日本が世界に発信できる価値とは何かを考えたとき、日本からはＳＤＧｓやおいしさのどちらか一方に極端に寄せるのではなく、おいしさ、自然との共生、健康、さらに便利さや効率化も含めて、〝バランス〟のとれた、あるいは〝調和〟された食の在り方を提示していくことが、世界の中で求められる役割なのではないかと考える。もちろん人の欲望を満たすことも大切だし、ＳＤＧｓの解決も大切である。だが、人々が心身ともに豊かに暮らすことができる、楽しさ、ワクワクさ、安らぎ、癒やし、回復、くつろぎ、ほっとした気持ち、温かさ、人とのつながり、生きがい、成長、知的好奇心、感謝、充足感——など、人々が日々暮らしていく中で大切にしたい感情や状態について食を通じて実現する。そういう価値が食にはあることを、しっかり打ち出していければと思う。

日本のアニメーションや漫画、そして古くはゲームが世界中に受け入れられ、浸透していったことを思い出してほしい。本来日本人は創造性にあふれ、ノリが良く、楽しいことが好きなのだと信じたい。そして、それが食の世界からも立ち上がることを期待したい。

海外のキーパーソンが見た日本

この章の締めくくりに、世界中で活躍するThe Future Food Institute（ＦＦＩ）の創業者であるSara Roversi（サラ・ロバーシ）氏から本書を出すにあたり直接寄せられたメッセージを伝えたい。日本語訳を作成したが、彼女の言葉の迫力を直に感じてほしいので、英語の原文もそのまま載せている。サラ氏のように、世界中で食のイノベーターをつなげ、新たなうねりを創りつつある人物が、日本という国に対して強い期待を持っていることを感じてほしい。

〝食は命であり、エネルギーであり、栄養源です。食は価値観や文化を反映し、象徴やアイデンティティーを伝える媒体ともなります。食は社交性と人間関係もつくり出します。食べることは人々にとって必要不可欠な活動であり、いわば社会そのものの原動力とも言えるのです。だからこそ、世界的に新型コロナウイルスが流行する中で、まさに世界中で等しく食生活と食習慣が激的に変わりつつある今、文化・サステナビリティー・アクセス性の観点から食をしっかりと分析し見つめていくことがますます重要になっています。

新型コロナウイルスにより、私たちは新しい世界の入り口に立とうとしていますが、この新しい世界は悲観的なことだけでなく、逆に前向きな未来があることも見えてきました。

このウイルスには、「見えないものを見えるようにする」力があったのだと思います。

新型コロナウイルスにより人類、コミュニティー、エコシステムに何が本当に必要なのかということが明らかになりつつあります。いろいろな活動を減速することで、かえって加速して進めることがあることを学びました。文化、教育、精神、サイエンス、そして目的志向のテクノロジーについて考える余力と余裕が生まれ、そして人類が本来有する美徳を再発見することができました。私たちは、〝競争〟か、〝コラボレーション〟という対立軸を乗り越えて、コーペティション（共同競争）に向けて進むことが重要であることを理解しました。

私にとって日本は、これまでもそしてこれからも、素晴らしいインスピレーションの源です。というのも、この国は世界で最も技術的に進んだ国の1つであり、時代の大きな変化に立ち向かうために必要なすべての価値観やスキル、そして美徳も備えているからです。

私たちの未来を（文字通り）養っていくために、私たちは食の生産と消費の在り方を変革し、食についてしっかりと考えることが必要です。私たちは、システム思考力を磨くことで、文化的な壁を打ち破り、関係が複雑であってもそれを乗り越え、コンフォートゾーンから抜け出して歩んでいく必要があります。これらを実現していくには、すでに起きている伝統とデジタルテクノロジーの融合のようにマインドセットの大きな転換が必要ですが、それができたとき、すべての人にとって食を通じた繁栄が見えてくるのだと思います。

サラ・ロバーシ／ザ・フューチャー・フード・インスティテュート創業者
２０２０年６月寄稿

〔原文〕

"Food is life, energy, and nutrition. It is the vehicle of values, culture, symbols, and identity. Food is sociality and relationship. Eating is an essential activity for human beings and a real engine for the entire society. Therefore, it is increasingly crucial to analyze food from both culture, sustainability, and accessibility, overall now when the COVID19 pandemic has been profoundly altering the global food lifestyles and habits, both in developed and developing states.

The coronavirus has placed us in front of a new world, and part of this world matches a paradoxically positive futuristic scenario.

This virus had the power of "making the invisible, visible".

What happened, highlighted the essential needs for humans, communities, and ecosystems. We learned that we could accelerate by slowing down. We created space for culture, education, spirituality, science, and purpose-driven technology, and we rediscovered the human virtues. We understood that it is crucial to move beyond Competition vs Collaboration towards Co-opetition.

As usual, Japan is, for me, a great source of inspiration because this country that represents one of the most technologically advanced countries in the world also contains all the values, skills, and virtues needed to face the significant changes of our era.

To (literally) feed our future we urge to revolutionize the way we produce, we consume and consider food. We need to train systemic thinking and break cultural silos, address relational complexities, and get out of the comfort zone. It is a process that requires a profound shift in mindset that already combines traditions and digital technologies, and that will be able to enhance all the implications related to food building prosperity for all."

Sara Roversi, Founder, Future Food Institute

改めて思う「日本はすぐ動かねばならぬ」

スクラムベンチャーズ　外村 仁

私が、ここシリコンバレー（住人は「サンフランシスコ・ベイエリア」と呼ぶ）に居を構えて、とうとう21年目に入った。きっかけはアップル時代の同僚とスタートアップを共同創業したことだが、フランスとスイスで2年間暮らした直後だったので、当時は「文化砂漠」と自嘲的に呼んでいたことを思い出す。ヨーロッパでは、夜8時過ぎから食事を始めて4時間かけてディナーを楽しむこともしばしばだったが、シリコンバレーでは食事時間は極めて快速、夜9時を過ぎると空いているレストランがほとんどない状態。また、フランスでは食事の間中、全員が食べ物の話しかしないという機会も珍しくなかったが、シリコンバレーではテクノロジー、アウトドアスポーツ、車、持ち家、ストックオプションと極めて現実的。とはいえ、そのぶんエンジニアはとてつもなく優秀で、みな猛烈に働き、次々とイノベーションを生み出していく。かたやヨーロッパではイノベーションよりトラディション、「これはトレードオフなので仕方ない」と自分を納得させていた。日本から客が来ても、ステーキハウスかカニ料理店くらいしか日本の人を連れて行く場所がなく、ましてや、おにぎりのような豪快な握り寿司を食べさせる勇気はなかった……。

それから20年の時が過ぎ、ふと気がつくと、この街の食の風景は全く違ってしまっている。3食無料で食べられる社員食堂はグーグルが元祖だが、サステナブルな素材で健康的でおいしい料理が提供され、エンジニアたちの舌のレベルを急速に高めた。結果、彼らは日常でもハイレベルな食材を要求し始め、スーパーもレストランも年ごとにアップグレードされていった。どこにでもある街のスーパーであるセーフウェイはおろか、当時は大判で安物の食品専門だったコストコにも、オーガニック製品があふれている。ミシュランガイドのサンフランシスコ版に載っている星付きのレストランの数は、今やニューヨーク版のそれと拮抗していると言ったら驚かれるだろう。そして、現在は当地のミシュラン星付きのうち8軒が和食（寿司・懐石料理）の店であり、そのトップである「Ｈａｓｈｉｒｉ（ハシリ）」の特別お任せコースは1人当たり５００ドル（約5万４０００円、酒・チップ・税別）という、日本の人がびっくりするような値段なのだが、それがかなり繁盛している。つまり、価値を認めてその代金をご飯に払う人が相当数いる街にサンフランシスコは変貌したのだ（もちろん、新型コロナ以前の話）。

『Ｍｏｄｅｒｎｉｓｔ Ｃｕｉｓｉｎｅ』の衝撃

とは言え、当地に食のカルチャーが全くなかったわけではない。ベジタリアン食とオーガニック食は当時から代表的なフードカルチャーだった。サンフランシスコ対岸のバークレーは、もともとヒッピー文化の街でもあるが、同時にオーガニック発祥の地でもあり、「オーガニックフードの母」たるアリス・ウォータースのレストラン「シェ・パニーズ」は、今でも〝メートル原器〟のような料理を出す人気のレストランだ。植物志向もオーガニック志向も、現在のグルメ状況やフードテックの潮流にとってはとても重要な要素ではある。とはいえ、この急激な変化、そして今や食分野で世界に影響を及ぼすエリアにまでなった主たる理由は、もちろんこの地で活躍するエンジニアたちと、そしてテクノロジーがもたらした富の影響である。

テクノロジーの聖地であるこの場所では、ほんの10年ほど前まで、食とは原始的なもので、重要視されないドメインであった。それが変わり出したきっかけは、メイカーズブームの原点でもあるオライリー社発行の「Ｍａｋｅ」という雑誌が、当時値段が高かった低温調理の機械をＤＩＹで作る記事を掲載したことだ。この一連の記事がきっかけで、当時のエンジニアたちの頭の中ではテクノロジーと料理が初めてつながり出した（それまで、Ｍａｋｅに生のサーモンの写真が載ることは決してなかったと思う）。オライリー社はまた機を見るに敏で、同じ２０１０年には、その後ベストセラーになる『クッキング・フォー・ギークス』の初版も発行した。オライリー社のメイン顧客はエンジニアやプログラマーだが、その層に向けて〝Real Science, Great Hacks, and Good food〟と銘打った本を出し「料理ってハックだよ、科学だよ」と啓蒙をしたわけである。

そこでさざなみが立ち始めたところに、もっと派手で象徴的な〝事件〟が起こる。それが、翌11年春に出版された『モダニスト・キュイジーヌ』という本である。本書で何度も触れているが、天才肌であり、かつビル・ゲイツの大のお気に入りでもあるネイサン・ミルボルドが著したこの本は、５冊組で総ページ数にして２４３８ページ、発送重量が21キログラムあるという文字通りの重量級。すべてのページが素材や料理周りのあらゆることを科学的に分析、解説し、鍋の中で何が起こっているかを高精細カメラの画像で追っている本である。また、紙の本として特異なこととしては、食材の色をなるべく忠実に出すために普通のカラー印刷では彼が納得せず、インクも印刷方法もより精細な特殊技術を使って作られているそうだ。

発売当時、私はエバーノートの日本法人会長だったが、もともとエンジニアで、Ｇｅｅｋ（ギーク）

ネイサン・ミルボルド氏のラボで(左が外村)

『Modernist Cuisine』全5巻

として、また食通としても有名だったエバーノートＣＥＯ（当時）のフィル・リビンが、ものすごく興奮してこの本のことを語っていたことをよく覚えている。もともと自分では料理をしていないのに、料理や食品がサイエンスとして再定義された途端に、ＩＴギークがこんなにも料理に夢中になれるのか、と驚いたのがこのころだ。

私が、ネイサン本人と初めて直接対面して会話できたのは13年。ナパにある料理界のハーバードともいわれる料理学校ＣＩＡ（Culinary Institute of America）の年次イベントであった。その後は2年に1度ほど、ネイサンの秘密ラボを訪ねて、変テコリンなデモを見せてもらったり、現在進行中のプロジェクトを見せてもらったり。その度に「ここまで徹底してやる！？！」と仰天しながら、どこまでもギークに、どこまでも科学的なアプローチで食のいろんな分野を切っているのに驚く。

ネイサンのことを知らなかった読者は、まずは「前代未聞の料理」という名前でネット検索をかけて、彼がＴＥＤで話したビデオを見ていただきたい。物理や化学で料理をぶった斬るとはこういうことかと、お分かりいただけるだろう（実際、鍋釜からレンジまでを文字通り真っ二つにぶった切っているのをお楽しみいただけると思う笑）。

「世界で唯一、偏微分方程式を掲載した料理の本」とネイサンが呼ぶ、この書籍は、縮刷版に当たる『Modernist Cuisine Home』が日本語版になり、ＫＡＤＯＫＡＷＡから出版されたので、これもぜひ手にとって見ていただきたい。

ＩＴ業界の〝悪夢〟を繰り返すな

さて、ギークの料理ＤＩＹが始まったのは２０１０年、元マイクロソフトＣＴＯの超科学料理本が話題になったのが翌11年。そこから急速にシリコンバレーのフードシーンが変わり始め、15年にはサンフランシスコ市内に初めて三つ星レストラン「Benu（ベヌ）」と「Saison（セゾン）」が登場し、また突然2つの和食店「Kusakabe（クサカベ）」と「Maruya（マルヤ）」が彗星の如くミシュランの星を獲得して大いに話題になった。このたった5年間で、サンフランシスコは「グルメの街」として新たな装いで生まれ変わった。

そして、そこからさらに5年の間、ITで成功した起業家がフード業界で新たに起業したり、バイオアクセラレーターから食関係のスタートアップが出てきたりといった動きが加速した。16年にはその後CESで話題の中心となるImpossible Foods（インポッシブルフーズ）が最初の植物由来ハンバーガーパティを世に送り込み（創業は11年）、そして19年には、Beyond Meat（ビヨンドミート）がNASDAQに上場して話題になった。ビヨンドミートの株価は一時期、134億ドルに達し、日本円にして約1兆4000億円の時価総額をつけたことになる。これは、日本の食品製造業の中で最大の時価総額を持つ明治ホールディングス（明治製菓＋明治乳業）の1兆3000億円を一時的にせよ上回ったことになる（現在のビヨンドミートの時価総額は88億ドル）。もちろん、時価総額ですべてが語られるわけではなく、また株式市場の状況は国によっても異なるので一括りにはできない。しかし、これは米国の資本市場の期待値とも言える数字なので、やはり意味の重い数字である。

ちなみに、明治の創業は1916年、ビヨンドミートの創業は2009年。こうした新参者の急激な台頭は、この20年間IT業界で嫌というほど見てきた。ここでまた、「iPhone前夜」というフレーズが思い出されるのだ。

皆さんはiPhoneが米国で発売された07年ごろのことを覚えておられるだろうか。私は前の夜から並んで発売初日に買い、その日から私の生活は一変した。とはいえ、それからたかが10数年で、我々の生活がここまでスマートフォンに影響されるとは想像もしていなかったのだが。さて、当時、日本で高性能、高密度の電話機を作っていたメーカーの技術者、その時点ではおそらく世界一のケータイサービスを作っていたiモード関係の人たち、すなわちそれまで「自分が世界のトップ品質」と思っていた人たちの多くが、出たばかりのiPhoneのことを酷評していた。「iPhoneには、特筆すべき新しいものは何もない」「すべて我々が持っている技術の集まりである」といったコメントがあちこちに出回っていた。その数年後、日本の携帯メーカーがどうなったかは、改めて言うまでもないだろう。

食の話に戻そう。2010年代初めから、シリコンバレーではフード系のベンチャーがこぞって生まれ始め、食のイベントでテクノロジーが多く語られるようになり、欧米の大手食品メーカーが次々とベンチャーのような動きをし始めた。いつも慧眼で感心させられるグーグルが「Google Food Lab（グーグル・フード・ラボ）」を開始して、世界中の識者を集めて未来の食を研究し始めたのも12年である。もともとITとギークの街シリコンバレーで、上記のようにフードとテクノロジーが徐々に融合していくのを見ていた私は、他方、同様の動きが日本の食業界ではほとんどないことに気付き、だんだん不安になってきた。世界一とも言える食文化に加え、絶対値でおいしくかつコスパも高いレストランが最高密度で存在する日本だが、その完璧さからくる自信が過ぎて、外の大きな変化が見えていないのではないか。そのころから仕事で日本の誰かに会うたびに「Food がTechで変わって来てますよ」という話を折に触れてあちこちでするのだが、効果はなかった。それがやっと形になって、日本の世の中が少しづつ動き出すのを感じたのは、シグマクシスの田中宏隆、岡田亜希子と「スマートキッチン・サミット・ジャパン」を17年夏に立ち上げてからだ。

もちろん日本にも、世界の動きを知って自分たちも動かねばと問題意識を持っていた人たちは相当数いたが、その人たちがお互い会って語れる「場」は、日本になかった。そこに初めての場としてSKS

ジャパンが創設され、そこに集まった熱量の高いメンバーによって「xCook Community（クロスクック・コミュニティー）」が結成され、そして「Food Venture Day（フード・ベンチャーデイ）」が開催されといった具合に、3年ほどの時間をかけて日本のフードテックコミュニティーが、そしてフードに変革を求める人たちのクラスタが徐々に形成され、成長してきたのだ。それを思うと、シグマクシスのメンバーには感謝をしてもしきれない。やはり場があること、そこでN対Nの刺激があることが絶対的に重要だったのだ。

他方、その孤独なエバンジェリスト時代にもキーパーソンとの邂逅はあった。分子調理を解説した日本語の本がない、専門のアカデミアがいないと嘆いていたら、たまたま『料理と科学のおいしい出会い：分子調理が食の常識を変える』（化学同人）という新刊をネットで発見し、仙台まで突撃して宮城大学の石川伸一教授にお目にかかりにいった。石川さんにはSKSジャパンの初回から登壇していただき、今ではフードテックシーンに欠かせないアカデミア人材として活躍いただいている。

また、科学的なアプローチをするシェフが日本に少ないと嘆いていたら、レフェルヴェソンスの生江史伸シェフが、化学構造式の入った料理のプレゼンを英語でされているのをナパで見て感動し、「もっといるはず」と片っ端からあたり始めたら、伝統を守ると思われがちな和食の世界で次々にチャレンジを続ける「銭屋」（金沢市）の高木慎一郎さんと出会った（その後、SKSジャパンなどで一緒に登壇していただいた）。さらに、シェフになる前はエンジニアで、世界最速で三つ星を獲得した「HAJIME」（大阪市）の米田肇さんは、私が思う創造性のはるか斜め上をいく独創性と狂気にも近いこだわりがあって、19年の「FOODIT」で対談した後、この本のためにも再びアフターコロナのレストランの在り方をインタビューさせていただいた。

まだ「場」もなく同志も見つかってない時代、自分の原動力は「このままでは日本の食はやばいのでは」という危機感だったし、どうにかしなきゃと言うパッションに自分が動かされていたように思う。

その間、18年には、SKSジャパンのメンバーの手で『フードテックの未来』という力作の資料本が編纂され、日経BPから発刊された。19年後半になると、朝日系のCNETや日本経済新聞社が主催する大規模カンファレンスで、フードテックがテーマになるようになった。そして2020年になると、とうとう農林水産省が「フードテック研究会」を立ち上げ、産官学をまたがった連携を働きかけ出した。私も初期メンバーとして微力ながらお手伝いしている。そう、諸外国と比べれば少し出遅れた感はあるが、やっと日本も動き出し、巻き直すときが来たのである。2020年は日本の「フードテック元年」。本書の発刊は、まさに出港の汽笛であると受け取っていただきたい。

では、次に何をすればいいのか。そう思う方は、改めて本書の第10章に戻って読んでいただきたい。中身が濃くて田中宏隆さんの情熱に当てられそうになるが、それに負けずに何度も読み進めてほしい。本書の前半は情報やインサイトを得るものだが、この最終章は、あなたが行動するための章である。

特にあなたが大企業にいるならば、「**提言②　企業の枠を超えた事業創造の枠組みを構築する**」をもう一度読んでほしい。自分たちはこれまで何をしてきて、そして何をやっていないのか、改めて整理し、ぜひ明日から始めの一歩を踏み出していただきたい。小さくてもいいので、とにかくやってみることだ。また、「日本から何を発信するべきか？」の項の「**②大手食品企業に眠る技術力・人財**」のところもじっくりと読んでいただきたい。ここは、御社の強みであるだけでなく、世の中に大いに貢献できる部分でもある。提言②で紹介されているどの手段を選んだとしても、これまでの遅れを取り戻し、加速していくためには、世界の優れたスタートアップとの協業は必須だろう。そのスタートアップに最も恩返しできるのが、この御社内の「技術と人財」の提供である。いや、世話になったのちに恩返しということではなく、Ｐａｙ Ｆｏｒｗａｒｄしてまずはスタートアップを助けると考えるのはどうだろうか。そうすれば、近い将来必ずそれは自分に戻ってくる。

そして船出のために最も大切なことも、第10章の最初に書いてあった。

必要なのは「意思」「想い」「パッション」

今からちょうど10年前、２０１０年の7月に刊行された『スティーブ・ジョブズ 驚異のプレゼン』（日経ＢＰ）に書いた解説の中で、私は「本気の情熱が何より大事」といい、それを「ミッションとパッションのつづれ織り」と表現していた。何か未踏のことを実現するためには「パッション」が一番大事なことは、10年たってもまったく変わらぬ事実である。場がない時に自分を動かしたのも好奇心と危機感から生み出されるパッションであった。

もしそのパッションが自分に足りないと思うなら、フードテックのパッションに満ちあふれる人が集まる「場」に来てもらって充電するのが一番だ。ＳＫＳジャパンのコミュニティーでもいいし、この20年夏からスクラムベンチャーズが立ち上げる「Ｆｏｏｄ Ｔｅｃｈ Ｓｔｕｄｉｏ（フードテック・スタジオ）」の場でもいい。高い熱量と想いをもって新しい道を切り拓いている人たちと仕事をすることは、人生でもっとも幸せなことの１つと言えるのではなかろうか。

ちょうど先週（20年7月1日）、Ｔｅｓｌａ（テスラ）の時価総額がトヨタ自動車のそれを上回ったというニュースが流れた。ちなみに、トヨタの創業は１９３７年、テスラの創業は２００３年である。13年からテスラに乗っていてイーロン・マスクも大好きな私としては、嬉しい気がすると同時に、日本人としての自分は「すぐ動かねばならぬ」と再び強く思った。フード関連業界は、ｉＰｈｏｎｅ前夜の電機業界に決してなってはいけないのだ。

この本を読んで共感してくれた皆さんと、ぜひどこかでご一緒して、フード×テックで世界を少しでも幸せに、地球を少しでもきれいに、そしてみんなをより健康で楽しい暮らしに少しでも近づけていきたいと思う。シリコンバレーで２０年暮らして思うのは、テクノロジーの本来の役目は人を幸せにすることであり、そんなテクノロジーをこれからもどんどん紹介していきたい。

本書が皆さんのビジョンを実現するのに多少なりともお役に立てば、この上もなく誇りに思う。

２０２０年7月吉日、ロックダウン17週目のサンフランシスコの自宅より

【謝辞】

本書は、17年から始まり毎年開催してきた「スマートキッチン・サミット・ジャパン」や、そのコミュニティーなしには、あり得なかっただろう。世界各地から日本に集結し、登壇してくれたイノベーター、プロフェッショナル、アカデミアの方々。大企業もベンチャーも国内も海外もお会いした皆様との議論すべてが、この本の文章やチャートに反映されている。本当に感謝したい。

中でも、フードイノベーションという領域の可能性と面白さを私たちに教えてくれるきっかけとなった、米国スマートキッチンサミット創設者のMichael Wolf（マイケル・ウルフ）氏に感謝申し上げたい。

彼は私たちがSKSを日本で開催することについて快く協力してくれた。そして、欧州からコミュニティー構築を支えてくれた、Future Food Institute の Sara Roversi（サラ・ロバーシ）氏にも御礼を言いたいと思う。彼女のパワーが世界のイノベーターをつなぎ、日本拠点の開設にもつながった。

また、我々と一体となって、特にアカデミア界隈のスタートアップやベンチャーの発掘育成に尽力して下さっているリバネスの塚田周平執行役にも感謝申し上げたい。「フード・イノベーション・マップ」を作成するうえでも知見をいただいた。そして本書の監修だけではなく、取材まで実施されて、貴重なインサイトを下さったスクラムベンチャーズの外村仁さんにも改めてこの場を借りて御礼申し上げる。過労に陥っていた筆者らに格之進の貴重な金格ハンバーグを差し入れてくれるなど、このような温かいケアがなければ本書を完成させることはできなかった。

なお、本書の第6章、第7章、第8章は、シグマクシスの福世明子が、第9章の「企業の枠組みを超えたフードイノベーション」については、同じく増田拓也が取材、インタビューし、本文の一部を執筆した。本文で引用した Food for Well - being 調査や、事例図版作成などは、鮄田俊司、ロカス・ナヴィカス、青木奏をはじめとして、川本拓己、宮田湧太、只腰千真、小野日菜子ら、シグマクシスのメンバーが力を合わせて、日々のプロジェクト業務が終わった後や週末に、未完成の原稿や多くの資料に目を通してくれた。また、同僚・池田多恵の日々のサポートなしには、「日経クロストレンド」などマスメディアでの連載はできなかっただろう。筆者一同とても感謝している。

最後に、このような未知の世界のテーマについて、本を書くことを提案し、辛抱強くお付き合いいただき、まとめあげてくださった編集者の勝俣哲生さんに心から感謝したい。ありがとうございます。

シグマクシス　田中宏隆、岡田亜希子、瀬川明秀

参考文献

- 日経BP総合研究所 / シグマクシス / フードテックの未来 2019-2025 / 2018 (第1章、第10章)
- 講談社 / 伊東俊太郎 / 12世紀ルネサンス / 2006 (序章、第10章)
- 事業構想大学院大学 "シリコンバレー VCが語るフードテック　世界で「食」の新たな潮流"
  月刊「事業構想」2020年4月号 (序章、第1章, 第2章、第8章)
- 河出書房新社/ ジョン マッケイド/ おいしさの人類史:人類初のひと噛みから「うまみ革命」まで/ 2016 (第1章)
- 中央公論新社 / 鈴木透 / 食の実験場アメリカ / 2019 (第1章)
- 東洋経済新報社 / マイケル・ポーラン / 雑食動物のジレンマ ある4つの食事の自然史 / 2009 (第1章)
- KADOKAWA / チャールズ・スペンス /おいしさの錯覚 最新科学でわかった、美味の真実 / 2018 (第1章)
- 株式会社フレーベル館 / 奥田政行 / 食べ物時鑑 / 2016 (第1章)
- 河出書房新社 / ビー・ウィルソン / キッチンの歴史 / 2016 (第1章)
- ハーパーコリンズ / クレイトン・M・クリステンセン / ジョブ理論/　2017 (第1章)
- ビー・エヌ・エヌ新社 / ラファエル A. カルヴォ & ドリアン・ピーターズ /
  ウェルビーイングの設計論—人がよりよく生きるための情報技術 / 2017 (第1章, 第8章)
- プレジデント社 / クリスチャン・マスビアウ / センスメイキング / 2018　(第1章)
- 平凡社 / 菅付雅信 / 物欲なき世界 / 2015 (第1章、第6章、第9章)
- 昭和堂 / 秋津 元輝他 / 農と食の新しい倫理 / 2018 (第1章、第4章)
- 筑摩書房 / 石川善樹 / 問い続ける力 / 2019 (第1章)
- NTT出版 / マイケル・ポーラン / 人間は料理する / 2014 (第1章、第4章)
- 河出書房新社 / ユヴァル・ノア・ハラリ / サピエンス全史 文明の構造と人類の幸福 / 2016 (第1章、第4章)
- 河出書房新社 / ユヴァル・ノア・ハラリ / ホモ・デウス テクノロジーとサピエンスの未来上下 / 2018　(第1章、第4章)
- 日経BP / ポール・シャピロ / クリーンミート 培養肉が世界を変える / 2020 (第4章)
- 東方出版 / マリア ヨトヴァ / ヨーグルトとブルガリア—生成された言説とその展開 /　2012 (第5章)
- Oxford Univ Pr / PK Newby / Food and Nutrition; What Everyone Needs to Know / 2019 (第6章)
- 中央公論新社 / 鯖田豊之 / 肉食の思想　ヨーロッパ精神の再発見 / 1966 (第4章)
- 山川出版社 /中澤克昭 / 肉食の社会史 / 2018 (第4章)
- McKinsey & Company / Automation in retail: An executive overview for getting ready / 2019 (第8章)
- 創成社 / 金間 大介 / 食品産業のイノベーションモデル—高付加価値化と収益化による地方創生 / 2016 (第9章)
- Newspicks Publishing / 安宅和人 / シン・ニホン / 2020 (第10章)
- ディスカヴァー・トゥエンティワン / 菅付雅信 / これからの教養　激変する世界を生き抜くための知の11講 / 2018
- 新潮社 / ブリア・サヴァラン / 美味礼讃 / 2017 (第10章)
- 光文社 / 石川伸一 /「食べること」の進化史 / 2019 (第10章)
- 角川書店 / レネ・レゼピ / ノーマの発酵ガイド / 2019 (第10章)
- ダイヤモンド社 / ヤニス・バルファキス / 父が娘に語る経済の話 / 2019 (第10章)
- 映画「サバイバルファミリー」(2017) (第10章)
- 株式会社コークッキング / 伊作太一 / 和食ランゲージ / 2019 (第10章)
- 新潮社 / 菅付雅信 / 動物と機械から離れて:AIが変える世界と人間の未来 / 2019 (第10章)
- 化学同人 / 石川伸一 / 料理と科学のおいしい出会い:分子調理が食の常識を変える / 2014 (おわりに)
- KADOKAWA/Nathan Myhrvold他 / Modernist Cuisine at Home 現代料理のすべて / 2018 (おわりに)
- 日経BP / カーマイン・ガロ / スティーブ・ジョブズ 驚異のプレゼン / 2010 (おわりに)
- エイアールディー / 徐航明/なぜジョブズはすしとそばが好きか / 2020 (おわりに)

フードテック革命
世界700兆円の新産業「食」の進化と再定義

2020年7月29日　第1版第1刷発行
2022年2月7日　第1版第9刷発行

著　者	田中 宏隆　岡田 亜希子　瀬川 明秀
監　修	外村 仁
発行者	杉本 昭彦
編　集	勝俣 哲生（日経クロストレンド）
発　行	日経BP
発　売	日経BPマーケティング 〒105-8308　東京都港区虎ノ門4-3-12
装丁・レイアウト	中川 英祐（トリプルライン）
図版作成	中澤 愛子（トリプルライン）
DTP	Quomodo DESIGN
印刷・製本	大日本印刷株式会社

写真クレジット

カバー	Pineapple studio-stock.adobe.com、taiyosun-stock.adobe.com
本扉、各章扉	ニコプロ-stock.adobe.com
p029　1章 図1-5	davit85-stock.adobe.com
p139　5章 図5-1	Yaruniv-Studio-stock.adobe.com
p186	水野浩志
p320、p328、p330	古立康三
巻末マップ	reichdernatur-stock.adobe.com

本書の一部は「日経クロストレンド」掲載の内容を再編集、再構成したものです。

ISBN 978-4-296-10671-4

著者・監修者紹介

田中宏隆 / Hirotaka Tanaka

シグマクシス 常務執行役員 。「スマートキッチン・サミット・ジャパン」主催。パナソニックを経て、マッキンゼーでハイテク・通信業界を中心に8年間に渡り成長戦略立案・実行、M&A、新事業開発、ベンチャー協業などに従事。17年シグマクシスに参画。食を起点とした事業共創エコシステムを通じた新産業創出を目指す。一般社団法人SPACE FOODSPHERE理事。『フードテックの未来』(日経BP総研) 監修。慶應義塾大学経済学部卒。南カリフォルニア大学MBA取得

岡田亜希子 / Akiko Okada

シグマクシス Research / Insight Specialist。アクセンチュアを経て、マッキンゼーにて10年間、ハイテク・通信分野のリサーチスペシャリストとして従事。17年シグマクシスに参画。「スマートキッチン・サミット・ジャパン」の創設およびその後の企画・運営に参画する他、フードテック関連のコミュニティー構築、インサイトの深化、情報発信などの活動に従事。『フードテックの未来』(日経BP総研) 監修。大阪大学大学院国際公共政策研究科修士課程修了

瀬川明秀 / Akihide Segawa

シグマクシス Principal。出版社にて経済記者、編集者として、数々のメディア立ち上げに従事。27年間の編集経験を経て、17年シグマクシスに参画。フードテック関連の情報発信に従事する他、大手企業の組織変革、メディア業界の新規事業などのコンサルティング案件にも参画する。早稲田大学総合研究機構招聘研究員。著書に『アグリゲーター』『ホワイト企業』など。『フードテックの未来』(日経BP総研) 監修。早稲田大学大学院理工学研究科修士課程修了

外村 仁 / Hitoshi Hokamura

スクラムベンチャーズ Partner。Bain & company、Appleを経て、2000年にシリコンバレーで起業。Evernote日本法人会長を務めた後、16年から現職。SFから勃興するフードテックコミュニティーに参加し、早期エバンジェリストとして日本でフードテックコミュニティーを形成、「スマートキッチン・サミット・ジャパン」を共同創設。総務省の「異能vation」プログラムアドバイザー。Basque Culinary Centerのインキュベーション施設「LABe」メンター。東京大学工学部卒。スイスIMD(国際経営大学院) MBA取得